Über dieses Buch

Alles, was der Aquarien- und Terrarienfreund über seine Pfleglinge und über ihre rechte Haltung wissen muß, ist hier in einem Bande zusammengefaßt: wie die Behälter beschaffen und eingerichtet sein müssen, welchen Untergrund, welches Wasser, welches Futter die Tiere benötigen, welche Pflanzen man einsetzen soll und unter welchen Bedingungen Pflanzen und Tiere am besten gedeihen.
Großen Wert haben die beiden Autoren, die als erfahrene Fachleute bekannt sind, auf die Darstellung der im Aquarium und Terrarium zu haltenden Tiere – der Fische und Frösche, Kröten und Molche, Salamander, Schildkröten, Echsen und Schlangen – gelegt, wobei stets auf die Besonderheiten der Lebensweise hingewiesen ist, die man kennen muß, um seine Tiere richtig pflegen zu können. So ist ein Buch entstanden, das der Anfänger mit ebensoviel Gewinn zu Rate ziehen wird wie der kundige Liebhaber.

November 1972
Vollständige Taschenbuchausgabe

Umschlaggestaltung Typobild Günter Becker
Umschlagfoto Franz Lazi
Gesamtherstellung
Richterdruck Würzburg
Printed in Germany
ISBN 3-426-00297-3

Dieter Vogt und Heinz Wermuth:

Knaurs
Aquarien- und Terrarienbuch

Das Haus- und Handbuch der Vivaristik

Mit 280 farbigen und 25 einfarbigen
Darstellungen von Evelyne Bobbe

Droemer Knaur

INHALT

Das Grundgesetz der Aquarien- und Terrarienpflege

Wer eines der schönen großen öffentlichen Schau-Aquarien besucht oder bei einem Freund ein geschmackvoll eingerichtetes Becken mit fremdartigen Fischen, Lurchen oder Kriechtieren zu sehen bekommt, in dem erwacht nur allzu leicht der Wunsch, sich auch im eigenen Heim eine solche Wunderwelt im Kleinen aufzubauen. Ehe er jedoch diesen Gedanken zur Tat werden läßt, sollte er sehr gründlich mit sich zu Rate gehen und sich eine Reihe von Fragen vorlegen, die für ein glückliches Gelingen des Vorhabens geradezu entscheidend sind. Gewiß ist es meistens das ästhetische Erlebnis, das jemanden zum Aquarianer oder Terrarianer werden läßt, und doch ist gerade dieses Moment nur der äußerliche Ausdruck dessen, was sich dem oberflächlichen Betrachter hinter der Tierpflege verbirgt. Denn nur ein solches Aquarium oder Terrarium wirkt schön und schmückend, dessen Einrichtung so weit als nur irgend möglich den natürlichen Bedürfnissen seiner Insassen angenähert ist, und dieses Annähern an die natürlichen Bedürfnisse der Tiere erfordert von ihrem Pfleger viel Sachkenntnis sowie einen nicht unbeträchtlichen Aufwand an Mühe, Zeit, Geduld, Ausdauer und mitunter leider auch Geld. Ein Tierbehälter, der unter diesen Voraussetzungen betreut wird, vermag sehr wohl als Heimschmuck zu dienen; er soll es aber nicht ausschließlich sein. «Tierbehälter», um das gleich hier zu sagen, ist kein sonderlich schönes Wort. Der gemeinsame Oberbegriff für Aquarium und Terrarium heißt Vivarium, was nichts anderes bedeutet als einen Raum für «lebende Tiere», und alles, was mit Aquarien- und Terrarienpflege zu tun hat, nennt der Kundige «Vivaristik».

Mag der passionierte Aquarien- und Terrarienfreund vielen ausschließlich technisch oder materiell interessierten Zeitgenossen auch hoffnungslos «unmodern» erscheinen – er findet doch durch sein Steckenpferd (oder, wenn man dieses leider ebenfalls ganz unmodern gewordene Wort vermeiden will: durch sein Hobby) den Eingang zu einer heute vielen Zeitgenossen kaum noch verständlichen Welt. Achtung vor dem fremden Lebewesen, vor dem Individuum um seiner selbst willen, auch wenn sein Handeln, Empfinden und Lebensanspruch anders ist als der unsere; uneigennützige Treue und Gewissenhaftigkeit bei der Pflege; Verzicht auf manche Stunde der Freizeit «nur der Tiere wegen»: das alles verbirgt sich hinter dem Begriff der Aquarien- und Terrarienpflege. Was man denn davon hat? Die Freude am gesunden, sich wohl fühlenden Tier und seinem natürlichen Verhalten. Das immer tiefere Eindringen in seinen Lebenskreis, das uns bis an die Wurzeln naturwissenschaftlicher Probleme führen kann. Das mag dem «modernen» Menschen unserer Zeit wenig bedeuten und verzinst ganz gewiß nicht das investierte Kapital zum üblichen Diskontsatz; für den Aquarianer und Terrarianer bedeuten jedoch der Umgang mit seinen Tieren und das Bewußtsein ihres Wohlergehens ein täglich neu erlebtes Geschenk und zugleich einen wohltuenden Ausgleich zur Unrast des Werktages – einen Ausgleich, den ihm kein Wildwestfilm, kein Barbetrieb und kein Dahinrasen auf der Straße zu bieten vermag.

Somit ist die Grundvoraussetzung für jeden Aquarien- und Terrarienpfleger die unbedingte Liebe zum Tier. Wer nicht im Tier den stummen Bruder erkennt, wer fremdem Leben nicht mit Ehrfurcht und Verständnis begegnet, sondern im Tier nur eine Art Spielzeug sieht, der sei sehr herzlich gebeten, seine Finger vom Aquarium oder Terrarium zu lassen. Die gleiche Bitte aber ergeht an die Strohfeuer-Naturen, die wohl anfangs durchaus bereit sind, alle Mühen und Kosten auf sich zu nehmen, ohne die ein solches Vorhaben nun einmal nicht denkbar ist, die aber bald das Interesse daran verlieren und ihre Behälter zu vernachlässigen beginnen. Damit ist dann zumeist der Anfang zu einem kläglichen Ende der pflegebefohlenen Tiere gelegt, denen man noch zu Anfang so viel Zuneigung entgegengebracht hat; sie siechen an Krankheiten oder Mangelerscheinungen dahin, die nur schwer oder überhaupt nicht zu heilen sind. Wer, wie die Verfasser dieses Buches, Hunderte solcher bemitleidenswerter Kreaturen gesehen hat, die lediglich durch solches Vernachlässigen langsam und qualvoll verenden mußten, wird verstehen, wenn hier immer wieder Stetigkeit, Geduld und unermüdliche Sorgfalt gefordert werden.

Aber auch damit ist es allein noch nicht getan. Tierliebe und guter Wille reichen nicht aus, wenn wir nicht wissen, welche Ansprüche unsere Pfleglinge stellen. Daß man einen Hund, eine Katze oder einen Kanarienvogel viele Jahre lang treu gehegt und behütet hat, garantiert durchaus noch nicht den gleichen Erfolg bei Fischen, Lurchen oder Kriechtieren. Wie man unsere Haustiere im eigentlichen Sinne betreut, ist schon jedem Schulkind geläufig, aber was wissen denn die meisten von den sogenannten niederen Wirbeltieren? Sie sind ja durch ihre ganze Körperkonstitution viel enger mit der Umwelt verbunden als die warmblütigen Säugetiere und Vögel, und deshalb haben wir die unbedingte Pflicht, ihnen die natürlichen Gegebenheiten so weit wie nur irgend möglich im Mikrokosmos des Aquariums oder Terrariums nachzugestalten. Das aber setzt voraus, daß wir uns erst dann zur Pflege entschließen, wenn wir möglichst viel über die Tiere selbst, ihre Nahrung, ihre Heimat und ihre besonderen Lebensbedingungen wissen und alle Ansprüche auf die Dauer erfüllen können. Die Ansprüche der einzelnen Gruppen und Arten aber sind oft höchst unterschiedlich.

Gewiß, «der Fisch lebt im Wasser» – das ist eine alte Binsenweisheit. Da gibt es aber schon Meer- und Süßwasser als zwei Lebensräume, die sich nach ihren chemischen und physikalischen Bedingungen grundsätzlich unterscheiden. Schon im Süßwasser spielt jedoch der jeweilige Gehalt an leicht und schwer löslichen Salzen eine Rolle, ferner der Sauerstoffgehalt, der Säuregrad, die Temperatur und so manche anderen Faktoren, die man kennen muß, bevor man ein Tier pflegt. Gewiß wird die Wasser-Alchimisterei in letzter Zeit so überschätzt, daß der Eindruck entsteht, als sei ein Aquarium ein chemisch-physikalisch-technisches Laboratorium, in dem die Fische eigentlich nur stören. Eine solche Einstellung ist nun wahrlich nicht der Sinn der Aquarien- und Terrarienpflege; den Mittelpunkt bildet vielmehr das Tier mit seinen tatsächlichen Lebensansprüchen, die man kennen und erfüllen muß. Dabei steht immer die eine Frage im Vordergrund: Wo ist die natürliche Heimat des Tieres, wie ist sein engerer Lebensraum beschaffen, und wie lebt es dort?

Fische aus einem Gebirgsbach sind an ein sauerstoffreiches, klares und kühles Wasser gewöhnt, dessen Temperatur sich nur im Laufe der Jahreszeiten in verhältnismäßig engen Genzen ändert, kaum aber im Tagesrhythmus schwankt. Sie leben oft versteckt unter dem Wurzelwerk der Uferzone und lieben ein diffuses, nicht grelles Licht. Ganz anders hingegen sieht es auf den vom Wasser überfluteten, sonnendurchglühten Reisfeldern Südostasiens aus, der Heimat vieler unserer Aquarienfische. Hier herrscht ein ständiger und krasser Wechsel von Licht und Wärme, der die Wassertemperaturen tagsüber hochschnellen und nachts erheblich absinken läßt. Die Faulstoffe des Erdreiches entziehen dem Wasser den Sauerstoff, der infolge des Fehlens eigentlicher Wasserpflanzen nur durch die Wasseroberfläche ergänzt wird.

Was für die Aquarientiere gilt, trifft grundsätzlich und vielleicht in noch viel stärkerem Maße auch für die Terrarienbewohner zu. Der Fisch lebt in einem einzigen Lebensraum, das heißt, er ist nur vom Wasser umgeben, dessen physikalische und chemische Gegebenheiten sich dank der weit entwickelten Aquarientechnik noch verhältnismäßig einfach den jeweils gewünschten Bedingungen anpassen lassen, sofern man nur darauf achtet. Von den wenigen ausschließlich im Wasser lebenden Formen abgesehen, steht jedoch das Terrarientier in zwei höchst unterschiedlichen Dimensionen, denn es lebt auf dem Lande und ist vom Luftraum umgeben, und jede dieser beiden Sphären weist ihre eigenen, nach jeweils eigenen Gesetzen wechselnden Bedingungen auf. Ohne auf die überhaupt nicht künstlich nachzugestaltenden

Gegebenheiten des Luftdrucks und der Strahlungs-Intensität einzugehen, sollen hier nur als ein Beispiel die Unterschiede zwischen zwei völlig entgegengesetzten Lebensstätten skizziert werden, nämlich zwischen Urwald und Wüste.

Urwaldtiere klettern meist auf überschatteten Bäumen. Die geschlossene Dunstdecke ihres Dschungels schwächt die an sich schon geringen Schwankungen des Tropenklimas noch weiter ab und schafft eine immer gleiche schwüle Wärme bei hoher Luftfeuchtigkeit. Ganz anders verhält es sich mit der Wüstenlandschaft. Bei unvorstellbar geringer Luftfeuchtigkeit bringt der Tag einen sengenden Sonneneinfall, der das ungeschützte Erdreich auf Temperaturen erhitzt, die uns als Menschen geradezu mörderisch erscheinen. Die hier heimischen, stets bodenbewohnenden Tiere verbringen die Tageszeit tief im Boden oder zwischen Gesteinsspalten versteckt, um nicht durch Überhitzung oder Verdorren zugrunde zu gehen. Dann fällt plötzlich nach ganz kurzer Dämmerung die Nacht ein und läßt die Lufttemperatur bis nahe an den Gefrierpunkt heran absinken, doch der Boden strahlt noch lange die aufgespeicherte Sonnenwärme ab, so daß für einige Zeit Bedingungen entstehen, unter denen die Tiere herauskommen und aufleben können. Kühlt nun im weiteren Verlaufe der Nacht auch der Boden aus, begeben sie sich zu einer nächtlichen Ruhe, die nochmals unterbrochen wird, wenn sich am Morgen das Erdreich wieder langsam zu erwärmen beginnt.

Dieser an sich schroffe, durch indirekte Strahlung aber gemilderte Wechsel ist den Tieren keineswegs etwa schädlich, sie brauchen ihn vielmehr als lebensnotwendig und würden bald eingehen, wenn man sie in ein gleichmäßiges Urwaldklima verpflanzen wollte, wie selbstverständlich die Urwaldbewohner ebensowenig das Wüstenklima ertrügen. Und sicherlich wird sich der Fisch aus dem Gebirgsbach auf einem chinesischen Reisfeld nicht gerade glücklich fühlen. Gewiß sind hier nur einige Extreme geschildert, zwischen denen es alle erdenklichen Übergänge gibt, aber jede Lebensstätte hat ihre besonderen Bedingungen, die wir kennen und beurteilen müssen, inwieweit sie für das Tier existenznotwendig sind.

Ein grundsätzlicher Fehler wäre es, einem Tier mit der Einrichtung seines Behälters einen völlig einheitlichen Lebensraum zuzudiktieren. Die Blindschleiche lebt zwar im allgemeinen an schattigen, nicht allzu trockenen Orten. Wollten wir sie aber stets und ständig im feuchten Dunkel halten, würde sie bald an der scheußlichen «Pockenkrankheit» eingehen. Auf der anderen Seite schätzen es die an sich sehr sonnenhungrigen Landschildkröten ganz und gar nicht, sich in der prallen Mittagssonne wie ein Stein durchglühen zu lassen, so daß man sie angeblich nicht mit der bloßen Hand anfassen kann, wie in Brehms Tierleben nachzulesen ist. Vielmehr ziehen sie es vor, dem mit Sicherheit zu erwartenden Hitzschlag zu entgehen, indem sie sich vor zu starkem Sonneneinfall an eine schattige Stelle verkriechen. Alle Tiere brauchen solche biologischen Ausweichmöglichkeiten.

Der Sinn dieser Einleitung soll beileibe keine streng wissenschaftliche Ökologie und Klimatologie sein, sondern dem Anfänger lediglich zeigen, daß der Kauf von Tieren und der Besitz eines geeigneten Behälters noch längst nicht ausreichen, um einen erfolgreichen Aquarien- und Terrarienbetrieb aufzubauen. Die Hinweise wollen aber auch andererseits nicht jedermann veranlassen, an dieser Stelle das Buch zuzuklappen und sich resignierend vor so vielen Schwierigkeiten dem weniger komplizierten Kegelsport oder einer anderen Beschäftigung zuzuwenden, « weil es mit den Viechern doch keinen Zweck hat ». Dies möge nur derjenige tun, der nicht gewillt ist, sich ständig seiner Verantwortung gegenüber der lebenden Kreatur bewußt zu sein. Dem echten Tierfreund aber sei gesagt, daß sich viele Tiere dank ihrer biologischen Plastizität durchaus auch in Gefangenschaftsbedingungen eingewöhnen, die nicht immer völlig den natürlichen Gegebenheiten gleichen. Er muß aber in jedem Falle die Lebensbedingungen und -gewohnheiten der von ihm ausgewählten Tiere ergründen und dann sehr sorgfältig entscheiden, inwieweit er sie in seinem Aquarium oder Terrarium nachzubilden vermag, damit sich die Tiere nach menschlichem Ermessen dort wohlfühlen. Nicht an der Anzahl oder am Seltenheitswert seiner Tiere erkennt man den guten Pfleger, sondern allein an deren Zustand und dem ihres Beckens. Wer einen ganz gewöhnlichen Stichling oder eine Blindschleiche Jahr für Jahr bei bester Gesundheit pflegt, verdient unsere Hochachtung in weit höherem Grade als der Snob, der es nicht unter wertvollen Korallenfischen oder Krötenechsen tut, die man in Gefangenschaft nicht lange am Leben erhalten kann, zumindest nicht mit den üblichen Mitteln des Amateurs. Dem wirklichen Tierfreund aber will das Buch als ein Ratgeber zur Seite stehen und ihn immer wieder zur Verantwortung und Achtung vor dem lebenden Individuum mahnen.

Es kann nicht der eigentliche Sinn dieses vor allem für den Anfänger gedachten Buches sein, näher auf das Aussehen, die wissenschaftlichen Namen, die systematische Stellung, die geographische Verbreitung und Einzelheiten in der Lebensweise der im speziellen Teil erwähnten Tiere einzugehen. Alle diese Angaben möge der Leser der Fachliteratur entnehmen, insbesondere den drei einschlägigen Bänden der im gleichen Verlag erscheinenden Reihe KNAURS TIERREICH IN FARBEN über die Fische, die Amphibien und die Reptilien.

In älteren Aquarienbüchern wird dem Behälter ein unverhältnismäßig großer Raum gewidmet. Das erklärt sich daraus, daß die Erfahrungen der Liebhaber noch recht gering waren, während wir heute auf einige Generationen von Vivarianern zurückblicken, deren Erfahrungen wir uns zunutze machen wollen.

Die Frage, ob wir Vollglasaquarien oder solche aus Gestellen benutzen sollen, wird heute eindeutig so beantwortet: Gestellbecken! Gewiß, auch Vollglasaquarien erfüllen ihren Zweck, aber jeder Aquarianer, ganz gleich, ob er Anfänger oder Fortgeschrittener ist, sollte sich merken, daß ein Behälter weniger Schwierigkeiten macht, je größer er ist. Vollglasaquarien sind aber in ihrer Ausdehnung begrenzt. Über 50 cm sollten sie nicht lang sein, da sonst die Bruchgefahr zu groß wird. Außerdem gilt für Vollglasaquarien, daß sie nicht einem Radio- oder Fernsehapparat gegenüber aufgestellt werden sollten; natürlich dürfen sie auch nicht auf demselben Tisch stehen, denn die Töne bringen den Behälter zum Schwingen, so daß es vorkommen kann, daß das Aquarium platzt. Dies geschieht übrigens gar nicht einmal so selten. Meist schimpft man dann nur auf die schlechte Glasqualität, ohne den wahren Grund zu ahnen. Geht ein Vollglasaquarium entzwei, ist es für uns verloren; höchstens als kleines Trockenterrarium verrichtet es noch seine Dienste, wenn man den Sprung mit einer Schnur so zusammenzieht, daß er nicht störend ins Gewicht fällt. Zur Zucht jedoch eignen sich Vollglasbecken ausgezeichnet, sind sie doch für empfindliche Fische einfach keimfrei zu machen, soweit man in der Aquaristik davon überhaupt sprechen kann.

Gestellaquarien haben bei Glasschaden den großen Vorteil, daß die zersprungene Scheibe leicht ausgewechselt werden kann. Außerdem ist ihrer Größe keine Grenze gesetzt, vorausgesetzt, daß die erforderliche Scheibendicke gewahrt wird (siehe Tabelle S. 48). Früher liebte man schmale und hohe Aquarien. Heute ist das flache und tiefe Aquarium als zweckmäßiger erkannt, denn seine Wasseroberfläche, die den für die Fische zum Leben notwendigen Sauerstoff aus der umgebenden Luft aufnimmt, ist größer als beim schmalen und hohen Aquarium. Auch in der Dekoration läßt sich ein tiefes Aquarium besser gestalten als ein schmales. Wir dürfen uns also merken, daß ein Becken nicht groß genug und nicht tief genug sein kann – das Wort «tief» wohlverstanden nicht in der Richtung von oben nach unten, sondern von vorn nach hinten gemeint!

Das Gestell selbst ist in der Regel aus Winkeleisen geschweißt. Wichtig ist dabei nur, daß die Schweißnähte innen sauber abgeschliffen sind, damit die Scheiben, die durch den Wasserdruck gegen den Kitt und die Winkel gepreßt werden, nicht platzen können. Oft sind Scheibenspannungen der Grund für Scheibenbruch. Flache Aquarien brauchen nicht unbedingt einen oberen Winkel. Bei ihnen genügt der Seitenrahmen, was im übrigen auch schöner aussieht. Höhere Becken bedürfen des oberen Winkels, damit die Scheibe einen guten Widerhalt bekommt. Der obere Winkel kann nach innen gebogen sein, doch müssen wir uns merken, daß das Schwitzwasser im Laufe der Zeit die Farbschicht durchfrißt und dann das darunterliegende Eisen zum Rosten bringt. Für Seewasseraquarien muß man deswegen darauf achten, einen oberen Winkel am Aquarium zu haben, der nach außen gebogen ist, denn Seewasser beschleunigt den Korrosionsprozeß.

Der Beckenboden besteht bei den handelsüblichen Aquarien aus einer Metallplatte. Hier muß man darauf achten, daß diese Platte auf keinen Fall Zink enthält. Zink wirkt nämlich, auf die Dauer gesehen, für die meisten Fische giftig; Eisenblech ist besser. Zur Sicherheit sollte man stets eine Glasscheibe in der Größe des Boden-Innenmaßes auf die Metallplatte aufkitten. Allerdings ist dann eine Vorsichtsmaßnahme notwendig. Der Metallboden muß zwei oder drei kleine Bohrlöcher haben, damit eventuell in den Zwischenraum sickerndes Wasser abfließen kann. Der Beckenboden kann auch nur aus der Glasscheibe bestehen, wenn der Winkelrahmen breit genug ist. Bei größeren Aquarien verwende man aber vorsichtshalber einen Drahtglasboden.

Zum Aufstellen der Aquarien sei gesagt, daß sie möglichst eben stehen sollten, damit wir auch auf diese Weise einer Bruchgefahr vorbeugen. Wichtig ist bei größeren Vollglasbecken eine weiche Unterlage. Sie kann aus mehreren Schichten Zeitungspapier bestehen, besser aber ist eine Filzplatte, wie man sie ähnlich auch unter die Schreibmaschine legt. Gestellaquarien sollte man auf zwei oder drei Holzleistchen stellen, damit der Winkelrahmen nicht unmittelbar dem Tisch aufliegt. Außerdem hat man bei dieser Methode immer die Möglichkeit, eventuelle undichte Stellen zu erkennen, ohne gleich das gesamte Aquarium ausräumen zu müssen.

Ständer aus Metall – meist aus Winkeleisen oder Eisenrohr – sind beliebte Gestelle für mehrere Aquarien, zumal man die unschöne Konstruktion sehr leicht mit Bastmatten oder einem Stoffvorhang verdecken kann. Wir müssen uns aber merken, daß sich solche Ständer mit ihren scharfen Füßen leicht in die Dielen eindrücken. Aus diesem Grunde muß ein Brettchen untergelegt werden. Man hat so auch die Möglichkeit, schief stehende Aquarien (man sieht dies am schrägen Wasserspiegel!) durch kleine Keile waagerecht hinzustellen. Beachten muß man auch noch etwas anderes. Bei Häusern leichter Bauweise, vor allem solchen mit Holzbalkendecken, ist die Gefahr gegeben, daß das Becken durchbricht, wenn es zu groß ist. Man suche daher die Balkenlage zu ermitteln – wo die Dielen aufgenagelt sind, liegt ein Balken! – und stelle das Aquarium so auf, daß man von Balken zu Balken ein Brett legt, auf das dann das Gestell gesetzt wird.

Das Einrichten eines Aquariums ist einfach. Man benötigt zunächst Sand oder Kies, Pflanzen und Wasser. Der Kies, bzw. der Sand, wird gewaschen. Das kann man unter der häuslichen Wasserleitung machen, doch muß man beachten, daß stets feinere und feinste Kiesteilchen mit dem Schmutzwasser weggespült werden und leicht den Abfluß verstopfen. Besser ist es, wenn wir den Kies auf der Toilette waschen oder im Freien. Tut man es im Freien, dann empfiehlt sich ein feingeflochtener Korb, durch den wir unter mäßigem Umrühren einen Wasserstrahl laufen lassen, bis das unten aus dem Korb ausfließende Wasser klar ist. Muß man sich mit der Wasserleitung in der Wohnung zufriedengeben, dann nimmt man am besten einen Eimer, schließt einen Schlauch an die Wasserleitung an, führt den Schlauch bis auf den Boden des Eimers und läßt das Wasser in mäßig scharfem Strahl laufen, wobei man den Inhalt mit der Hand immer wieder umrührt. Fließt das Wasser klar aus dem Eimer, kommt der Kies ins Becken. Für die unteren Bodenschichten braucht der Kies nicht besonders sauber zu sein, wichtig ist das aber auf jeden Fall für die obersten Lagen. Man spüle jedoch auch den Kies für die unteren Lagen einige Male durch, damit stark schmutzende Verunreinigungen herausgeschwemmt werden. In beengten räumlichen Verhältnissen wasche man den Kies in kleineren Portionen in einer Wasserschüssel. Es geht leichter, wenn es auch etwas länger dauert.

Der Bodengrund wird nun so aufgeschichtet, daß seine Höhe an der Sichtscheibe ungefähr die Hälfte oder weniger als die Höhe an der Hinterscheibe beträgt. Der Kiesboden fällt also nach vorne hin ab. Der ganz sauber gewaschene Kies für die oberste Schicht kommt dann zuletzt in das Becken, am besten erst nach dem Bepflanzen. Ist der Boden eingebracht, setzen wir die Pflanzen ein. Dazu verwenden wir entweder ein zugespitztes Hölzchen oder einfacher unseren Zeigefinger. Wir bohren eine möglichst senkrechte Grube, in die wir die Wurzeln der Pflanzen stecken. Dann drücken wir den Bodengrund leicht an und nehmen die nächste Pflanze. Im Beckenhintergrund werden die Pflanzen dichter eingesetzt als zur Mitte zu oder an der Sichtscheibe. Auch an den Seitenscheiben lohnt sich eine dichtere Bepflanzung. Der Gestaltungs- und Mischungsfreudigkeit des einzelnen Liebhabers sind hierbei keine Grenzen gesetzt. Das Aquarium soll seinem Besitzer gefallen und nicht irgendwelchen zweifelhaften Regeln unterliegen. Wirkungsvoll ist es aber immer, wenn die einzelnen Pflanzenarten zusammen untergebracht werden, also in Gruppen zusammenstehen. Später wuchert doch alles mehr oder weniger durcheinander.

Sind die Pflanzen eingesetzt, wird vorsichtig die saubere Kiesschicht in nicht zu dicker Lage auf den bereits vorhandenen Grund aufgebracht. Die Pflanzen bleiben zunächst unverändert, denn Korrekturen nehmen wir erst im eingerichteten Becken vorsichtig vor.

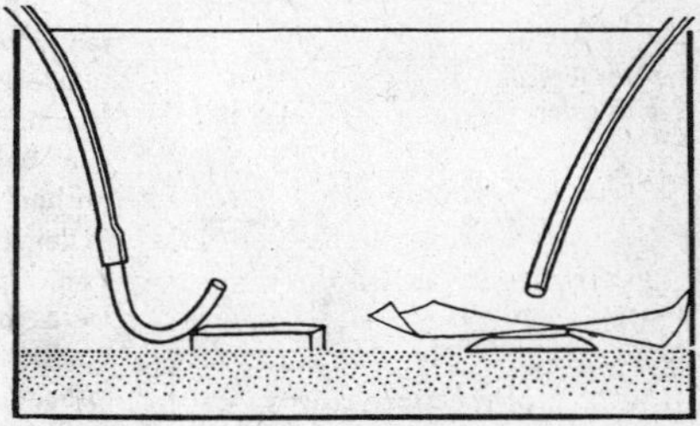

Einfüllen des Wassers: Links mit Hilfe eines gebogenen, in den Schlauch gesteckten Glasrohres. Das Wasser trifft z. B. auf ein schwimmendes Brettchen. Rechts läuft das Wasser auf eine ausgebreitete Zeitung, unter der eine umgedrehte Untertasse liegt

Nun wird das Wasser eingefüllt. Für Warmwasser-Aquarien empfiehlt sich stets temperiertes Wasser. Zunächst legt man in eine Ecke des Aquariums, in der keine Pflanzen stehen, eine Untertasse mit der Unterseite nach oben. Dann breitet man vorsichtig, damit die fast durchweg recht empfindlichen Wasserpflanzen nicht brechen, einen Bogen Zeitungspapier, der etwas größer sein muß als die Innenmaße des Aquariums (es können natürlich auch zwei oder drei sein), auf die Pflanzen und gießt vorsichtig das Wasser auf den Teil der Zeitung, der über der umgekehrten Untertasse liegt. Ist der Bodengrund gleichmäßig mit Wasser bedeckt, braucht man nicht mehr ganz so vorsichtig zu gießen. Man muß nur stets darauf achten, daß der Kies nicht aufgewirbelt wird. Die sonst entstehende Trübung ist nämlich leider oft äußerst hartnäckig, so daß man unter Umständen das ganze Wasser noch einmal ablassen und die Prozedur von neuem beginnen muß. Es gibt noch andere Methoden, das Wasser ohne Aufwirbeln des Bodens in das Aquarium zu bringen. So kann man auch ein Brettchen nehmen, auf das man das Wasser auftreffen läßt. Es steigt mit dem Wasser mit. Man kann auch, wenn das Wasser mit einem Schlauch eingefüllt wird, an das freie Schlauchende eine U-förmig gebogene Glasröhre stecken, die bewirkt, daß das Wasser nicht mit konzentriertem Schwall auf die Zeitung trifft, sondern schon etwas verteilt und damit abgeschwächt wird. Jeder Aquarianer mag in seiner Praxis noch andere für ihn brauchbare Methoden entdecken oder entwickeln.

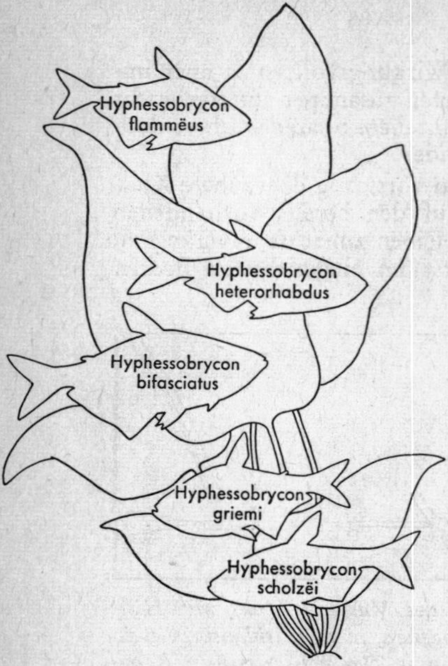

Roter von Rio, *Hyphessobrycon flammeus.* Um 3,5 cm. ♀ oft etwas stärker, besonders auffällig während der Laichzeit. ♂ schon klein am schwarzen Saum der Afterflosse und an schwarzen Spitzen der Bauchflossen zu erkennen; auch in der Farbe meist stärker als ♀. Heimat: Umgebung von Rio de Janeiro in kleineren Gewässern. «Anfängerfisch». Schon in kleineren Behältern bei Temperaturen um 22° und allen Sorten Futter leicht zu halten und auch zu züchten. Aufzucht mit Infusorien, kleinsten Wasserflöhen und Hüpferlingen. Zur Zucht Fische in eigenen Behälter setzen; Eltern nach Ablaichen, das sehr früh am Morgen stattfindet, herausfangen, da sie Laichräuber sind. Schwarmfisch, daher stets mehrere Tiere pflegen. Einzelgänger sind oft Raufbolde. – **Dreibandsalmler,** *H. heterorhabdus.* Bis 5 cm. ♂ sind schlanker, besonders in der Fortpflanzungszeit. Körperinhalt gegen das Licht betrachtet spitzer verlaufend. Frißt alles angebotene Futter. Ist in den meisten Wässern zu halten, nur in sehr hartem Wasser manchmal schwierig. Heimat: Unteres Amazonasgebiet. Liebt dunkleres Wasser, möglichst mit vielen Pflanzen. Schwarmfisch. 22–24° C. Haltung einfach. Zucht recht schwer. Ruhiger Fisch, der vergesellschaftet werden sollte. Diese Art wird mit *Hemigrammus ulreyi* verwechselt. Manchmal bietet man den Fisch auch unter diesem Namen an. Alle in Mitteleuropa gehandelten Fische sind aber *H. heterorhabdus.* – **Gelber von Rio,** *H. bifasciatus.* 5 cm. ♂ meist schlanker. Die gelbliche Farbe steigert sich während der Paarung zum schönen Orangegelb. Heimat: Südöstl. Brasilien. Leider verschwindet dieser Schwarmfisch immer wieder aus den Aquarien, weil er etwas rauhbeinig sein kann und nicht so farbschön ist. Haltung und Zucht bei Temperaturen von 20–22° C einfach. – **Ziegelsalmler,** *H. griemi.* Um 4,5 cm. ♂ etwas schlanker. Geschlechter sonst schwer zu erkennen. Ähnelt flüchtig betrachtet dem Roten von Rio, ist aber mehr mit dem Gelben von Rio verwandt. Hübscher Salmler, dessen Goldton augenfällig ist. Heimat: Mittleres Brasilien. 22–24°. Schwarmfisch. Eignet sich auch für Anfänger. Zucht ist nicht schwer. Meist wird dem Ziegelsalmler der Rote von Rio vorgezogen, wenn auch zu Unrecht. Allesfresser. – **Schwarzbandsalmler,** *H. scholzëi.* Bis 5 cm. ♂ besonders zur Fortpflanzungszeit weitaus schlanker. Anfängerfisch. Allesfresser. Zucht einfach. Liebt Sonne in gut bepflanzten Aquarien. Bildet im Aquarium zu den farbstärkeren Fischarten ein wohltuendes Extrem. Lebhaftes Tierchen aus dem Amazonenstromgebiet. 22° C. Verträgt in Haltung und Zucht jede Wasserzusammensetzung. Laicht noch in harten Wässern.

Wasserwegerich, Löffel-Schwertpflanze, *Echinodorus radicans.* Heimat: Seen und Teiche im südlichen Nordamerika bis nach Mexiko. Pflege einfach. Gedeiht in Sandboden im geheizten Aquarium. Vermehrung durch Ableger.

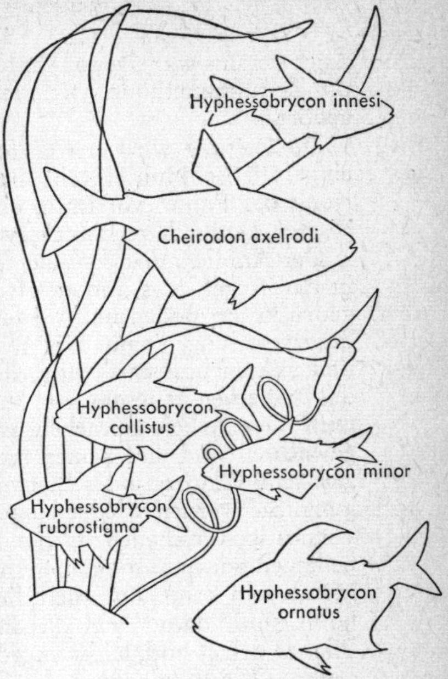

Neonsalmler, *Hyphessobrycon innesi.* 4 cm. Geschlechter schon zeitig zu unterscheiden. ♂ mit eingebuchteter Kehle. Laichreife ♀ korpulenter. Anfängerfisch, der niedere Temperaturen besser verträgt als hohe. 20–24° C. Schwarmfisch, der zu mehreren vereint am besten wirkt. Allesfresser. Zucht schwer. Dazu ist weiches und leicht saures Wasser wichtig. Eier sind lichtempfindlich. Becken dann abdunkeln. Fisch hält im Schwarm zusammen, meist in der unteren Wasserzone. Beständig einzeln stehende Tiere sind meist krank. Neonkrankheit ist unheilbar. Kündigt sich durch Auflösen der Farbstreifen an. Sofort aussortieren. Heimat: Rio Ucayali, Peru. Urwaldfisch. – **Roter Neonsalmler,** *Cheirodon axelrodi* (auch als *Hyphessobrycon cardinalis* bekannt). Mehrere Formen; eine bis 9 cm, eine bis 5 cm, eine bis 3 cm; geographische Bedingungen (?). Unterscheidet sich vom Neonsalmler durch das durchgehende rote Band, Zucht noch schwieriger und nicht sehr ergiebig. Salzarmes, saures und weiches Wasser Bedingung. Etwas anfälliger als Neonsalmler. Schwarmfisch. Allesfresser. 22–24°. Heimat: mittlere Nebenflüsse im Amazonasgebiet, Rio Negro. Sonst siehe bei Neonsalmler (*H. innesi*). – **Blutsalmler,** *H. callistus callistus.* 5 cm. Geschlechter nur an der kräftigeren Körperform der ♀ zu unterscheiden. Wird fälschlich als Serpa-Salmler gehandelt, der aber gar nicht in Europa ist; sieht auch anders aus. Durch seine schöne rote Farbe, die bei der Stammform meist ins Violette spielt, hat der Blutsalmler sich in unserem Aquarium einen Stammplatz erworben. Schwarmfisch, der in Gruppen vereinigt meist in der Nähe des Bodengrundes mit dem Kopf schräg nach unten geneigt steht. Nicht besonders lebhaft. Gegen tiefere Temperaturen etwas empfindlich. 22–24° C. Zucht nicht schwer. – **Zwerg-Blutsalmler,** *H. callistus minor.* 3,5 cm. ♂ schlanker als ♀. Der Fisch ist nicht in Europa. Die unter diesem Namen gehandelten Exemplare sind Zuchtformen vom Blutsalmler oder eine andere Unterart: *H. c. bentosi*, die allerdings in der Körperform dem Blutsalmler entspricht, in der Farbe aber zum *H. c. minor* neigt. Der schwarze Schulterfleck fehlt oder ist nur gering vorhanden. Sonst siehe Blutsalmler. – **Perezsalmler,** *H. rubrostigma.* 5 cm. ♂ mit ausgezogener Rückenflosse. Schwarmfisch, der der nächsten Art sehr ähnelt, dessen Flossenfarben aber mehr bläulichschwarz als rot sind. Nicht schwer zu pflegen. 22–24°. Allesfresser. Zucht nicht einfach, aber möglich. – **Schmuck- oder Rosensalmler,** *H. ornatus.* 5 cm. ♂ mit ausgezogener Rückenflosse. Haltung in gut bepflanzten Aquarien bei 22–24° C. Allesfresser. Liebesspiele gehören zu den schönsten im Fischreich. Die Zucht ist nicht einfach. Weiches und leicht saures Wasser sind hierfür Bedingung.

Sumpfschraube, *Vallisneria spiralis.* Bis 80 cm. Anfängerpflanze.

Auch bei uns war das so. Und doch empfehlen wir immer wieder die Zeitungsmethode, weil sie einfach ist und zu den sichersten gehört.

Die Zeitung wird erst entfernt, wenn das Wasser vollständig eingefüllt ist. Nun ergreift man an einer Schmalseite des Aquariums das Papier vorsichtig und zieht es ganz langsam aus dem Wasser. Dadurch verhindern wir das Aufwirbeln des Boden.

Der Anblick, den das nun fertige Aquarium bietet, ist freilich in der Regel alles andere als schön. Die Pflanzen liegen meist gedrückt am Boden und richten sich kaum auf, weil sie ineinander verschlungen sind. Wir nehmen deshalb ein langes Hölzchen und richten und entflechten die Pflanzen vorsichtig, indem wir das Hölzchen langsam von unten nach oben ziehen. Vorsichtig muß diese Arbeit geschehen, weil die Pflanzen ja noch nicht angewachsen sind und keinen rechten Halt im Boden haben. Ausgerissene Pflanzen oder Stengel sind kein Grund zur Beunruhigung. Sie werden wieder eingesetzt, doch muß das ungleich viel vorsichtiger geschehen als in einem Aquarium ohne Wasser. Dazu bedienen wir uns am besten einer Pflanzzange, die aus Holz oder Metall sein kann. Zwischen die freien Schenkel, die leicht ausgehöhlt sind, damit wir die Pflanze nicht verletzen, wird die Pflanze gelegt und, leicht angedrückt, senkrecht in den Boden gesteckt. Öffnen wir jetzt die Schenkel der Zange, dann rieselt feiner Kies oder der Sand in die frei gewordene Öffnung und hält die Pflanze fest. Es geht zwar auch mit der Hand, doch ist das umständlicher und meist nicht so einfach.

Beim Bepflanzen des Aquariums hatten wir noch sauberen Sand oder Kies auf den Boden gebracht, der infolgedessen nun den unteren Teil der Pflanzen ziemlich hoch bedeckt. Das wollen wir jetzt ändern. Wir ziehen die Wasserpflanzen ganz langsam und vorsichtig etwas aus dem Boden heraus, und zwar so weit, bis das «Herzstück» der Pflanze – das ist der Teil, wo die Blätter entsprießen – nicht mehr mit Sand bedeckt ist. Unnötig ist eine solche Maßnahme, wenn es sich um Pflanzen handelt, die nur aus einem Stengel treiben, wie es unter anderen die Wasserpest, Myriophyllum und Ludwigia tun.

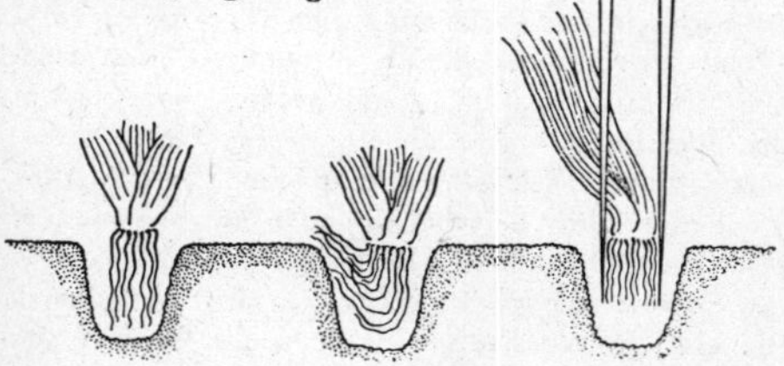

Wie man richtig (links) und falsch (Mitte) pflanzt. Rechts ist das Pflanzen mit einer Pflanzzange gezeigt

Wir wissen sehr wohl, daß es jedem Aquarianer schwerfällt, sein nunmehr fertiges Aquarium einige Tage stehen zu lassen. Man sollte aber trotzdem abwarten, denn in dieser Zeit bilden die Pflanzen neue Wurzeln, die zu ihrer Ernährung und damit auch zum Wachstum notwendig sind. Außerdem richten sie sich nach der Lichtquelle. Erst nach einer Woche sollten also die ersten Fische Einzug halten. Das wird zwar leider nicht immer gemacht, aber gerade dem Anfänger sei hier gesagt, daß er sich bei seinem ersten Aquarium nach dieser «Gebrauchsanweisung» richten sollte. Denn er kann sicher noch nicht erkennen, daß durch zu schnellen Besatz mit Fischen Fehler vorkommen.

Zur Dekoration der Aquarien kann man Steine einbringen, die man entweder ihrer schönen Farben oder ihrer bizarren Form wegen ausgewählt hat. Man merke sich aber von Anfang an, daß Kalksteine nichts in einem Aquarium zu suchen haben! Leider gehören auch die oft wunderschön geformten Tuffsteine zu dieser Kategorie. Ebenso sind manche Schiefer- und Sandsteinarten, die wegen ihrer wunderbaren Farbzusammenstellungen beliebte Dekorationsstücke abgeben, stark kalkhaltig. Fische vertragen in der Regel viel besser weiches Wasser als hartes, das sich durch Kalkbestandteile im Aquarium ausbildet. Außerdem wird das Wasser im Becken ohnehin immer härter, weil man das verdunstete durch frisches aus der Wasserleitung ersetzt. Leider verdunsten aber die im Wasser gelösten Härtebildner nicht mit; sie reichern sich also an, so daß man mit jedem Nachfüllen das Wasser salzreicher und härter macht. Das beste Dekorationsgestein ist Tiefengestein oder, wie es in der Umgangssprache genannt wird, Urgestein. Hierzu gehört aus der heimischen Landschaft vor allem der Granit mit seinen oft wunderschönen Farbzusammenstellungen. Auch Gneis, Porphyr und Basalt kann man zur Dekoration benutzen.

Wurzeln, Stämme und Äste von absonderlicher Form, die lange im Wasser gelegen haben, bringen oft eine geheimnisvoll anmutende Schönheit ins Becken. Unsere Holzdekoration, die wir vielleicht irgendwo an einem See gefunden haben, dürfen wir aber nur kurze Zeit außerhalb des Wassers lagern und müssen sie vor Gebrauch zunächst wieder in der Badewanne untertauchen, damit sie nicht an der Wasseroberfläche schwimmt, sondern untergetaucht bleibt. War das Holz längere Zeit außerhalb des Wassers, dann setzt sich manchmal eine schimmelige Schicht äußerlich an. Sie ist nicht gefährlich und verschwindet nach einiger Zeit wieder. Sehr gerne werden neuerdings Rindenstücke der Korkeiche verwendet, die besonders dann, wenn sie röhrenartig gewellt sind, den Eindruck vermitteln, man habe den Stamm eines Urwaldbaumes im Aquarium; dieser Anschein verstärkt sich,

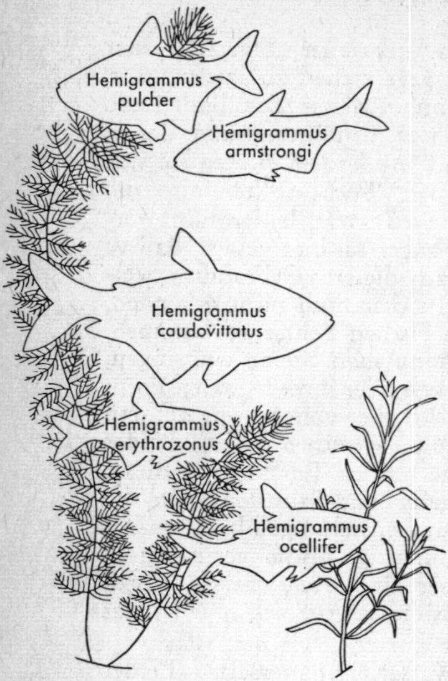

Karfunkelsalmler, *Hemigrammus pulcher.* 4,5 cm. ♂ etwas schlanker, besonders zur Laichzeit. Liebt nicht zu helle Aquarien mit gutem Pflanzenwuchs, besonders mit Oberflächenpflanzen, unter denen er sich gern aufhält. Ruhiger Schwarmfisch aus dem oberen Amazonasgebiet. Die Zucht ist nicht einfach, doch möglich. Weiches und leicht saures Wasser trägt zum Wohlbefinden bei, doch ist es außer zur Laichzeit nicht unbedingt erforderlich. Charakteristisch ist sein bei auffallendem Licht leuchtendes Auge. Flossen nur ausnahmsweise so stark rötlich, meist schmutziggrau mit rötlichem Schein. 22–24° C. – **Gold-** oder **Messingsalmler,** *H. armstrongi.* 5 cm. ♂ besonders an der schlankeren Gestalt zu erkennen. Als Schwarmfisch recht lebhaft; einzeln gehalten ist er ruhig. Liebt nicht zu helle Becken mit Oberflächenbewuchs. Kommt aus dem mittl. Brasilien. Importexemplare und Jungtiere fallen durch den schönen Messingglanz auf, der wie aufgepudert erscheint. Leider verschwindet er wieder. Bei den Jungen späterer Generationen oft nicht mehr vorhanden. Nicht schwer zu züchten. Auch für Anfänger. Allesfresser. 22–24°. – **Rautenflecksalmler,** *H. caudovittatus.* 12 cm. ♀ oft etwas blasser, aber kräftiger. Schwarmfische, für die man größere Behälter benötigt. Zwar bleiben sie meist unter der angegebenen Größe, sind aber reißende Schwimmer, die alles fressen, aber auch mit Vorliebe an Pflanzen gehen. Überbrühter Salat. Anfängerfisch. Pflege ohne jedes Problem. Zucht ebenfalls. Meist sehr ergiebig. Heimat: Umgebung von Buenos Aires. Kleinere Exemplare herrlich gefärbt. Einzelgänger oft sehr rauhbeinig. 18–22° C genügen. – **Glühlichtsalmler,** *H. erythrozonus* (früher *Hyphessobrycon gracilis*). 4 cm. ♂ schlanker, besonders zur Fortpflanzungszeit. Schwarmfische, die weiches und leicht saures Wasser lieben und zur Zucht auch benötigen. Ruhige Tiere mit elegantem Körperbau, die nicht mit zu stürmischen Arten vergesellschaftet werden sollten. Dunklere Becken. Haltung nicht schwer, Zucht nicht einfach. Allesfresser kleiner Nahrung. In den Guayanas beheimatet. Kleinere Becken genügen, gute Bepflanzung. 22–24° C. – **Laternenträger,** *Hemigrammus ocellifer falsus.* 4 cm. ♂ in der Regel etwas kleiner und schlanker. Schwarmfische in nicht zu hellen Aquarien (22°). Stehen gern unter der Oberfläche im Schutze von Schwimmpflanzen. Allesfresser. Im Amazonenstromgebiet ist der Fisch weit verbreitet. Haltung und Zucht einfach, auch für Anfänger. Keinerlei Ansprüche. Ruhiger Fisch. – **Echter Laternenträger,** *H. o. ocellifer.* Für diese Art trifft alles bei der vorigen Art Besprochene ebenfalls zu. Unterscheidet sich von dieser hauptsächlich durch einen schwarzen Schulterfleck.

Tausendblatt, *Myriophyllum pinnatum.* Beliebte Aquarienpflanze. In klaren Bekken gut zu halten. Vor Verschmutzung hüten! – *Najas microdon* (rechts). Für Warmwasser gut geeignet.

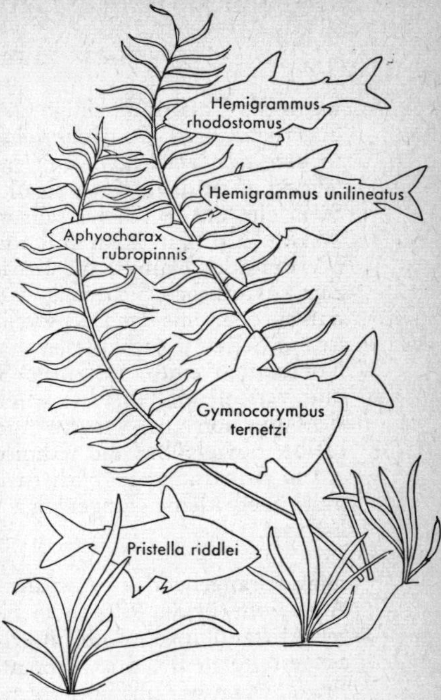

Rotmaulsalmler, *Hemigrammus rhodostomus.* 5 cm. Geschlechter nicht einfach zu unterscheiden, ♂ sind meist schlanker. Heimat: Unteres Amazonasgebiet. Schwarmfische, die es vorziehen, ruhig auf einem kleineren Raum zu stehen. Zwar sind die Fische Allesfresser, wenn sie einmal eingewöhnt sind, doch lieben sie Insektennahrung. Für Anfänger nicht zu empfehlen, da das Tier nicht einfach zu pflegen ist. Zucht schwierig, aber möglich. 22–24° in dicht bepflanzten Aquarien. – **Schwanzstrichsalmler,** *Hemigrammus unilineatus.* 5 cm. Die kleineren Männchen sind etwas schlanker. Der aus Venezuela bis Brasilien stammende Fisch ist selbst für die Anfänger gut geeignet, wenn er auch selten zu haben ist, weil seine Farbigkeit von anderen Arten übertroffen wird. Dennoch ist er schön. Steht gern in kleinem Schwarm in der Nähe des Bodengrundes. Zucht einfach und meist sehr produktiv. Allesfresser. Gut für Gesellschaftsaquarien geeignet. Da die Fische nicht zu stark schwimmen, kann man sie in dicht bepflanzten Becken halten. 22°. – **Rotflossensalmler,** *Aphyocharax rubropinnis.* 5 cm. ♂ sind schlanker. Dieser aus dem Stromgebiet des Parana zu uns gekommene Schwarmfisch ist Allesfresser, der sich in Gefangenschaft als harter und ausdauernder Geselle erwiesen hat. Leider ist er vom Roten von Rio etwas verdrängt worden, obwohl seine Farbschönheit besonders bei auffallendem Licht gut zur Geltung kommt. Ausgezeichneter Schwimmer, den man am besten nachts bei Dunkelheit aus dem Aquarium fängt, indem man eine Kerze neben das Becken stellt. Zucht einfach, auch für Anfänger. Stets im Schwarm pflegen, weil sonst kaum auffällig. 22°. – **Trauermantelsalmler,** *Gymnocorymbus ternetzi.* Im mittleren Südamerika weit verbreitet. 6 cm. Geschlechtsunterschiede sind nicht einfach zu erkennen. ♂ sind meist etwas langgestreckter. Am farbenprächtigsten sind die Jungfische, denen besonders das auffällige Schwarz eigen ist. Mit dem Alter verschwindet dieser schöne Ton und macht einem schmutzigen Grau Platz. Zur Laichzeit kommen die dunklen Töne wieder. Selbst für Anfänger ist der harmlose Fisch gut zu pflegen und zu züchten. Die Jungen sind höher als lang, erst später werden sie länger als hoch. Allesfresser. Schwarmfisch. Einzelgänger leicht bösartig. 22–24°. – **Wasserstieglitz,** *Pristella riddlëi.* 5 cm. Männchen schlanker, Körperinhalt spitzer verlaufend als beim Weibchen. Diese aus dem nordöstlichen Südamerika stammende Fischart wirkt am besten, wenn man sie im größeren Schwarm pflegt. Fast ständig halten sich diese Tiere zusammen. Trotz des durchsichtigen Aussehens sind sie recht widerstandsfähig. 22–24°.

Hinten: **Eichhornia azurea.** Vorn: **Zwergschwertpflanze,** *Eichhornia tenellus.* Beide sind gut zu pflegen. Warmwasser.

wenn die Korkrinde einige Zeit im Wasser war und von Algen überzogen wird. Da Kork sehr leicht ist und schwimmt, muß er so befestigt werden, daß er im Becken an seinem Platz bleibt. Wir schieben dazu einen straff in die untere Öffnung passenden Stein ein, der so schwer sein muß, daß er das Korkstück unter Wasser hält. Man kann außerdem mit einer dünnen Anglersehne (Perlon oder Damyl) die Korkrinde fest um den Stein binden. Zur zusätzlichen Sicherung wird die Rinde so lang geschnitten, daß sie oben mit der Deckscheibe – wie diese beschaffen sein soll, ist auf Seite 68 nachzulesen – abschließt. Dadurch bekommt der Korkstamm eine zusätzliche Stütze. Frische Korkrinde bealgt und verschleimt zunächst schnell an der Wasseroberfläche. Das sieht unschön aus, verschwindet aber bald; nur die Veralgung bleibt. Soviel über die technischen Daten der Einrichtung, die jedem Aquarianer möglich ist. Über die technischen Hilfsgeräte und über kleine Fingerzeige unterrichten die nachfolgenden Kapitel.

Die vorangehenden Ausführungen galten vorwiegend dem Aquarium für die Pflege von Fischen, einem trotz allerlei kleinerer Abwandlungen doch im großen und ganzen recht einheitlich ausgestalteten Behälter. Wesentlich komplizierter aber wird die Frage, wenn wir uns im Folgenden mit dem Heim für die Landtiere befassen, nämlich die hier zur Rede stehenden Lurche (Amphibien) und Kriechtiere (Reptilien). Die Einleitung zu diesem Buch deutete bereits an, welche Mannigfaltigkeit verschiedenster Lebensräume sie bewohnen; ebenso unterschiedlich werden demnach die Behälter einzurichten sein, in denen wir die Ausschnitte aus der Natur nachgestalten. Trotzdem heben sich auch hier einige Grundtypen heraus.

Da ist zunächst das Aquarium im eigentlichen Sinne, wie es für die Fische beschrieben wurde. Wir können es nur dann unabgewandelt verwenden, wenn es kleinere Tiere zu pflegen gilt, die sich zeitlebens oder doch wenigstens über eine längere Periode ausschließlich im Wasser aufhalten. Die meisten wasserbewohnenden Amphibien und Reptilien suchen jedoch mehrmals am Tage das Land auf, um sich dort zu sonnen oder sogar längere Strecken umherzuwandern. Je nach dem Grad ihrer Vorliebe für das trockene Land brauchen sie entweder eine Insel oder einen größeren Landteil, und so sprechen wir künftig von einem Insel-Aquarium oder einem Aqua-Terrarium, in dem sich Land- und Wasserteil in ihrer Ausdehnung etwa die Waage halten. Bei den Behältern für die Landtiere spielt der Wasserteil nur noch in den feuchten oder mäßig feuchten Terrarien eine Rolle; im trockenen Terrarium genügt ein Trinknapf. Viele der zuletzt genannten

Becken erfordern einen ganz bestimmten Aufbau, was leider von den Fabrikanten zumeist wenig oder gar nicht berücksichtigt wird. Hier muß der Terrarianer selbst zum Bastler werden und ist deshalb glücklich zu preisen, wenn er über einige handwerkliche Fähigkeiten verfügt.

Beginnen wir mit den eigentlichen Aquarien. Alles Grundsätzliche hierüber ist bereits am Anfang dieses Kapitels gesagt und braucht nicht nochmals wiederholt zu werden. Derartige Becken können ihrem Aufbau und ihrer Einrichtung nach ebenso gestaltet werden wie die Fischbehälter, wenn sie zur Aufnahme kiementragender Amphibienformen dienen. Sollen sie aber größere, lungenatmende Tiere beherbergen, wie zum Beispiel ausschließlich im Wasser lebende Schildkröten, muß der Wasserstand so niedrig gehalten sein, daß die Tiere ihren Kopf mühelos zum Atmen über die Wasseroberfläche hinausstrecken können, wenn sie auf dem Boden ruhen. Müßten sie nämlich bei zu tiefem Wasserstand jedesmal zu diesem Zweck emporschwimmen, würden sie bald an Erschöpfung eingehen. Das Wasser in einem solchen Schildkrötenbecken soll deshalb nicht tiefer sein als die doppelte Panzerhöhe des kleinsten Tieres.

Im Wasser lebende Lungenatmer brauchen einen Luftraum über der Wasseroberfläche, der mit der Außenwelt verbunden ist. Deckt man etwa ein solches Becken oben vollständig mit Glas ab, würde sich die Luft darinnen nicht nur bald in einem für die Tiere unerträglichen Maße mit Wasserdampf sättigen, sondern sich auch durch den ständigen Entzug von Sauerstoff und Anreicherung mit Kohlendioxyd verbrauchen, so daß die Tiere ersticken müßten. Die Gefahr ist besonders groß, da sich die giftige Kohlensäure infolge ihrer Schwere unmittelbar über dem Wasserspiegel ablagert. Deshalb genügt es meistens nicht, lediglich die Deckscheiben des Behälters etwas zu lockern; weit besser ist es, an beiden Schmalseiten des Aquariums den oberen Rand der Scheiben durch einen breiten Streifen Drahtgaze zu ersetzen. Das läßt sich ganz einfach dadurch bewerkstelligen, daß man vor dem Verglasen des Gestells ein T-Eisen in der gewünschten Höhe einschweißen läßt, dessen Unterseite dann die Scheibe anliegt, während die Gaze von der Oberseite des T-Eisens bis zum Beckenrand reicht.

Je größer die Tiere, desto umfangreicher das Becken. Während unsere üblicherweise im Handel vorkommenden Aquarienfische meist nur zu einer mäßigen Größe heranwachsen, erleben wir bei manchen aquatilen Landtieren geradezu Wunderdinge. Aus einem Baby der häufiger angebotenen Geierschildkröte wird in erschreckend kurzer Zeit ein Ungetüm bis zu 75 cm Panzerlänge und 100 kg Gewicht! Wer also keine Lust hat, jedes Jahr für seine Tiere neue und größere Behälter anzuschaffen, muß gleich entsprechend vorsorgen. Wenn man nicht gerade ausgesprochen kleine und sehr ruhige Tiere pflegen will, wie verschiedene Schwanz- und Froschlurche, sollte man lieber mit einem Becken unter mindestens 75 cm oder 1 m Seitenlänge gar nicht erst beginnen. Sie sind in der Herstellung übrigens meist billiger als manche wesentlich kleinere Fisch-Aquarien, weil sie ja infolge des flacheren Wasserstandes im ganzen niedriger gehalten sein können und auch dünneres Glas benötigen.

Wenn gute Ernährung einen solchen Erfolg erzielt, wie bei der eben genannten Geierschildkröte, wird auch das Gegenteil hierzu nichts zu wünschen übriglassen, nämlich die Verdauung. Es ist wahrhaft erstaunlich, was die Tiere auf diesem Gebiet zu leisten vermögen. Der Kot aber trübt das Wasser in einer Weise, die weder den hygienischen Ansprüchen der Tiere noch den ästhetischen des Pflegers genügt. Also heißt es, immer wieder das Wasser zu wechseln, schon damit die Tiere nicht an Augenentzündungen oder Selbstinfektion durch ausgeschiedene Parasiten erkranken. Es ist wirklich keine erfreuliche Angelegenheit, alle paar Tage mit Schlauch und Wassereimer in der guten Stube herumzuplantschen, und darum hilft man sich am besten dadurch, daß man von vornherein in eine Ecke des metallenen Aquarienbodens einen Abflußhahn einbaut. Hierzu eignet sich am besten ein 3/4 Zoll starker Hahn mit direktem Durchlauf, wie er etwa für Gasleitungen verwendet wird; ein gewöhnlicher Wasserhahn würde sich infolge seiner komplizierteren Konstruktion leicht durch Nahrungsreste verstopfen. Die Gashähne besitzen auf der einen Seite ein Außengewinde, das man durch ein entsprechend großes Loch des Aquarienbodens führt und nach Einlegen von Dichtungsringen oben mit einer flachen Mutter festschraubt. Der über die Mutter hinausragende Stutzen wird weggefeilt, oder man bringt den Hahn einfach mit Hilfe zweier Kontermuttern etwas tiefer an, so daß sein Einlauf mit der oberen Mutter abschließt. Läßt sich die obere, innerhalb des Beckens befindliche Mutter nicht so weit versenken, daß ihre Oberkante ungefähr mit der Bodenfläche abschneidet, wird der Boden des Beckens durch ganzflächig aufgekittete Glasplatten fliesenartig ausgelegt und so weit erhöht, daß er seinerseits mit dem oberen Rand der Mutter abschließt. Geschickte Terrarianer lassen sogar den Boden zum Abflußloch hin leicht abfallen. Am unteren Ende des Hahns wird dann mittels eines Ansatzstückes ein Schlauch befestigt, der in die Kanalisation oder die Regenrinne führt.

Weiterhin läßt sich der ständige Wasserwechsel durch einen direkten Wasserzulauf zum Becken erleichtern. Dabei darf das zuströmende Wasser jedoch unter keinen Umständen etwa unmittelbar der Kaltwasserleitung entnommen werden, denn die zumindest zimmerwarm gehaltenen Tiere vertragen einen solchen Kaltwasser-Schock nicht ohne schwerste gesundheitliche Schäden. Der Terrarianer von uns beiden Verfassern hat deshalb oberhalb der Mischbatterie für die Badewanne den Zulauf zur Brause vermittels eines Zwischenhahnes abzweigen lassen und kann dadurch das entsprechend temperierte Wasser von dort aus durch eine Leitung unmittelbar in seine Becken leiten. Unter solchen Umständen ist selbst ein täglicher Wasserwechsel kein schwerwiegendes Problem mehr.

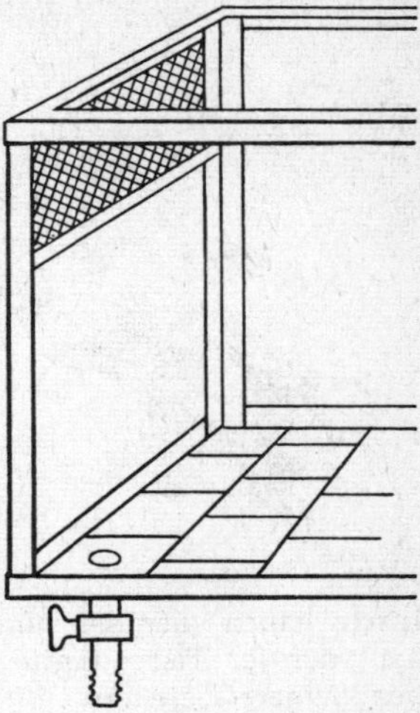

Aquarium für Wasserschildkröten. Links oben Drahtgaze zur Belüftung. Der Boden ist durch aufgekittete Glasplatten so weit erhöht, daß er mit dem oberen Rand des links unten eingeschraubten, unten durch einen Hahn abgeschlossenen Ablaßstutzens abschließt

Leider muß die Bequemlichkeit des Säuberns durch einen Verzicht auf Bodengrund und Pflanzen im Becken erkauft werden. Aber ist das tatsächlich ein Nachteil? Die Pfleglinge vermissen beides nicht, und für den Pfleger erscheint es vorteilhafter, seine Tiere in einem hygienisch einwandfreien Becken gesund zu erhalten, als der blos schmückenden, also äußerlichen Wirkung wegen einen mit Nahrungs- und Kotresten, Krankheitskeimen und Parasiten verschmutzten Bodengrund und ständig demolierte oder angefressene Pflanzen zu dulden. Wer durchaus nicht auf Pflanzen verzichten mag, kann einen Stamm aus Zierkork mit darauf wuchernden («epiphytischen») Pflanzen so innerhalb des Beckens anbringen, daß er weder von den Tieren zu erreichen ist noch beim Reinigen des Behälters stört.

Keinen wesentlichen Unterschied gegenüber dem eigentlichen Aquarium stellt das Insel-Aquarium dar; es zeichnet sich nur durch einen kleinen, einzusetzenden Landteil aus, der den Tieren zum Sonnen oder Schlafen dient. Mitunter genügt für diesen Zweck ein einfacher hoher, oberseits flacher Feldstein mit schrägen, rauhen Seiten, die den Tieren das Herausklettern erleichtern, oder auch eine solche Nachbildung aus Zement. Diese massiven

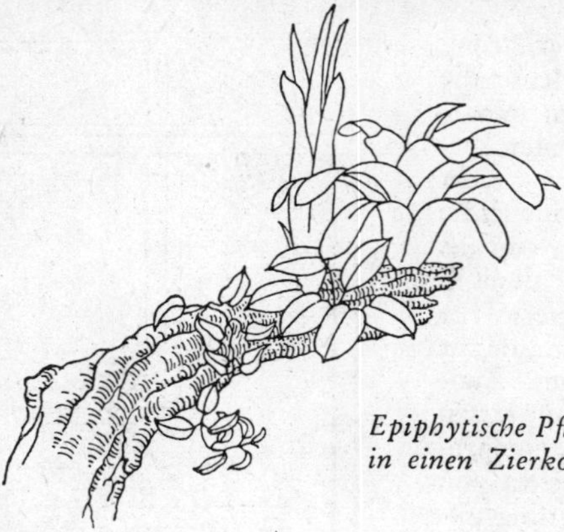

Epiphytische Pflanzen werden eingetopft in einen Zierkork-Ast eingebaut

Inseln haben aber den Nachteil, einen großen Raum einzunehmen, der den Tieren dadurch entzogen wird. Enthält das Becken nur kleinere Tiere, etwa Molche oder Unken, kann man sich statt dessen damit begnügen, ein größeres Stück Zierkork als schwimmende Insel auf der Wasseroberfläche treiben zu lassen. Für gewichtigere Insassen empfiehlt es sich, eine Brücke aus Zierkork zwischen Vorder- und Rückwand des Aquariums fest einzuklemmen. Die Korkbrücke reicht allerdings nicht aus, wenn sich größere Wasserschildkröten im Behälter tummeln; hier ist vielmehr eine Stein- oder Marmorplatte am Platze, die auf seitlichen Pfeilern aus hochgestellten Steinquadern ruht. Dabei heißt es Obacht geben, daß die Tiere das Gebilde nicht demontieren, indem sie sich zu mehreren unter die Brücke legen und sie mit den Panzern fortdrücken, bis sie von ihren Stützen hinabgleitet. Gerade Schildkröten sind in derartigen Scherzen überaus erfinderisch. Um das zu vermeiden, wird die Landbrücke besser in einem Stück aus Zement gearbeitet. Diese brückenartigen Landteile sind insofern besonders günstig, als sie nicht nur wenig Wasser verdrängen, sondern auch gut zugängliche Schlupfhöhlen bilden, die insbesondere die dunkelheitsliebenden Arten gern aufsuchen. Einen sehr schönen, zudem noch natürlichen Versteckplatz gibt ein Wurzelstock ab, den man einfach in einer Ecke des Behälters ins Wasser hineinstellt und notfalls mit einem Stein beschwert.

Eines der problematischsten Kapitel in der Tierpflege stellen die Aqua-Terrarien dar, so schön sie auch in ihrer Kombination eines großen Land- und tiefen Wasserteiles wirken können. Wie prächtig nimmt sich beispielsweise eine sanft abfallende Uferlandschaft mit ihrem charakteristischen Pflanzenbewuchs aus! Leider aber ist dies leichter gedacht als in die Praxis umgesetzt.

Zumindest die größeren Tiere verwandeln durch ihr ständiges Hin und Her die naturgetreu angelegte Uferterrasse in einen Matsch. Das eben erwähnte Ufer-Terrarium läßt sich daher nur für kleine Tierarten empfehlen; für größere Bewohner, wie terrestrische, also auch aufs Feste gehende Wasserschildkröten oder gar Krokodile, sind besondere Konstruktionen zu verwenden, bei denen der hygienischen Verhältnisse wegen unsere ästhetischen Ansprüche wohl oder übel zurückzutreten haben.

Der erfolgreichste Weg ist hier, den wie ein Aquarium einzurichtenden Wasserteil durch eine etwas über den vorgesehenen Wasserspiegel hinausragende gläserne Trennscheibe gegen den Landteil abzuschließen. Für diesen Zweck muß allerdings ein entsprechendes Rechteck aus Winkel- und T-Eisen in den Behälter eingeschweißt werden, dessen senkrecht stehende Schenkel aus T-Eisen bis zur Höhe des Behälters durchlaufen (s. Abb.). Um das Einsetzen der Seitenscheiben zu ermöglichen, dürfen die waagerecht verlaufenden Winkeleisen-Träger, das heißt der obere und untere, nicht ganz bis in den Winkel des senkrechten T-Eisens hineingeführt werden, sondern müssen dort noch einen Abstand lassen, der genau der Dicke der Seitenscheiben einschließlich der darunterliegenden Kittmasse entspricht. Eine solche Konstruktion ist nicht ganz einfach, doch führt sie jeder halbwegs gewandte Schlosser nach genauer Anleitung aus. Sie hat sich bei dem Terrarianer von uns beiden Verfassern seit vielen Jahren bei einem überdimensionalen Aqua-Terrarium für ein jetzt über 2 m langes Krokodil sehr gut bewährt, um den Wasserteil mit etwa 250 l Inhalt gegen das Land abzudichten.

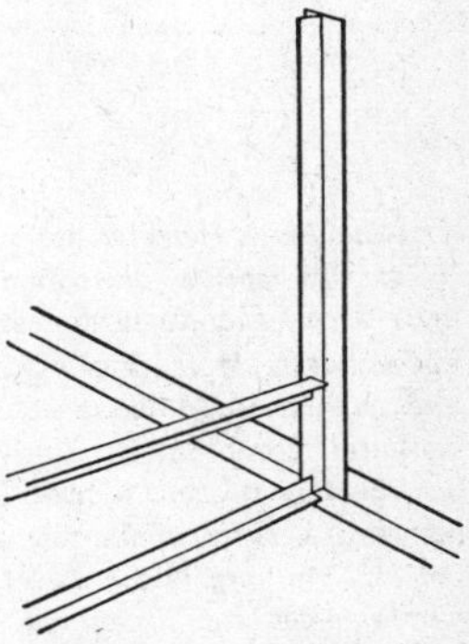

Trennung zwischen hinterem Land- und vorderem Wasserteil bei einem größeren Aqua-Terrarium. Die waagerechten Winkeleisen halten die Trennscheibe; sie reichen nicht ganz bis in den Winkel des senkrechten T-Trägers, damit dort die hintere Seitenscheibe des Wasserteils eingefügt werden kann

Daß der Wasserteil einen Ablaßhahn aufweist, dürfte wohl selbstverständlich sein; aber auch der Landteil sollte an einer zentral und zutiefst gelegenen Stelle einen Abfluß besitzen, aus dem das von den Tieren eingeschleppte Tropfwasser austreten kann.

Übrigens ist es gar nicht nötig, den Landteil bis zur Höhe der Trennscheibe mit Erde (oder besser: Kies) auszufüllen, wenn man einen kastenförmigen,

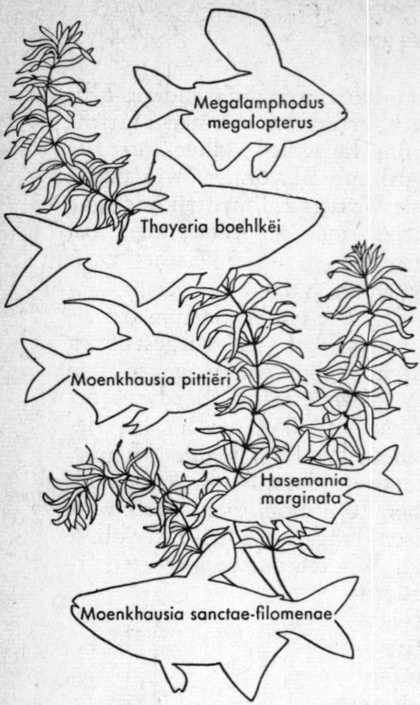

Phantomsalmler, *Megalamphodus megalopterus.* 5 cm. Mittleres Brasilien. Männchen mit stark vergrößerter Rückenflosse. Dieser erst in den letzten Jahren zu uns gekommene Salmler ist in bereits einigen Farbschlägen vorhanden. Ursprünglich rötlich, wird er immer schwärzer. Schwarmfisch, der sich in dichter bepflanzten Aquarien wohl fühlt. Haltung nicht schwer, Zucht nur für Fortgeschrittene, da weiches und leicht saures Wasser Bedingung. Allesfresser, der gern von der Wasseroberfläche schnappt. 22–24°.– **Schrägschwimmer,** *Thayeria boehlkeï.* (Früher unter *Thayeria obliqua* bekannt und gehandelt.) 7 cm. Geschlechter außerhalb der Laichzeit schwer zu unterscheiden. Männchen oft etwas schlanker. Ruhiger Schwarmfisch, der durch seine schräge Schwimmweise in jedem Aquarium Eindruck macht. Haltung einfach, doch muß man darauf achten, daß die Tiere in gut bepflanzten Becken leben und mit ebenfalls ruhigen Arten vergesellschaftet sind. Amazonenstromgebiet. 22–24°. Allesfresser. – Ähnlich sind die Arten *Thayeria obliqua,* die bisher noch nicht eingeführt wurde (?), und *Th. sanctae-mariae,* die selten vorhanden ist. – **Brillantsalmler,** *Moenkhausia pittiëri.* 5 cm. Männchen farbschöner und mit lang ausgezogener, rauchfarbener Rückenflosse. Herrlicher Fisch, der im Druck nicht wiederzugeben ist. Pflege einfach. Obwohl Allesfresser, sollte man die Jungfische nicht einseitig mit Trokkenfutter ernähren, da leicht Wachstumsstörungen auftreten. Ausgezeichneter Schwimmer, dessen Künste besonders in der Fortpflanzungszeit zur Geltung kommen. Viel Schwimmraum. Aus Venezuela stammend, möchte er Temperaturen um 24°. Haltung leicht, Zucht etwas schwerer. – **Kupfersalmler,** *Hasemania marginata.* 4 cm. Männchen mit wunderbarem Kupferton, Weibchen fast einfarbig bräunlich. Der lebhafte Fisch steht gern mit zuckenden Flossen schräg im Wasser und jagt sich mit Artgenossen. Harmloser, friedlicher Schwarmfisch, der Allesfresser ist. Seine Haltung ist einfach. In der Zucht leicht, doch stellen sich bei der Aufzucht der Jungen Schwierigkeiten ein, weil Embryonen winzig klein sind. Beheimatet in Südostbrasilien. 22°. – **Goldflecksalmler,** *Moenkhausia sanctae-filomenae.* 8 cm. Stromgebiet des Paraguay. Geschlechtsunterschiede schwer zu erkennen. Weibchen besonders in der Laichzeit bauchiger. Der Fisch ist noch nicht lange bei uns, hat sich aber gut eingebürgert. Haltung und Zucht nicht schwer. Man pflege die Fische aber im Schwarm. Besonders auffällig ist bei diesen Allesfressern der leuchtend rote Augenring und der Leuchtfleck vor der schwarzen Schwanzbinde. 22–24° – Sehr ähnlich der **Schwanzspiegelsalmler,** *Moenkhausia oligolepis,* der sich durch zwei spiegelartige, rundliche Flecken von dieser Art unterscheidet. 12 cm. Amazonenstromgebiet.

Wasserpest, *Elodea densa.* Harte Wasserpflanze für alle Zwecke und Aquarien.

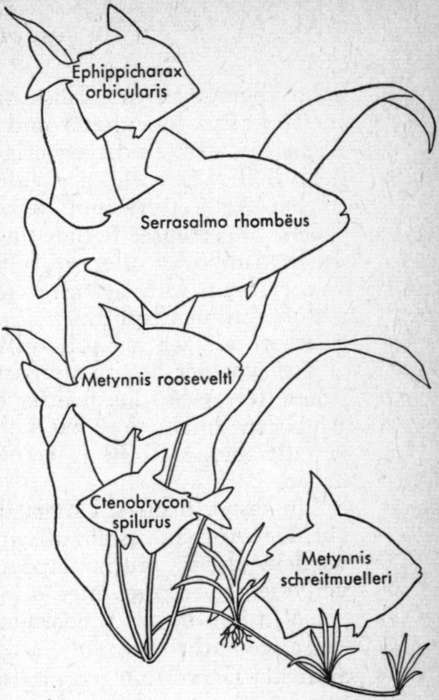

Diskussalmler, *Ephippicharax orbicularis.* 12–15 cm, bleibt in Zimmeraquarien viel kleiner. Schwarmfisch, der allerdings auch als Einzeltier noch gut aussieht. Stammt aus dem Amazonasgebiet, wo er weit verbreitet ist. Trotz seiner scheibenförmigen Körpergestalt ist der Diskussalmler ein ausgezeichneter Springer, dessen Künste besonders beim Herausfangen zu beobachten sind. Nachts fangen! Stellt keine Ansprüche. Becken abdecken. Haltung sehr einfach, Zucht ebenfalls. Sehr ergiebig. Allesfresser, dem man auch Pflanzen geben sollte. Geschlechter kaum zu unterscheiden. 22–24°. – **Piranha, Piraya,** *Serrasalmo rhombëus.* 30 cm. Geschlechtsunterschiede noch unbekannt; wahrscheinlich sind die ♂ schlanker. Schwarmfisch, der nur mit Futterfischen vergesellschaftet werden sollte. Für kleine Liebhaberbecken ungeeignet. Nur Einzeltiere pflegen, weil die Tiere oft übereinander herfallen. Wunden heilen sehr rasch. An Wasser (22–24°) und Umgebung **keine Ansprüche. Futter muß kräftig sein.** Amazonas und Nebenflüsse. Es gibt noch andere Arten der Piranhas, die alle ähnliche Bedingungen stellen. Ihre sagenhafte Blutrünstigkeit fehlt in der Gefangenschaft meist. – **Roosevelts Scheibensalmler,** *Metynnis roosevelti.* Ca. 15 cm. ♂ zeigt eine vorn lappig ausgebeulte Afterflosse. Allesfresser, dem man in nicht geringem Maße Pflanzen reichen muß, wenn der Aquarienbestand einigermaßen erhalten bleiben soll. In großen Aquarien mit viel Schwimmraum fühlt sich der Schwarmfisch bei Temperaturen um 24° wohl. Guter Springer. Man kann die Tiere gut vergesellschaften, doch sollten die Mitbewohner nicht zu klein sein, da Scheibensalmler gern etwas robuste Spiele treiben. Für Fortgeschrittene sehr geeignet, können mit Glück gezüchtet werden. – **Talerfisch,** *Ctenobrycon spilurus.* Etwa 8 cm. ♂ etwas schlanker und farbkräftiger. Schwarmfisch, der leider in den letzten Jahren seltener geworden ist. In größeren Aquarien macht ein Schwarm dieser Tiere ein vorzügliches Bild. Allesfresser. Haltung und Zucht auch für Anfänger nicht schwer und oft sehr produktiv. In geräumigen Becken, in denen neben hochstrebenden Wasserpflanzen auch großer Schwimmraum bleibt, zeigen die Tiere ihre Künste. Sonst recht ruhig. Heimat nördl. Südamerika. 22–24°. – **Schreitmüllers Scheibensalmler,** *Metynnis schreitmuelleri.* Etwa 15 cm. Für diese Art gilt im großen ganzen das gleiche wie für *M. roosevelti.* Die Unterschiede beider Arten kann man aus der Farbtafel entnehmen. Auch diese Art ist bereits gezüchtet worden. – Einige andere Scheibensalmler, die immer wieder einmal eingeführt werden, ähneln den beiden hier behandelten Arten sowohl im Aussehen als auch in der Pflege.

Amazonas-Schwertpflanze, *Echinodorus brevipedicellatus.* Gute Aquarienpflanze ohne Ansprüche. Vermehrt sich durch Ausläufer. Warmwasser.

oben abgeschlossenen Einsatz aus festem, nicht allzu leicht faulendem Holz hineinsetzt und ihn nur seitlich und an der Oberfläche mit dem Bodenmaterial bedeckt; das erleichtert doch erheblich das Gewicht der ganzen Anlage. Trotzdem bleibt ein solches Aqua-Terrarium bei größeren Ausmaßen niemals eine Quelle ungetrübter Freude und sollte nach Möglichkeit nicht auf Parkettfußböden oder wertvollen Teppichen aufgestellt werden. Der terraristische Verfasser jedenfalls hat sich durch den Abschluß einer Haftpflichtversicherung gegen Wasserschaden ebenso gesichert wie gegen Krokodilfraß ...

Viel weniger kompliziert ist dagegen der Aufbau der eigentlichen Terrarien, die in ihrer einfach rechtwinkeligen Form den Aquarien ähneln, doch aus weit schwächerem Blech und Glas hergestellt sind, weil sie ja keinen hohen Innendruck auszuhalten haben.

Ein kastenförmiger Unterteil aus Blech nimmt den Bodengrund auf. Der Aufbau besteht allseitig aus Glaswänden, von denen die vordere als Tür aufzuklappen oder aufzuschieben geht. Nicht vergessen seien auch hier die seitlichen Streifen aus Drahtgaze zur Ventilation des Innenraumes; sie dürfen allerdings nicht so tief angebracht sein, daß sie Zugluft entstehen lassen. Oft wird auch als Deckel ein prismatischer Aufbau aus Drahtgaze verwendet, doch erscheint das – zumindest bei Tropenterrarien – fast allzu luftig, wenn nicht durch aufzulegende Deckscheiben Vorsorge getroffen wird, daß das Innere des Behälters nicht zu stark auskühlt. Ist eine ausreichende Ventilation durch die seitlichen Gazestreifen gewährleistet, genügt es zumeist, den Behälter oben durch eine aufklappbare Deckplatte aus Blech zu verschließen, in der eine Öffnung für die als Licht- und Wärmequelle vorgesehene Lampe ausgespart ist. Für den Pflanzenwuchs ist es allerdings besser, wenn die Decke wenigstens zum Teil aus Glas besteht, nur heißt es dann Obacht geben, daß die Lampenhitze keinen Schaden anrichtet.

Ob man für den Behälter eine breite und verhältnismäßig niedrige oder eine höhere Form mit kleinerer Grundfläche wählt, hängt davon ab, ob hier bewegliche Bodenbewohner oder Baumkletterer einziehen. Als mehr oder weniger großer Wasserbehälter dient am besten eine Glas- oder Kunststoff-Schale, die einfach in das Erdreich eingelassen wird. Noch zweckmäßiger erscheint der Ratschlag von Dr. Jahn (Hannover), zwei genau ineinanderpassende Schalen zu verwenden, so daß der Bodengrund nicht nachrutschen kann, wenn man den als Wasserteil dienenden inneren Behälter zum Reinigen herausnimmt.

Bei der Inneneinrichtung des Terrariums sind der Phantasie des Besitzers keine Grenzen gesteckt, sofern er sich immer wieder

Grundaufbau eines Terrariums. Der Mittelteil des Deckels besteht aus einer Metallplatte mit ausgesparter Öffnung für die Licht- und Wärmequelle. Gazefenster an den Seitenscheiben sorgen für Frischluft. Im Hintergrund eine Kletterfläche aus Zierkork. Ein halbrundes Stück Zierkork auf dem Boden dient als Versteck für Bodentiere. Vorn links der in den Grund eingelassene Wassernapf

vor Augen hält, daß das Wohlbefinden der Tiere und die hygienischen Verhältnisse den Vorrang vor äußerlicher Schönheit haben. Die ganze Pracht ist nämlich sehr schnell dahin, wenn es im Behälter zu stinken und zu jauchen beginnt, weil dank romantischer Grotten-Konstruktionen und überreichem Pflanzenbewuchs Futterreste und Ausscheidungen der Tiere nicht rechtzeitig entfernt werden konnten. Auch hier gelten also als einziger Maßstab die Gesundheit und die Lebensbedürfnisse des Tieres. Romantik um ihrer selbst willen ist nicht nur fehl am Platze, sondern kann auch allzu leicht zu ähnlichen Entgleisungen führen wie der Burgruine auf dem Aquariengrund oder dem angelnden Gartenzwerg auf dem Rasenbeet.

Damit soll keineswegs etwa in den alten Streit «hie Landschafts-, hie hygienisches Terrarium» eingegriffen werden. Er erscheint überhaupt unsinnig, wenn man sich nach den tatsächlichen Bedürfnissen der Tiere richtet, und die wollen ja nichts weiter als gesund bleiben. Der Begriff der Schönheit entspringt allein der menschlichen Vorstellungswelt; der Feuersalamander aber kennt ihn nicht und lebt nicht etwa darum am farnbestandenen Bachrand, weil es dort so ungemein idyllisch zugeht, sondern weil dort Kühle, Feuchtigkeit und Schatten herrschen, die er zum Leben braucht. Können wir ihm die gleichen Bedingungen mit weniger komplizierten Mitteln schaffen als mit einer naturgetreuen Nachbildung eines Stück Waldbächleins mit üppiger Vegetation,

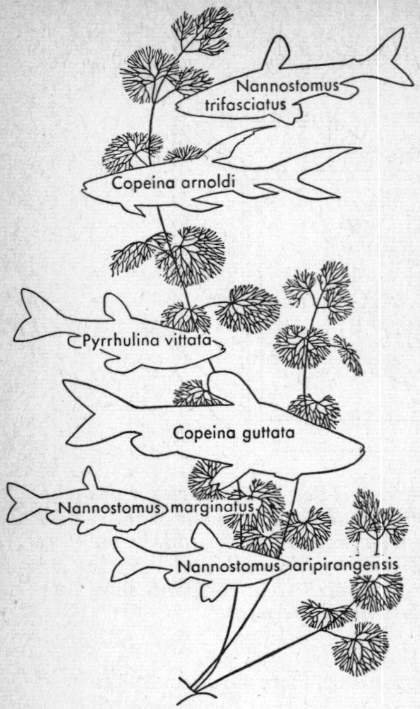

Dreibinden-Ziersalmler, *Nannostomus trifasciatus.* 5 cm. Geschlechter nicht einfach zu unterscheiden, ♂ meist etwas schlanker; Vorsicht bei der Beurteilung! Einer der schönsten Aquarienfische, wenn auch nicht häufig zu bekommen. Pflege in kleineren Aquarien möglich. Weiches und leicht saures Wasser erwünscht, zur Zucht Voraussetzung. Dichter Wuchs gemischter Pflanzenarten vorteilhaft. Recht scheue Fischchen. Heimat: Guayana und unteres Amazonasgebiet. Im Futter nicht einfach. Kleine Nahrung. Lebendfutter. Laicht gern in den Wurzelbärten von Schwimmpflanzen, die man immer in seinen Aquarien haben sollte. Große Laichräuber. Für Anfänger Jungenaufzucht schwierig. Nicht produktiv. 24°. – **Spritzsalmler,** *Copëina arnoldi.* ♂ 9 cm, ♀ 5 cm. ♂ leicht an den ausgezogenen Flossen zu erkennen. Pflege in kleineren Aquarien schon möglich, wenn nicht zu lebhafte Mitinsassen vorhanden sind. Allesfresser (kleines Futter), im Amazonasgebiet in kleineren Gewässern, oft auch stehenden, beheimatet. Zucht für den Anfänger nicht immer einfach. Laichen außerhalb des Wassers an der Deckscheibe oder an Wasserpflanzenblättern. ♂ bewacht Eier und Brut. Spritzt Wasser an die Eier, damit sie nicht austrocknen. Nicht sehr produktiv. 22–24° C. – **Kopfbindensalmler,** *Pyrrhulina vittata.* 6 cm. ♂ besitzt einen größeren oberen Schwanzflossenlappen; oft auch kehliger gebaut. Stets mehrere Exemplare pflegen. Männchen bewacht Eier, die auf einem Wasserpflanzenblatt untergebracht werden, und Brut. Im Amazonenstromgebiet leben sie in kleineren Wasseransammlungen der Überschwemmungsgebiete und kleineren Fließgewässern. Kleinere Becken mit breitblättrigen Pflanzen genügen. Haltung und Zucht nicht schwer. 22–24°. – **Forellensalmler,** *Copëina guttata.* 12–15 cm. ♂ farbstärker. Recht scheuer Fisch, der trotz seiner Größe mit kleineren Behältern vorliebnimmt, wenn sie nur gut bepflanzt sind. ♂ baut und bewacht eine Grube, in die der Laich abgelegt wird. Pflege und Zucht nicht schwer. Heimat ist das Amazonasgebiet. Allesfresser, auch Insekten. 22–24° C. – **Ziersalmler,** *Nannostomus marginatus.* 3 cm. Geschlechter sehr schwer zu unterscheiden. Nur in der Laichzeit ♀ etwas stärker gewölbt. Fisch für kleine Behälter, deren Insassen ruhige Friedfertige sind. Zucht schwer, Haltung weniger. Futter muß sehr klein sein. Heimat Amazonas und Guayanas. 24° C. – **Aripirangasalmler,** *N. beckfordi aripirangensis.* 5 cm. ♂ besonders zur Laichzeit sehr viel schöner. Bauchseite mehr rot. Lebt gut in kleineren, dicht bewachsenen Behältern und ist die anspruchsloseste N.-Form. Für Anfänger geeignet. Zucht allerdings nicht einfach. Insel Aripiranga. 22° C. *N. b. beckfordi* ist ähnlich; sehr selten zu haben.

Cabomba aquatica. Rankende Wasserpflanze eigenartiger Schönheit. Empfindlich gegen Schmutz.

Quakender Salmler, *Glandulacauda inequalis.* ♂ bis 6,5 cm, ♀ etwa 4 cm. Bei allen Fischen auf dieser Tafel sind Männchen und Weibchen, abgesehen von den Größenunterschieden, leicht zu unterscheiden. Der Quakende Salmler gibt Töne von sich, wenn auch selten. Harmlos, wenn zu mehreren vereinigt, recht streitsüchtig, wenn ältere Männchen allein gehalten werden. Heimat: südl. Brasilien. Tiere laichen ohne ♂, denn Befruchtung fand bereits einige Zeit vor der Laichabgabe statt; diese Vermehrung ist ebenfalls allen Fischen dieser Tafel eigen. Aquarien (22° C) sollten gut bepflanzt sein, doch Schwimmraum haben. Allesfresser, die gern Insekten und ihre Larven nehmen. Mittlere Aquarien angebracht. Pflege und Zucht einfach. Leider nicht immer zu erhalten. – **Zwergdrachenflosser,** *Corynopoma riisëi.* ♂ 7 cm, ♀ bis 5 cm. Schwarmfisch aus Orinocogebiet und von Trinidad. ♂ riesige Flossen, ♀ unscheinbar. Es gibt zwei Farbformen. Die Naturform ist olivgrün, die in Gefangenschaft auftretende gelblich. Pflege und Zucht einfach, wobei ♀ allein laicht; ♂ zeigt am Kiemendeckel einen löffelförmigen Auswuchs, der zur Balz dient, nicht zur Befruchtung! Becken mit großem Schwimmraum wichtig. Rasante Schwimmer. Anfällig für Ichthyophthirius, eine Fischkrankheit! 22° C. – **Sichelsalmler,** *Gephyrocharax atracaudatus.* 6 cm. ♂ zeigt kleinen Sporn unter der Schwanzwurzel. Haltung und Pflege einfach. Schwarmfische, beleben durch unermüdliches Schwimmen jedes Aquarium. Stammen aus Panama, werden nur noch selten angeboten. Kleine Aquarien genügen. Um 22° C. Ähnlich dem Sichelsalmler ist *G. valencia,* der Valenciasalmler aus dem Valenciasee. Diesem fehlt die schöne Schwanzwurzelzeichnung, sonst aber trifft alles auch auf diese Art zu. – **Großer Drachenflosser,** *Pseudocorynopoma doriae.* ♂ bis 9 cm mit stark vergrößerten Flossen, ♀ bis 7 cm. Seine Balz gehört zu den eindrucksvollsten Erlebnissen in der Aquaristik. Leider nur selten eingeführt und nicht besonders gut zu halten. Robuster Fisch, der alles frißt, aber schlecht zu züchten; hat nur wenige Nachkommen. Heimat im Rio Paraguay und Rio La Plata. Große Behälter nötig. 24° C. – **Blaubandsalmler,** *Mimagoniates barberi.* 6 cm. Rückenflosse beim ♂ ist höher und spitz ausgezogen. Pflege nicht einfach, Zucht zwar nicht schwer, aber wenig erfolgreich. Nachkommenzahl gering und anfällig. Schöner Schwarmfisch, der weicheres Wasser benötigt und einen erfahrenen Pfleger verlangt. Für Anfänger nicht geeignet. Sehr ähnlich ist *Mimagoniates microlepis,* der größer wird, aber keine so ausgeprägte Längsbinde besitzt. In ihren Ansprüchen sind die Allesfresser gleich. Heimat: südl. Brasilien bis Argentinien. Nach Literaturberichten werden die Nachkommen immer kleiner. 25° C.

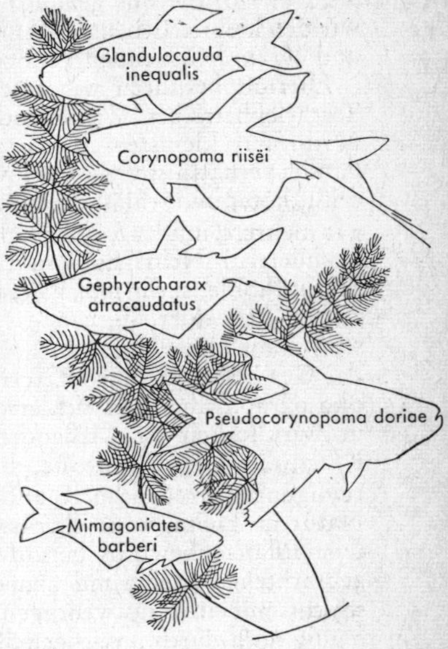

Myriophyllum hippuroïdes. Gute Pflanze, aber nur für klare Becken.

wird er sich bei uns genauso wohl fühlen. Hauptsache ist, daß wir den kleinen Lebensraum unserer Pfleglinge leicht von Schmutz und Krankheitskeimen reinigen können.

Hiermit berühren wir eines der Hauptprobleme des ganzen Terrarienbetriebes. Wir versuchen wohl, einen Ausschnitt aus der Natur auf kleinstem Raum zu gestalten, und schaffen gerade damit Verhältnisse, die von vornherein unnatürlich sind. Lebt, frißt, kotet und schläft denn «draußen» tatsächlich ein Tier, oder gar mehrere, immer auf dem gleichen Fleck von ein paar Quadratdezimetern? Nein! Es wandert vielmehr umher, wechselt seine Schlupfhöhle, sucht mal hier, mal dort seine Nahrung und setzt seinen Kot dort ab, wo es sich zufällig aufhält. Der Regen schwemmt allen Unrat fort, Bodenbakterien zersetzen ihn, und das Gewässer, das wir im Terrarium kümmerlich mit Hilfe einer photographischen Entwicklerschale nachzugestalten versuchen, ist in Wirklichkeit ein fließender Bach und damit eine natürliche Kanalisation für Faulstoffe, die sich in einem biologischen Selbstreinigungsprozeß schnell aufarbeiten. Ist das noch ein Stück Natur im Heim, wenn die Tiere stets und ständig auf dem gleichen Pflanzenbewuchs herumwirtschaften, dessen künstlich eingebrachtem Bodengrund zumeist die ausreichend dicke Humusschicht mit den notwendigen Mikroben fehlt, und der dann häufig noch durch unsachgemäßes Befeuchten verkalkt, versauert oder versumpft? So mancher «alte Hase» unter den Terrarianern hat seine Laufbahn damit begonnen, in seinem Behälter das ersehnte idyllische Zaubergärtlein zu schaffen, und mußte es schließlich als unmöglich aufgeben. Darum sei hier als oberstes Gebot für das Einrichten eines Terrariums empfohlen: So hygienisch wie möglich, so schön wie nötig!

Kletternde Bodenbewohner, wie es zahlreiche Echsen sind, brauchen eine Steinlandschaft mit Schlupfhöhlen; diese schaffen wir ihnen durch entsprechende Aufbauten. Es können schon ein paar übereinandergeschichtete Feldsteine genügen, wenn man sich die Mühe macht, sie hin und wieder herauszunehmen und zu säubern. Ideal sind solche Haufen nicht, denn leicht verklemmt sich ein Tier in ihnen, wenn das Ganze durch einen Zufall ins Rutschen gerät. Dann ist es schon besser, die Steine mit Zement zu einem kompakten Gebilde zusammenzufügen, dessen Nachteil allerdings in dem recht hohen Gewicht liegt. Dr. Jahn verwendet mit gutem Erfolg röhrenförmig durchbrochene Hohlsteine, die man sich leicht von einer Baustelle (aber selbstverständlich nur im Einverständnis mit dem Polier!) beschaffen kann.

Für Mauerkletterer, wie manche Eidechsen, Agamen und die Geckos, läßt sich die durch eine Kunststoff-Platte zu ersetzende

Hinterwand des Terrariums zu einer prächtigen Kletterfläche gestalten, wenn man sie mit einer festhaftenden Mischung aus Lehm und Zement bewirft. Als Schlupfwinkel dienen keine künstlichen Höhlen und Spalten im Kletterfelsen oder in der Mauer, zu denen der Pfleger keinen Zugang findet, sondern weit besser auf den Boden gelegte Zierkorkstücke, deren Rundung einen ausgezeichneten Unterschlupf bildet. Solche Korkhöhlen lassen sich bei Bedarf einfach hochnehmen und durch gelegentliches Auskochen von Schmutz und Bakterien säubern.

Baumkletterer, wie es die Chamäleons, einige Leguane, viele Froschlurche und das Heer der Baumschlangen sind, brauchen je nach ihrer Größe einen Kletterast oder -baum. Dafür schneiden wir mit der Säge ein knorriges Stück einer Baumverzweigung heraus, reinigen es gründlich, trocknen es aus und klemmen oder binden es so im Behälter fest, daß es für die Tiere mühelos erreichbar ist. Noch empfehlenswerter erscheinen aus den bereits dargelegten Gründen Äste aus Zierkork, an denen sich leicht einige schmückende Epiphyten anbringen lassen, wenn man dies will. Für die Kletterbäume empfiehlt Dr. Jahn, ein verzweigtes Stück Baumstamm auf eine hölzerne Platte von genügender Größe zu nageln und das aufrecht stehende Gebilde mit der Platte im Bodengrund zu verankern. Damit das Ganze nicht gar so leblos wirkt, schlingen wir einige Rankenpflanzen herum.

Schließlich brauchen wir auch noch einen Futternapf, der verhindern soll, daß die Futterstoffe oder -tiere durch den ganzen Behälter verschleppt werden. Damit aber haben wir bereits die wichtigsten Einrichtungsgegenstände des Terrariums gestreift oder doch wenigstens die Grundsätze behandelt, nach denen sie herzustellen sind. Dem einigermaßen naturvertrauten und erfindungsreichen Pfleger dürfte es nicht schwerfallen, sie entsprechend dem Grundsatz «Was ist dem Tier dienlich?» zu verbessern, zu ergänzen oder zu variieren.

Zum Abschluß dieses Kapitels noch schnell ein Wort zu der Frage, ob man größere Tiere, insbesondere Schildkröten, auch frei in der Wohnung herumlaufen lassen kann. Hier gibt es nur ein ganz klares Nein, wenn man sich einmal die dort herrschenden Gegebenheiten vergegenwärtigt. Alle diese Reptilien brauchen Wärme und Licht. Der Fußboden aber ist bekanntlich die kühlste und dunkelste Ebene eines Zimmers, zu dem die Sonne nur für kurze Zeit vorzudringen pflegt. Aber damit noch nicht genug. Durch Ritzen und Fugen entsteht Zugluft; sie verursacht bei den empfindlichen Tieren Erkältungen oder gar Lungenentzündungen, auf die sich der Staub und der Tabakrauch des Raumes keineswegs lindernd auswirken. Wie leicht wird eine frei im Zimmer herumlaufende Schildkröte beim Öffnen der Tür ge-

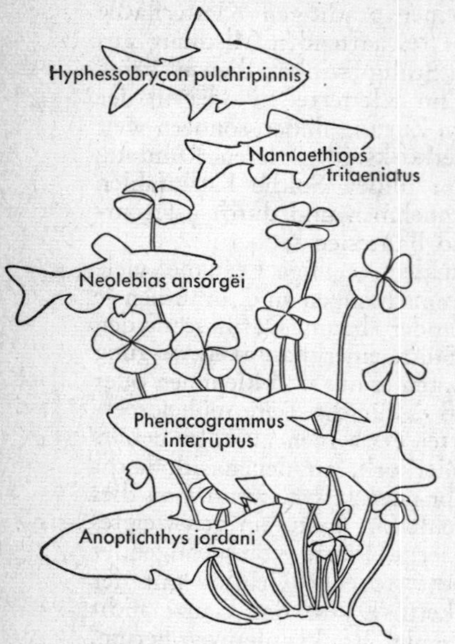

Zitronensalmler, *Hyphessobrycon pulchripinnis.* 5 cm lang. ♂ wirkt schlanker, bleibt auch etwas kleiner. Dieser trotz seiner wenig auffälligen Farben schmucke Salmler gehört zu den hübschesten Erscheinungen, die die Aquaristik zu bieten hat. Er eignet sich zwar mehr für Fortgeschrittene, ist aber für den nicht mehr ganz unerfahrenen Anfänger sozusagen die Vorstufe zum Problemfisch. Seine Haltung gemeinsam mit ruhigen Fischen ist in gut bepflanzten Becken nicht schwer, seine Zucht stellt aber einige Anforderungen, die am besten mit weichem, leicht saurem Wasser zu beheben sind. Ruhiger Fisch der Bodenzone. Unterer Amazonas. 24°. – **Roter von Kamerun,** *Neolebias ansorgëi.* 4 cm. ♂ ist etwas farbiger, besonders in der Laichzeit auffällig. Von diesem ruhigen und im Verhalten unscheinbaren Fisch spricht man auch noch, wenn man sich an anderen sattgesehen hat. Seine Pflege ist nicht schwer. Dichter Pflanzenwuchs behagt ihm sehr. Zwar frißt der Fisch alles, doch kommt er in Gesellschaftsbecken bei geringen Futtermengen meist nicht zum Fressen. Zucht nicht schwer, erfordert aber Kenntnisse. Kamerungebiet. 24°. – **Kongosalmler,** *Phenacogrammus interruptus.* ♂ 12 cm, ♀ etwa 8 cm. ♂ leicht kenntlich an den vergrößerten Flossen, Schwanzflosse zipfelig ausgezogen. Vor einigen Jahren war der Kongosalmler eine echte Sensation bei den Aquarianern, doch hat das Interesse in letzter Zeit sehr nachgelassen. Seine Haltung ist nicht schwer, seine Zucht dagegen sehr. Liebt Schwarmhaltung in weicherem und leicht saurem Wasser und benötigt größere Aquarien. Er ist nicht besonders lebhaft, zeigt aber mitunter doch, was in ihm steckt. Je nach Haltung in helleren oder dunkleren Aquarien variiert auch seine Körperfarbe. Allesfresser, den man nicht einseitig ernähren darf. Insektenfutter! Kongogebiet. 22–24°. – **Afrikanischer Dreistreifensalmler,** *Nannaethiops tritaeniatus.* ♂ 4 cm, ♀ 5 cm lang. Die Männchen sind schlanker und besonders zur Laichzeit etwas farbkräftiger. Auch dieser Fisch gehört, wie der Rote von Kamerun, nicht zu den Salmlern, sondern zur Familie der *Citharinidae.* Seine Pflege ist nicht schwer, doch liebt der ruhige Fisch dicht bepflanzte Aquarien mit nicht zu lebhaften Insassen. Allesfresser, der wenig von Trockenfutter hält. Bewohner der Bodenregion. Mittlerer Kongo. 24°. – **Afrikanischer Einstreifensalmler,** *Nannaethiops unitaeniatus.* ♂ 5 cm, ♀ 7 cm lang. Besitzt nur einen Strich. Pflege sonst ähnlich wie beim vorigen; etwas härter. Mittelafrika. 22°. – **Blinder Höhlensalmler,** *Anoptichthys jordani.* 8 cm. ♂ ist etwas schlanker. Leicht zu pflegender und zu züchtender Fisch. Sehr produktiv. Mit allen Fischen verträglich. Weicht allen Hindernissen sicher aus. Allesfresser, auch Abfälle. Am besten im Kaltwasseraquarium. Mexiko. 22–24°.

Unterwasserklee, *Marsilia quadrifolia.* Guter Wasserfarn, der langsam wächst.

Beilbauchsalmler, *Gasteropelecus sternicla.* ♂ bis 6 cm, ♀ 7 cm. Geschlechter schwer zu unterscheiden. ♂ soll eine etwas steilere Bauchkante besitzen. Heimat: Guayana und unterer Amazonas. Meist in stilleren Seitengewässern. Hauptnahrung sind Anfluginsekten. Bodenfutter wird nicht oder nur ungern genommen. Springen ausgezeichnet. Behälter stets abdecken und vorsichtig hantieren! Oberflächenpflanzen helfen etwas. Zucht schwer, aber schon geglückt. Flachere Behälter mit großer Oberfläche. Temperaturen um 24° C. Liebt weicheres Wasser. – Sehr ähnlich mit gleichen Pflegebedingungen die nächsten zwei: **Silberbeilfisch,** *Thoracocharax securis.* Zum Unterschied zur vorigen Art trägt die Rückenflosse vorn einen dunklen Fleck, außerdem ist die Längsbinde etwas kräftiger. 5 cm. Heimat: mittleres bis südliches Brasilien bis zum La Plata. – **Scheibenbauchsalmler,** *Pterodiscus levis.* Unterscheidet sich von beiden Arten durch seine schwarze Bauchkante, ferner ist der erste Strahl der Fettflosse schwarz.

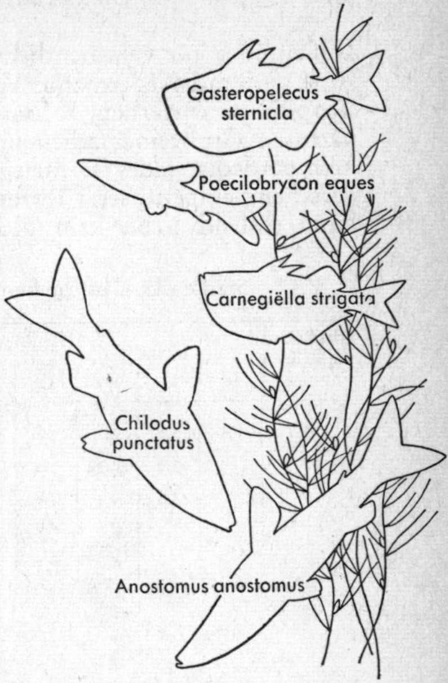

6 cm. Heimat: Amazonenstromgebiet. – **Schrägsteher,** *Poecilobrycon eques.* Etwa 4 cm. ♀, besonders zur Laichzeit, kräftiger und dicker. ♂ mit nach hinten spitzer ausgezogener Afterflosse. Nimmt schon mit kleineren Aquarien vorlieb. Liebt guten Pflanzenwuchs, zwischen dem er sich aufhält. Frißt alles, was er bewältigen kann. Zu Boden gesunkenes Futter wird nicht beachtet. Heimat: Amazonenstromgebiet. 22–24° C. Zucht kaum für Anfänger, wenn auch nicht schwer. Wenig ertragreich. – Ähnlich ist der **Augen-Schrägschwimmer,** *Poecilobrycon ocellatus,* doch wird er größer. Alle Angehörigen dieser Gattung stellen gleiche Bedingungen. Futter nicht zu groß wählen. – **Gestreifter Beilfisch,** *Carnegiëlla strigata.* 4,5 cm. Hier gilt alles, was bereits bei *Gasteropelecus* oben gesagt worden ist. Heimat: Guayana und Amazonenstrom. 24°. Von allen anderen Beilfischen unterscheidet sich diese Gattung durch die fehlende Fettflosse. Vereinzelt bereits in wenigen Exemplaren gezüchtet. – Sehr ähnlich ist eine zweite im Handel befindliche Art, *C. vesca.* Sie unterscheidet sich durch den gegabelten breiten Bauchstrich von *C. strigata;* sonst sind beide Formen ähnlich. Weitere Zwergformen sind *C. myersi* und *C. marthae,* die leider nur selten angeboten werden. – **Punktierter Kopfsteher,** *Chilodus punctatus.* In Südamerika weit verbreitet in mehreren Unterarten. 12 cm. 22–24°. Männchen sind schlanker. Bereits in Gefangenschaft gezüchtet. Besonders Bodennahrung und Pflanzenzusatz in Form von überbrühtem Salat. Pflege in gut bepflanzten Aquarien vorteilhaft. Möglichst mehrere Tiere. Lieben ruhige Mitinsassen. – **Prachtkopfsteher,** *Anostomus anostomus.* Etwa 15 cm. Bleiben oft kleiner. 24°. Mehrere Tiere pflegen, sonst leicht zänkisch! Großer Pflanzenfresser. Kein Bodenfutter! Sonst wie *Chilodus.*

Zwerg-Wasserschlauch, *Ultricularia exoleta.* Sehr gute Ablaichpflanze.

stoßen oder gar versehentlich mit dem Fuß getreten! Schließlich ist es auch nicht jedermanns Vergnügen, Kot und Futterreste vom Teppich zu entfernen, sofern sie die Hausfrau nicht erst beim nächsten Großreinemachen in irgendwelchen abgelegenen Winkeln entdeckt. Jedes Terrarientier gehört nun einmal in ein entsprechend eingerichtetes Terrarium, und wer ihm das nicht bieten kann, soll sich lieber kein solches Tier halten.

Stärke der Glasscheiben für das Aquarium (in mm)

Scheibenhöhe in cm	Scheibenlänge in cm										
	20	30	40	50	60	70	80	90	100	110	120
30	2,5	2,8	3,3	3,8	4,1	4,2	4,4	4,6	4,9		
40		3,4	4,3	5,1	5,6	6,0	6,3	6,5	6,7	6,9	7,0
50		4,4	5,1	5,8	6,5	7,2	7,7	8,2	8,4	8,7	8,9
60			6,0	6,5	7,5	8,5	9,3	9,7	10,2	10,7	11,1
70			6,6	7,3	8,2	9,0	10,0	10,9	11,6	12,2	12,7

Der Bodengrund

Daß man Kies als Bodengrund für das Aquarium wählt, haben wir schon bei der Einrichtung des Beckens gehört. Viele Aquarianer schwören allerdings auf einen «besseren» Boden, der die Pflanzen schöner gedeihen lassen soll. Dazu ist zu sagen, daß nach wie vor Kies, und zwar ein Gemisch aus grobem und feinerem Kies, die besten Dienste verrichtet. Für die meisten Pflanzen wird durchaus kein «besserer» Boden benötigt. Gewiß: Sie wachsen zunächst etwas langsamer, holen aber bald auf, wenn sich das Verhältnis zwischen Bodenbakterien, Fischbesatz, Pflanzenwuchs und Licht eingespielt hat. Grober Kies ist notwendig, um eine gute Durchströmung mit Frischwasser zu gewährleisten, denn die Bodenbakterien lieben gute Durchlüftungsverhältnisse ebenso wie Pflanzen und Tiere. Außerdem finden niedere Lebewesen auf grobem Kies eine bessere Besiedlungsfläche. In neuerer Zeit hat man viel mit Basaltsplitt gearbeitet, der gute Besiedlungsmöglichkeiten bietet. Außerdem lassen die schwarzen Töne die Farben der Fische prächtig hervortreten. Heller Kies wird sehr bald dunkel, denn Sinkstoffe und Lebewesen färben ihn schnell um. Je lockerer der Bodengrund ist, desto besser spielen sich die biologischen Verhältnisse ein. Feiner Sand, wie man ihn beispielsweise am Meeresstrand findet, ist für unsere Zwecke völlig ungeeignet. Flußkies ist besser. Man kann den Kies noch zusätzlich auflockern, wenn man ihm etwas Torfmull beigibt, besser Fasertorf, wie er in Gärtnereien verwendet wird, doch darf er nicht gedüngt sein. Man weicht den Torf ein und entfernt alle schwimmenden Bestandteile; die schweren und am Boden liegenden mischt man unter die untere Kiesschicht. Vor allem in Holland, das wegen seiner phantastisch schönen Aquarien berühmt ist, wendet man diese Methode an.

Wer viel mit Trockenfutter arbeitet, wird es vielleicht erleben, daß der Boden unter der Fütterungsstelle schwarz wird. Allerdings kann einem das auch mit Lebendfutter geschehen, wenn viel tote Futtertiere zu Boden sinken. Der Grund: Es wird einfach zu viel gefüttert! Ein gesunder Bodengrund zeigt sich dann, wenn wenig Fische, viel Pflanzen im Becken sind, so daß sich eine Mulmschicht nicht bildet. Vor allem für den Anfänger ist es jedoch schwer, sich mit wenigen Fischen zu bescheiden. Man kommt aber im Laufe seiner Entwicklung zum zunftgerechten Aquarianer zwangsläufig dazu und erlebt dann staunend, daß die Aquaristik viel einfacher ist, als man es sich hat träumen lassen. Schwarze Stellen im Boden werden vorsichtig entfernt, und die entstandene Vertiefung wird wieder mit sorgfältig gewaschenem gröberen Kies ausgefüllt. Läßt sich auf die Dauer der schwarze Farbton nicht entfernen oder weitet er sich über das ganze Becken aus, dann ist am Kies etwas faul! Oft sind es Fremdkörper, die im Kies eingebettet liegen und zum Herd der Fäulnis werden, manchmal ist aber auch die Bodenplatte des Aquariums daran schuld. Dann kitte man eine Glasscheibe ein. In früheren Jahren – und leider auch heute noch! – hat man dem Bodengrund viel zu wenig Aufmerksamkeit geschenkt. Ist er aber gesund und arbeitet, dann ist das wirklich gute Aquarium schon halb gesichert. Zusätze von Lehm oder Gartenerde, wie sie manchmal empfohlen werden, sind völlig unnötig. Auch in Wasserpflanzen-Gärtnereien, die doch selbst mit heikelsten Pflanzen zu tun haben, verwendet man in der Regel einfachen Kies. Bedenken wir bei auftretenden Schwierigkeiten mit dem Bodengrund noch, daß in den allerseltensten Fällen der Kiesgrund schuld daran hat, sondern wir mit unserer falschen Überlegung, dann werden wir bald die richtige Zusammenstellung erhalten. Wie man sich bei heiklen Wasserpflanzen verhalten muß, lesen wir im Kapitel «Pflanzen» nach, denn es handelt sich dabei um Sonderfälle, die mit dem eigentlichen Bodengrund nichts zu tun haben.

Wollen wir auch einen möglichst kalkfreien Boden verwenden, dann prüfen wir vor dem Einbringen mit Salzsäure. Gießt man nämlich Salzsäure auf kalkhaltige Substanzen, dann erscheinen kleine Blasen. Mit Salzsäure kann man den Kalk entfernen. Aber damit heißt es: Vorsicht!

Im Aquarium dient der Bodengrund hauptsächlich dazu, den natürlichen Eindruck der Unterwasser-Landschaft zu vervollständigen und den festsitzenden Pflanzen einen Ankergrund zu bieten; die Tiere selbst brauchen ihn nicht unmittelbar. Viel enger sind dagegen die Landtiere mit dem Untergrund verhaftet, auf dem sie umherlaufen, schlafen, fressen und koten. Um so mehr Aufmerksamkeit müssen wir daher aufwenden, um hier nicht die Verhältnisse eines Rieselfeldes entstehen zu lassen. Bei den Wassertieren mit lebhaftem Stoffwechsel, deren Wasser täglich erneuert werden muß, verzichtet man überhaupt auf eine Bodenbedeckung des Aquariums, wie bereits im vorigen Kapitel auseinandergesetzt. Die Landtiere aber brauchen den Boden nicht nur, sondern sie verbrauchen ihn auch, und so muß er vom Pfleger immer wieder einmal gereinigt oder noch besser: gegen eine frische Füllung ausgetauscht werden. Um diese wenig angenehme Arbeit nicht allzu oft wiederholen zu müssen, wendet man einen Kunstgriff an, der den Boden längere Zeit frisch erhalten kann.

Die größte Quelle des Übels besteht in einer zu großen Feuchtigkeit des Erdreiches. Dann fängt es nämlich dort an zu faulen, und es entwickelt sich eine höchst unerwünschte Bakterien- und Pilzkultur, die mit ihren Ausscheidungen das Erdreich geradezu vergiftet. Daß dieser Zustand den Tieren nicht bekommt, leuchtet ohne weiteres ein. Der Boden muß also aufgelockert werden, damit sich die Feuchtigkeit dort nicht festsetzt, sondern entweder schneller verdunstet oder doch wenigstens leichter hindurchsickert. Das zuletzt Genannte spielt insbesondere bei den Landteilen der Aqua-Terrarien eine große Rolle; es wurde daher schon bei der Besprechung dieses Behältertyps angeraten, in der Bodenplatte ein Abflußloch für das Sickerwasser vorzusehen.

Um auch im gewöhnlichen Land-Terrarium zu verhindern, daß sich der Boden zu stark durchfeuchtet und zu gären beginnt, bauen wir uns beim Einrichten des Behälters eine Drainage einfachster Art ein. Zu unterst kommt eine Schicht aus groben, nicht zu scharfkantigen Steinen, darüber Blumentopfscherben, also poröses Material, durch das die Luft hindurchstreichen kann. Das Ganze wird mit einer Schicht nicht zu feinen Kieses bedeckt, und erst als oberer Abschluß wird dann der Sand oder die Erde eingebracht, auf denen sich die Tiere aufhalten. Den Pflanzen reicht die verhältnismäßig dünne Erdschicht selbstverständlich nicht aus. Wir lassen sie deshalb auch gar nicht unmittelbar im Boden wurzeln, sondern versenken sie in Töpfen, die mit der ihnen zusagenden Erde gefüllt sind, bis zum Grunde des Behälters. Aus den auf S. 36 angegebenen Gründen empfiehlt es sich auch hier, zwei ineinandergeschachtelte Töpfe zu verwenden.

Was wir als Deckschicht für die Oberfläche wählen, hängt ganz von der Art der Pfleglinge ab. Im Boden wühlende Wüstenbewohner, wie einige Skinke oder die Sandschlangen, benötigen lediglich tiefen Sand; hier kann man sogar auf die unterirdische Drainage verzichten, denn infolge des trockenen Wüstenklimas bleibt der Boden ohnehin trocken. Für viele Froschlurche, die Molche und Salamander sowie andere feuchtigkeitsliebende Bodenbewohner nehmen wir saubere, mit Torf oder auch Sägespänen aufgelockerte Gartenerde, die immer ein zuträgliches Maß an Feuchtigkeit enthält, wenn sie entsprechend gepflegt wird. Recht ansprechend nimmt sich ein eingesetztes Rasenstück aus, das man aber häufiger erneuern muß, weil es sich nicht allzu lange hält. Laufende Bewohner eines trockeneren Lebensraumes, wie etwa die Landschildkröten, brauchen als Untergrund eine Mischung aus Sand und nicht zu grobem Kies. Die so gern verwendeten Moospolster wirken zwar sehr natürlich und hübsch, bleiben aber leider nicht allzu lange frisch und speichern auch in oft unerwünschter Weise die Feuchtigkeit zu stark. Wenn man den Boden eines Molchbehälters mit Zierkork- und glatten Ziegelstückchen auslegt, erübrigt sich ein weiterer Bodengrund.

Wer sich die Arbeit machen will, kann den kiesigen Bodengrund von Zeit zu Zeit durch Ausschlämmen reinigen, wie es bereits für den Aquarienkies beschrieben wurde. Weniger mühevoll und vor allem hygienischer ist es, ihn einfach durch eine neue Füllung zu ersetzen, wie es sich bei erdigen Terrarien von selbst versteht. Sie verschmutzen um so schneller und gründlicher, je mehr Tiere sich – im Gegensatz zu den Verhältnissen in der freien Natur – darauf aufhalten. Dadurch erhöht sich aber auch die Gefahr der Selbstinfektion durch Krankheitskeime und Parasiten, die mit dem Kot ausgeschieden werden, während sich die Amphibien durch das allzu enge Beieinanderleben Schaden mit ihren Hautgiften zufügen können. Niemals dürfen deshalb Terrarien überbevölkert werden.

Technische Hilfsmittel

Zunächst möchten wir hier eines von vornherein feststellen: Es ist ein weit verbreiteter Irrtum, daß die technischen Hilfsgeräte, z. B. Durchlüftung, Filter usw., die Natur ersetzen könnten. Sie können es eben nicht. Welche Überlegungen wir auch anstellen, welche Mittel wir einsetzen – Natur bleibt Natur. Da wir aber alle Menschen sind, die trotz vieler eigener und fremder Erfahrungen immer erst einmal oder öfter hereinfallen müssen, werden uns auch die technischen Hilfsmittel eine Hilfe sein, eigene Fehler wenigstens zum Teil wieder auszubügeln. Wer sich jedoch blind auf diese Geräte verläßt, wird eines Tages sehr enttäuscht werden, denn nicht die Geräte sind schuld, sondern wir selbst! Richtig und mit Verstand eingesetzte Hilfsmittel bereiten Freude und verschaffen Erleichterungen, falsch eingesetzte bereiten einer der schönsten Liebhabereien oft genug ein jähes Ende.

Für die Warmwasseraquaristik ist eine gut funktionierende Heizung notwendig. In den zoologischen Fachgeschäften werden sie in großer Auswahl angeboten, so daß jeder Liebhaber den für seinen Geschmack und für seine Zwecke richtigen Heizer erhalten wird. Die Ausführungen schwanken zwischen solchen mit konstanter Watt-Stärke und solchen mit verschiedener, durch einen Schalter einstellbarer. Beide Typen sind gut brauchbar, je nachdem, ob man nur ein kleineres oder ein größeres Aquarium beheizen will. Man rechne in geheizten Räumen mit 1 Watt pro 2 Liter Wasser, in ungeheizten mit 1 Watt pro Liter. Wer es irgendwie möglich machen kann, sollte sich keine Gasheizung zulegen, die bei schwankender Druckstärke oft verlischt. Selbst bemerkt man es meist erst, wenn ein Unglück geschehen ist. Elektrische Heizer werden auch mit eingebautem Relais geliefert, das den Zweck hat, die einmal eingestellte Temperatur zu halten. Erreicht das Wasser diese Temperatur, schaltet sich der Heizer automatisch wieder ab; sinkt sie, so schaltet er sich wieder ein. So gut diese Heizer sind, so muß doch vor einer Gefahr gewarnt werden: Man wird durch die Mühelosigkeit der Beheizung dazu verführt, den Fischen eine fast gleichbleibende Temperatur zu geben, die vielen Arten auf die Dauer gesehen nicht gut tut. Setzen nämlich die Heizer einmal aus, dann vertragen die an konstante Temperaturen gewöhnten Fische oft nicht einmal mehr das Absinken der Temperatur um 3 oder 4°. Andererseits kann es auch geschehen, daß sich das Relais verschiebt oder festsetzt, wodurch die Temperatur auf 35 oder gar 40° ansteigen kann. Der Aquarianer spricht in solchen Fällen davon, er habe seine Fische «gekocht». Diese ermahnenden Worte sollen den Relaisbesitzer davor warnen, den Heizer unbeaufsichtigt zu lassen.

Schillerbärbling, *Danio (Brachydanio) albolineatus.* 5 cm. Lebhafter Schwarmfisch, dessen Pflege und Zucht selbst Anfängern ohne Schwierigkeiten möglich ist. Sie fressen alles. Da die Fische ständig in Bewegung sind, sollte man sie trotz ihrer Friedfertigkeit nicht mit Ruhe liebenden Fischen vergesellschaften. Die Männchen sind sehr viel schlanker als die Weibchen. Zur Zucht setze man von den Fischen 2 Männchen und 1 Weibchen zusammen. Nach dem Laichakt, der am frühen Morgen stattfindet, müssen die Eltern entfernt werden, da sie Laichräuber sind. Die Aufzucht der Jungen ist nicht schwer. Zucht sehr ergiebig. 22–24°. Sie stammen aus Hinterindien. – **Malabarbärbling,** *Danio (Danio) malabaricus.* Etwa 12 cm. Männchen bleiben schlanker, der mittlere blaue Strich zieht gerade in die Schwanzflosse, beim Weibchen zieht er nach oben. Trotz seiner Größe ist der Fisch ein herrlicher, dankbarer Aquarienbewohner, dessen Pflege und Zucht auch Anfängern ohne Schwierigkeiten möglich ist. Stammt von Ceylon und der Westküste Vorderindiens. Ist Allesfresser. Benötigt größere Becken, in denen viel Schwimmraum zur Verfügung steht. 22°. – **Blauer Bärbling,** *Danio (Danio) devario.* 8–10 cm. Männchen sind etwas schlanker, aber auch etwas kräftiger gefärbt. Laichreife Tiere leicht zu unterscheiden. Schwarmfische, die man trotz ihrer Größe in geräumigen Becken zu mehreren vereint pflegen sollte. Nicht häufig angeboten. Pflege und Zucht auch Anfängern möglich. Sie gleicht denen des Schillerbärblings. Halten sich gern in den unteren Wasserschichten auf, im Gegensatz zu ihren Verwandten, die meist Oberflächenfische sind. 22°. Nordwestliches Indien. – **Zebrabärbling,** *Danio (Brachydanio) rerio.* 5 cm. Männchen an der viel schlankeren Gestalt leicht zu erkennen. Einer der beliebtesten Aquarienfische, der leider in seiner Farbenpracht oft nachläßt, weil man zu wahllos züchtet. Die Tiere können goldene Streifen zeigen! Pflege und Zucht ohne Problem, außer der Laichräuberei der Eltern. Stammt aus den Gebieten des östlichen Vorderindiens. 22°. Allesfresser. – **Tüpfelbärbling,** *Danio (Brachydanio) nigrofasciatus.* Bis 4 cm. Männchen sind schlanker gebaut. Besonders bei laichreifen Tieren deutlich. Von allen Danio-Arten ist der Tüpfelbärbling am schwierigsten zu züchten, aber seine Zucht ist dennoch einfach, wenn man die sog. Problemfische vergleicht. Burma. 22–24°. – **Inselbärbling,** *Danio (Brachydanio) kerri.* Bis 4 cm. Auch bei dieser Art sind die Männchen schlanker gebaut. Der Inselbärbling ist erst vor wenigen Jahren bei uns eingeführt worden. Er ist Schwarmfisch, der alles frißt, Insektenlarven aber vorzieht. Pflege und Zucht nicht ganz einfach, weil noch nicht in dem Maße akklimatisiert wie andere Arten. Inseln vor Thailand. 22–24°.

Hornkraut, *Ceratophyllum demersum.* Harte Kaltwasserpflanze.

Brokatbarbe, *Puntius «schuberti»* (dieser Name ist nur ein Handelsname ohne wissenschaftlichen Wert). 7 cm. Männchen besonders zur Laichzeit schlanker. Farbunterschiede oft zweifelhaft. Wegen der goldroten Farbe hat der Fisch, von dem nicht feststeht, ob er eine Kreuzung oder eine echte Art ist, in den Liebhaberbecken guten Anklang gefunden. Pflege und Zucht auch für Anfänger möglich. Allesfresser. Ruhiger Fisch. USA? 22–24°. – **Zwergbarbe,** *Puntius phutunio.* 8 cm. Die Abbildung entspricht ungefähr der natürlichen Größe, während die anderen abgebildeten Arten größer werden. Männchen vor allem zur Laichzeit schlanker. Obwohl dieser Fisch Zwergbarbe heißt, wird er doch recht groß. Er eignet sich für Anfänger und Fortgeschrittene gleichermaßen. Schwarmfisch, der im Aquarium meist unter der angegebenen Größe bleibt und in der Zucht etwas schwieriger als die meisten anderen Barben ist. Indien, Ceylon. 22–24°. – **Bitterlingsbarbe,** *Puntius titteya.* 5 cm. Männchen neben der stärkeren Farbenpracht auch etwas schlanker. Dieser Fisch sollte stets in einem größeren Schwarm gehalten werden, denn dann leben die ruhigen Tiere auf. Er eignet sich auch für Anfänger, doch erfordert die Zucht etwas Sorgfalt. Fremde Fische fressen gern die Flossen ab. Sie wachsen aber schnell wieder nach. Ceylon. 24°. – **Fleckenbarbe,** *Puntius gelius.* 4 cm. Bei den schlankeren Männchen leuchtet die Längsbinde stärker. Wegen ihrer Kleinheit ist die Barbe für fast alle Gesellschaftsaquarien geeignet. Sie ist lebhaft und sollte stets im Schwarm gehalten werden, weil sie dann nicht so sehr Verstecke aufsucht. Für Anfänger ist sie manchmal etwas schwierig in der Zucht. Haltung einfach. Wächst langsam und sollte nicht zu Raubfischen gesetzt werden. Indien. 24°. – **Messing-** oder **Grünbarbe,** *Puntius semifasciolatus.* 8 cm. Zur Laichzeit ist das schlankere Männchen noch farbstärker. Leider wird dieser haltbare und ausgezeichnet für die Aquaristik geeignete Fisch nur noch verhältnismäßig selten gepflegt, obwohl er schön ist. Man findet nicht zwei Tiere, die gleich aussehen. Für Anfänger als erste Zucht gut geeignet, denn der Fisch ist hart und leicht zu vermehren. Allesfresser, dem man trotz seiner Ruhe größere Becken geben sollte. Südostasien. 22°. – **Linienbarbe,** *Puntius lineatus.* 12 cm, erreicht diese Länge in Aquarien aber nicht. Schlankeres Männchen mit meist stärker gefärbter Rückenflosse. Der in seiner Grundfarbe silbern glänzende Fisch ist ein Bewohner der unteren Wasserschichten und nimmt sich recht attraktiv aus. Er möchte etwas höhere Temperaturen, ist aber für Anfänger und Fortgeschrittene gleichermaßen geeignet. Einzelgänger oft zänkisch. Schwarmfisch. Allesfresser. Malaiische Halbinsel. 22–24°.

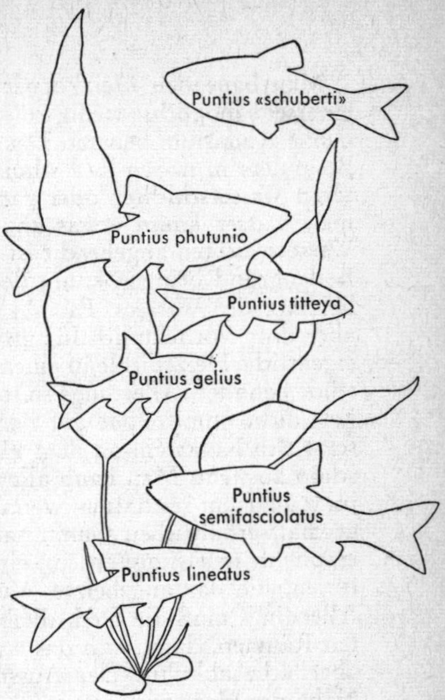

Cryptocoryne beckettii. Eine vorzügliche bräunliche Wasserpflanze für alle helleren Warmwasserbecken.

Man baue den Heizkörper so in das Aquarium ein, daß er einerseits möglichst wenig zu sehen ist, andererseits aber auch das ganze Aquarium beheizt. Das ist gar nicht so selbstverständlich. Besonders in hohen und schmalen Aquarien bekommen die unteren Wasserschichten oder gar der Bodengrund meist vom warmen Wasser kaum etwas ab, wenn der Heizer in den oberen Wasserschichten angebracht ist. Je tiefer ich also den Heizer zum Bodengrund bringen kann, desto eher erreiche ich eine Gesamtheizung des Wassers. Es gibt Winkelheizer, die sich nicht nur, aber doch vornehmlich für große Aquarien eignen, weil sich die eigentliche Heizspirale in einem dem Boden aufliegenden Winkelstück befindet. Allerdings sollte man diese Heizer nach Möglichkeit nicht unmittelbar auf den Boden legen, denn mit der Zeit setzt sich Kalkstein an dem Heizkörper fest, was wirklich nicht schön aussieht. Man kann alle Heizer an der gewünschten Stelle im Aquarium festhalten, wenn man die ebenfalls in jedem Fachgeschäft erhältlichen Gummisauger benutzt. Für hohe Aquarien empfiehlt es sich außerdem, eine Durchlüftungspumpe laufen zu lassen, die das angeheizte Wasser im ganzen Becken umwälzt. Allerdings muß die Deckscheibe gut schließen, vor allem in kalten Räumen, damit sich das warme Wasser nicht an der Wasseroberfläche abkühlt. Der Ausströmer kommt unter oder in die Nähe des Heizers.

Durchlüftungspumpen, mit deren Hilfe wir «Sauerstoff» in das Wasser treiben, gibt es ebenfalls in einer stattlichen Typenanzahl. Zwei Haupttypen lassen sich unterscheiden: die Membranpumpen und die Kolbenpumpen. Heute benutzt man in der Regel Membranpumpen, die sehr preiswert und billig im Handel erscheinen. Diese Pumpenart genügt selbst größeren Ansprüchen, macht aber doch Schwierigkeiten, wenn sehr große Anlagen durchlüftet oder gefiltert werden sollen. Dann empfiehlt es sich, eine Kolbenpumpe zu verwenden. Eine Einschränkung sei aber doch gemacht; es gibt nämlich auch Membranpumpen für größte Anlagen. Allerdings ist der Preis nicht mit dem der normalen Pumpe vergleichbar. Die Membranpumpe arbeitet nach dem Prinzip des Klingelsummers, das heißt, eine Membran wird von einem ständig vibrierenden Arm hin und her bewegt, saugt bei dieser Gelegenheit Luft an und gibt sie durch ein Ventil an eine Schlauchleitung ab, die zum Aquarium führt. Anders arbeiten die Kolbenpumpen, die mit Hilfe eines Kolbens Luft ansaugen und wieder abgeben. Pumpen mit einem Kolben geben die Luft stoßweise ab, Pumpen mit zwei Kolben arbeiten regelmäßiger. Man kann einen Lufttopf zwischenschalten, der für einen gleichmäßigen Luftdruck sorgt.

Aus der Mode sind in den letzten Jahren Wasserpumpen

gekommen, die mit Hilfe der Wasserleitung Luft pumpen. Hier laufen in einem Zylinder zwei Kolben, die durch einen ständigen schwachen Wasserstrom betrieben werden. Das verbrauchte Wasser fließt in den Ausguß ab, da die Pumpe zwischen Wasserhahn und eigentlicher Wasserleitung angebracht wird. In kalten Wohnungen oder bei Wasserleitungen, die an der Außenmauer angebracht sind und im Winter gern einfrieren, sorgt der ständige feine Wasserstrom dafür, daß die Wasserleitung nicht vereist.

Zur Durchlüftungspumpe, die jeder Aquarianer haben sollte, gehören feine Gummischläuche, Zelluloidrohre und ein Ausströmerstein. Will man mehrere Aquarien mit Durchlüftung versorgen, dann benötigt man weiterhin T-Stücke oder Y-Stücke und Schlauchklemmen. Die Zwischenstücke sind für die Verteilung in die verschiedenen Aquarien erforderlich, die Schlauchklemmen zum Regulieren des Luftdruckes, da der Wasserdruck in den einzelnen zu durchlüftenden Aquarien verschieden ist. Durchlüftet man mehrere Aquarien, dann strömt in tieferen Becken keine Luft aus, da die gesamte Luftmenge den Weg des geringsten Widerstandes geht, also im flachsten Aquarium ausströmt. Drosselt man die Luft an diesem Aquarium, so treibt die Pumpe die Luft auch in die höheren Becken.

Wir wollen uns aber merken, daß die Durchlüfterpumpe nicht dazu da ist, Sauerstoff in das Wasser zu bringen, sondern daß sie nur für eine Wasserumwälzung sorgt. Damit wird dem Wasser Gelegenheit gegeben, an der Wasseroberfläche das giftige Kohlendioxyd abzugeben – man spricht von «austreiben» – und Sauerstoff aufzunehmen. Als Folge des «Austreibens» lagert über der Wasseroberfläche mit der Zeit eine Schicht Kohlendioxyd, die wir ab und zu, möglichst jeden Tag einmal, durch Abnehmen der Deckscheibe und Wegblasen oder Wegwedeln vertreiben müssen. Sonst staunen wir, wenn die Fische selbst bei starker Durchlüftung an der Oberfläche erfolglos nach Luft schnappen. Sie können einfach nicht an die frische Luft gelangen, weil das Kohlendioxyd, das schwerer ist als Luft, in mehr oder weniger dicker Schicht über dem Wasser lagert. Die Tiere nehmen also beim Luftschnappen immer wieder eine gewisse Menge Kohlendioxyd auf und ersticken schließlich trotz eifrigsten Luftschnappens. Das Problem der Kohlendioxyd-Vertreibung von der Wasseroberfläche ist auch heute noch nicht befriedigend gelöst, daher sollte jeder erfolgreiche Versuch in der Fachpresse bekanntgegeben werden.

Ein weiteres Hilfsmittel in der Aquaristik ist das Filter. Mit diesem glaubt man auch heute noch, die natürliche Selbstregulierung und Selbstreinigung wie in freien Gewässern erreichen zu können. Das ist ein leider weit verbreiteter Irrtum. Nichts kann

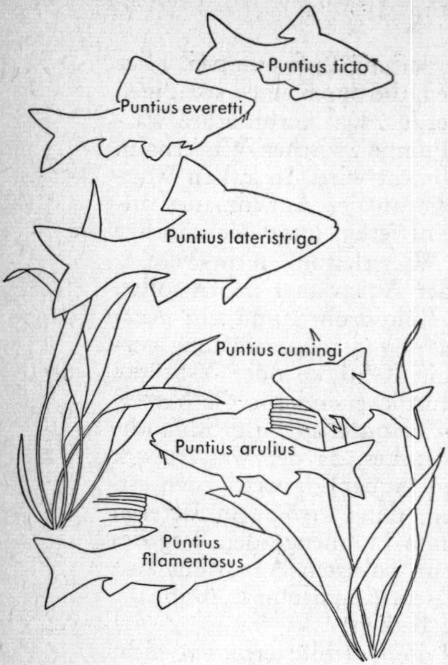

Zweifleckbarbe, *Puntius ticto.* Bis 10 cm. Bei den schlankeren Männchen zeigt sich zur Laichzeit eine stärkere Körperfarbe und eine blutrote obere Iris. Obwohl der Fisch in geräumigen Becken groß werden kann, wird er immer wieder gepflegt, weil seinen Ansprüchen auch der Anfänger gerecht werden kann. Allesfresser. Zucht ist einfach. Am besten in größeren Vollgläsern, in denen dichte Büschel feinfiedriger Pflanzen wachsen. Sehr ergiebig. Vorderindien. 22°. – **Clownbarbe,** *Puntius everetti,* 12 cm. Die Männchen sind schlanker, besonders in der Laichzeit. Zwar ist diese Barbe sehr farbenfreudig, dennoch wird sie nur selten gepflegt, denn sie wächst selbst in kleinen Aquarien bis zur völligen Größe heran. Für große Becken prächtig geeignet. Wühlt etwas. Frißt alles, Aufzucht ergiebig. Ähnlich *P. dunckeri.* Borneo. 22° – **Schwanzbandbarbe,** *Puntius lateristriga.* Etwa 20 cm, bleibt in Aquarien meist kleiner. Bei den schlankeren Männchen ist die Rückenflosse meist stärker rot gefärbt. Besonders in der Jugend ist dieser Fisch ein vorzüglicher Gast für unsere Zimmeraquarien, denn das überraschende Zeichnungsmuster hebt sich vorteilhaft von den üblichen Mustern ab. Haltung einfach, Zucht nur in großen Aquarien möglich, weil die großen Fische überraschend lebhaft sein können. Allesfresser von den Sundainseln 22°. – Ähnlich ist die etwas kleinere und blassere *P. zelleri*; möglicherweise sogar dieselbe Art. – **Ceylonbarbe,** *Puntius cumingi.* 5 cm. Männchen etwas schlanker und farbenfreudiger. Harmloser Schwarmfisch, der auch von Anfängern gepflegt und gezüchtet wird. Da der Fisch bei guter Beleuchtung hübsche Farben zeigt, besonders die erwachsenen Exemplare, oft mit Sumatrabarben gepflegt. Allesfresser. Jungfische leicht aufzuziehen. Ceylon. 22–24°. – **Prachtglanzbarbe,** *Puntius arulius.* Bis 12 cm, bleibt aber meist kleiner. Männchen in Geschlechtsreife an den fadenförmig verlängerten Rückenflossenstrahlen zu erkennen. Die Farbenpracht dieser Barbe ist weder zu beschreiben noch abzubilden. Besonders in Aquarien mit dunklerem Bodengrund kommt sie gut zur Geltung. Wahrscheinlich die schönste Barbe, die leider als Jungfisch nichts von der späteren Pracht ahnen läßt. Pflege und Zucht nicht schwer. Da die Fische recht stürmisch sind, sollte man sie nicht mit zu zarten kleineren Fischen zusammenbringen. Allesfresser. Südost-Indien. 22–24°. – **Mahekola-Barbe,** *Puntius filamentosus.* 15 cm. Männchen sofort an den in der Geschlechtsreife auftretenden gefaserten Rückenflossen zu erkennen. Der recht groß werdende Fisch ist als Jungfisch schöner und anders gefärbt als der erwachsene. Farbenpracht läßt nach. Dennoch ist der Fisch gut geeignet. Zucht meist sehr produktiv. Südwest-Indien. 22–24°.

Cryptocoryne nevillii. Kleine, langsam wachsende Pflanze. Braucht sehr viel Licht und Ruhe.

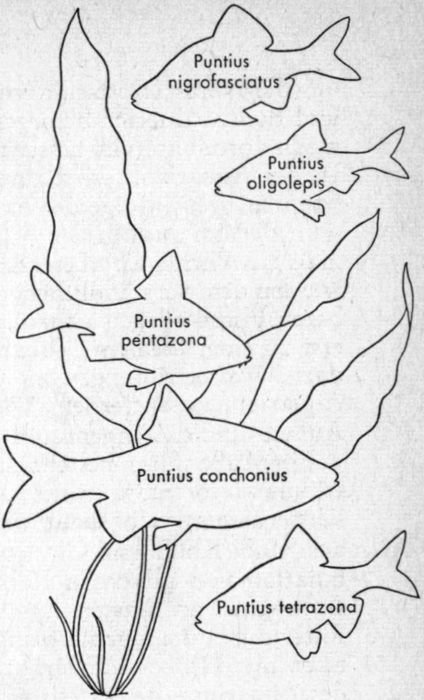

Purpurkopfbarbe, *Puntius nigrofasciatus.* 6 cm. ♂ auch außerhalb der Laichzeit farbenprächtiger und stets mit schwarzer Rückenflosse. ♀ recht einfarbig braun. Schwarmfisch, der sich auch noch in Bekken wohl fühlt, die weniger Licht bekommen. Dennoch sollte man die Tiere in gut bepflanzten Becken mit Versteckmöglichkeiten pflegen. Die Purpurkopfbarbe aus dem südlichen Gebiet der Insel Ceylon ist einfach in Pflege und Zucht, selbst Anfängern möglich. Da recht stürmische Schwimmer, nicht mit Arten zusammen halten, denen Ruhe angenehm ist. 22–24° C. – **Eilandbarbe,** *P. oligolepis.* 4,5 cm. ♂ von deutlich kupferartiger Gesamtfärbung und mit schwarzen Flossensäumen, besonders Rückenflosse, ♀ mehr braun. In der Regel hält sich dieser oft ruhige Schwarmfisch in Bodennähe auf, wo er ein festes Revier bezieht, das er gegenüber anderen Fischen oft verteidigt. Einzeln gehaltene Exemplare werden gern bösartig. Eilandbarben stammen von Sumatra und sind wärmebedürftig (24° C). Sonst sind Pflege und Zucht auch Anfängern möglich, doch sind die Fische nicht sehr fruchtbar. Sie fressen, wie auch die vorige Art, alles. – **Fünfgürtelbarbe,** *P. pentazona.* 6 cm. Geschlechter nicht ganz einfach zu erkennen, ♂ meist schlanker. Ein billiges Mittel, bei den meisten Barben die Geschlechter festzustellen, ist die starke Fütterung. Die Tiere, die sich überraschend schnell unförmige Bäuche anfressen, sind meist Weibchen; Männchen bleiben in der Regel schlanker. Schwarmfisch, der nicht einfach zu halten und noch schwerer zu züchten ist. Anfänger haben keine Freude an dem von Malaia und Borneo stammenden Tier. Weiches Wasser, leicht sauer, und gute Bepflanzung sind wichtig. Um 24°. – **Prachtbarbe,** *P. conchonius.* 10 cm. ♂ schon als ziemlich junge Tiere mit deutlicher schwarzer Rückenflossenspitze, außerdem zeigen laichreife ♂ eine schöne rötliche Farbe. ♀ sind bräunlich-silbern. Zwar sind die aus Vorderindien stammenden Prachtbarben Schwarmfische, aber es fällt schwer, die recht groß werdenden Tiere ausgewachsen in größerer Menge zu halten. Robuste Tiere, die auch dem Anfänger keinerlei Schwierigkeiten bereiten. Zucht sehr produktiv. Ähnlich ist *P. ticto* (S. 60/61). 20° C genügen völlig. – **Sumatrabarbe,** *P. tetrazona.* 6 cm. ♂ mit rötlichem Vorderkopf und bis zum Rand roten Bauchflossen, den ♀ fehlen diese Merkmale. Schwarmfische, zwar recht einfach zu halten, aber nicht ganz leicht zu züchten. Bei Haltung und Zucht ist weiches Wasser mit leichtem Säuregehalt von Vorteil. Am einfachsten im Schwarm laichen lassen. Eltern aber, wie überhaupt bei allen Barben, entfernen, weil sie Laichräuber sind. Wird mit *Puntius partipentazon* oftmals verwechselt, die einen halben Strich unter der Rückenflosse mehr hat. 22–24° C.

Cryptocoryne beckettii. In Sandboden mit Licht gut zu halten. Bildet dichte, sich zum Licht wendende Büsche.

uns die Natur ersetzen, auch kein noch so gutes Filter. Pflanzen und Bodenbakterien besorgen den Abbau der anfallenden Stoffwechselprodukte viel besser und eleganter, als es ein Filter kann. In der Aquaristik wird ein Filter aber immer seinen Platz behaupten, weil infolge der menschlich-allzumenschlichen Sammelwut, die sich auch in der Aquaristik auswirkt, die Aquarien oftmals mit Fischen überbesetzt werden. Erst die Fortgeschrittensten werden dem verständlichen, aber unsinnigen Wunsch, alle erreichbaren Fische pflegen zu wollen, Mäßigung auferlegen und damit erst zu einer idealen Liebhaberei gelangen. Das Filter dient also dazu, Wassertrübungen zu vermeiden und Sinkstoffe aus dem Aquarium zu entfernen. Wir kennen zwei Typen, nämlich das Außen- und das Innenfilter.

Ein Außenfilter besteht aus einem kleinen Glasgefäß, einem Akkumulatorenglas nicht unähnlich, in dem zuunterst eine Wasserkammer eingebaut wird, über der verschiedene Schichten aus Sand, Kohle und Glas- oder Perlonwolle lagern. Eine Kombination von gläsernen Röhren sorgt für den Abfluß und das Ansaugen von Wasser aus dem Aquarium. Betrieben wird das Filter durch die Durchlüftungspumpe. Man befestigt das Außenfilter mit Hilfe eines Drahtgestelles am oberen Winkelrahmen des Aquariums oder stellt es neben das Becken. Die Wasseroberfläche des Filters muß mit der des Aquariums übereinstimmen, damit ein ungestörter Wasserdurchlauf gewährleistet wird. Vor der sogenannten Filterkohle – man nennt sie auch Aktivkohle – sei gewarnt. Diese Kohle fängt zwar viele Substanzen weg, doch leider nur großmolekulare. Kleinmolekulare Substanzen aber, zu denen auch Harnstoff gehört, passieren die Kohlenschicht ohne große Schwierigkeiten und gelangen wieder in das Aquarium zurück. Ist das Becken stark besetzt, dann können die Bodenbakterien, die im Bodengrund leben, die anfallende Menge nicht mehr aufspalten, und das Wasser verwandelt sich langsam, aber sicher in eine zarte Harnstoffbrühe. Harnstoff ist wachstumshemmend, und so kommt es, daß die Fische nicht wachsen wollen, selbst bei bester Fütterung. Der Grund für schlechtes Wachtstum ist in vielen Fällen eben im schlechten Wasser zu suchen. Außerdem fängt die Filterkohle die Bodenbakterien weg, so daß nach langer Betriebsdauer des Filters der Bestand des Aquariums an Bodenbakterien verarmt. Gerade diese Mikroben aber sind es, die in unserer Aquaristik eine nicht zu unterschätzende Rolle spielen.

Das Innenfilter arbeitet ganz anders, vor allem, wenn man den Filterraum nicht mit Filterkohle bestückt. Sein Arbeitsprinzip ist folgendes: Mit Hilfe des Luftstromes aus der Durchlüfterpumpe wird das Wasser aus einem zunächst trichterähnlichen

Gefäß ausgetrieben. Durch den Sog wird Wasser aus dem Aquarium durch den Bodengrund angesogen. Hier übernimmt also der Bodengrund die eigentliche Funktion der Filterung. Durch diese Methode bleiben die Nährstoffe im Boden und gehen für den Gesamthaushalt des Aquariums nicht verloren. Bodenbakterien und später Pflanzen bereiten die Nährstoffe auf und verarbeiten sie, entfernen sie also aus dem Wasser. Es gibt die mannigfachsten Innenfilter-Ausführungen. Aus der Skizze entnehme man nur das Arbeitsprinzip, sonst entscheide bei der Anschaffung der eigene Geschmack, später auch die Erfahrung. Wer sich kein Filter leisten kann, besorge sich einen Glastrichter, den er über den Ausströmer in den Boden drückt und mit Sand umschichtet. Nun stellt er die Durchlüftung an und erreicht damit den gleichen Effekt wie mit einem käuflichen Innenfilter. Neuerdings versucht man, die gesamte Bodenfläche des Aquariums für die Filterung nutzbar zu machen, indem man vor dem Einbringen des Bodengrundes auf Glas- oder Zelluloidrosten eine der Bodenfläche entsprechende Siebplatte einbringt, in eine Ecke des Beckens die Filteranlage einbaut und dann erst den Sand auf die Filterplatte legt. Damit wird der gesamte Bodengrund zum Filter und nicht nur eine kleine Stelle. Bei der Einrichtung eines Aquariums ist darauf zu achten, daß der Filterteil als erstes in einer Ecke postiert wird, damit der später eingebrachte Sand die Saugkammer auch wirklich gut verdeckt und eine möglichst hohe Saugleistung garantiert. Filter sind sehr angenehme Hilfsmittel, aber viel besser ist es,

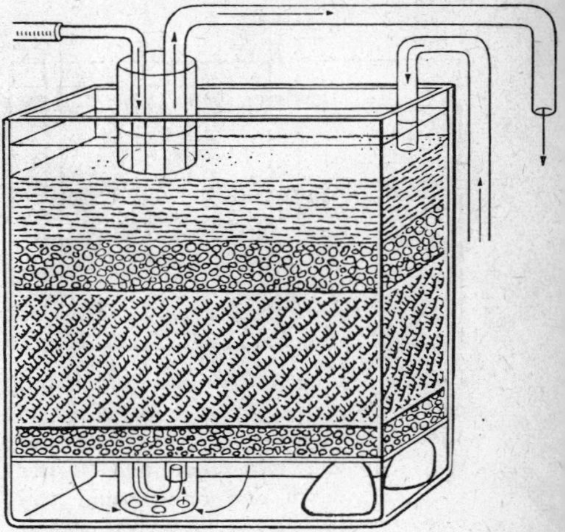

Prinzip des Außenfilters: Der Anschluß an den Durchlüfter liegt links. Die Luft tritt durch das nach rechts verlaufende Rohr aus und reißt dabei Wasser aus der Wasserkammer ganz unten im Filter mit, das von rechts nachströmt und durch den Filterinhalt in die Wasserkammer sickert. Gefüllt ist der Filter von oben mit Perlonwatte, Kies, Torf oder Filterkohle, Kies. Ein Sieb hält die Wasserkammer frei von Kies

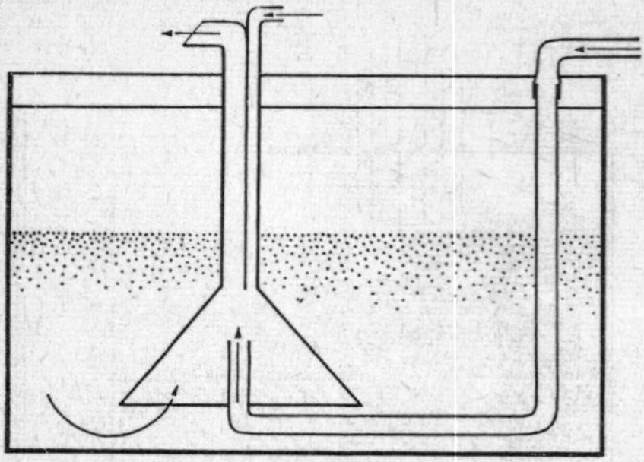

Prinzip des Innenfilters: Die Luft kommt entweder von rechts durch das Rohr im Sand oder von oben in den Trichter. Sie reißt beim Entweichen nach oben Wasser mit, das, durch den Bodengrund von mechanischen Verunreinigungen gesäubert, nachströmt

nur wenige Fische, viel Pflanzen und gröberen Kies zu nehmen, damit die Verhältnisse im Aquarium der Natur möglichst nahekommen. Technik ersetzt nicht die Natur!

Und nun die Beleuchtung. An den alten Grundsatz, ein Aquarium solle so nahe am Fenster stehen wie nur möglich, braucht man sich heute nicht mehr so unbedingt zu halten, denn eine gute künstliche Beleuchtung leistet vielfach dieselben Dienste. Hört man Diskussionen über die Beleuchtung der Aquarien zu, dann wird man schnell zu der Erkenntnis kommen, daß es kein Universalrezept gibt. Jedes Aquarium benötigt eine andere Beleuchtung, auch wenn es scheinbar unter denselben Bedingungen aufgestellt worden ist wie ein anderes. Nirgends muß der Aquarianer, sei er nun Anfänger oder Fortgeschrittener, so viel experimentieren wie mit der Beleuchtung. Aus diesem Grunde seien hier auch nur einige Anregungen gegeben. Licht ist für jedes Pflanzenwachstum erforderlich. Ist zu wenig Licht vorhanden, dann bemerken wir bald einen braunen Belag auf den Dekorationsstücken und auf den Scheiben. Es handelt sich bei diesem Belag um Kieselalgen – in der Aquaristik fälschlich mit dem Namen Braunalgen belegt. In gut ausgeleuchteten Aquarien siedelt sich auf den Dekorationsmitteln eine zarte Schicht grüner Algen an, die der optischen Wirkung nur förderlich sind. In allzu stark beleuchteten Becken setzen sich zwar auch grüne Algen an, aber sie nehmen so stark überhand, daß sie bald auch die Pflanzen und die Scheiben bedecken. Unter anderen siedelt sich auf den Pflanzen eine Schwingalge an, die es mit der Zeit dazu bringt, daß die Pflanzen absterben. Dies sei hier nur als Faustregel für die Wahl der Beleuchtungskörper gesagt. Ein gut beleuchtetes Aquarium zeigt stets «gesunde» Farben!

Früher beleuchtete man die Becken ausschließlich mit Glühlampen. Heute verwendet man die in der Anschaffung zwar teureren, in den Betriebskosten aber billigeren Leuchtstoffröhren, manchmal auch Kombinationen aus beiden Beleuchtungsarten. Die Glühlampe wird von den Aquarianern meist falsch eingesetzt; macht man es richtig, müssen die Betriebskosten durchaus nicht allzu viel höher liegen. Wir sollten uns also merken, daß die Birne nicht waagerecht zur Wasseroberfläche angebracht wird, sondern senkrecht. Dann kommen wir bei dem gleichen Lichteffekt mit kleineren Wattstärken aus. Außerdem haben Glühbirnen in der Regel ein weicheres, dem Auge gefälligeres Licht. Die erforderliche Wattzahl richtet sich nach der Tiefe des Aquariums. Je tiefer der Wasserstand ist, desto stärkere Birnen benötigen wir. Vorsichtshalber berechne man bei der Auswahl der Birnen ein Watt pro Zentimeter Wassertiefe. Ist das Aquarium lang, dann brauchen wir an zwei oder drei verschiedenen Stellen Lichtquellen, damit das Becken gleichmäßig ausgeleuchtet wird. Verstärken oder abschwächen können wir unsere Beleuchtung immer noch, wenn wir nach einiger Zeit genügend Erfahrungen gesammelt haben.

Alle Beleuchtungskörper sollten nach Möglichkeit über dem Wasserspiegel angebracht werden. Jede Glasscheibe, die zwischen Birne und Wasser liegt, vermindert den Lichtanteil; vor allem Ultrastrahlungen werden herausgefiltert. Aus diesem Grunde haben die Innenleuchten oft einen guten Erfolg, und zwar einmal dann, wenn das direkte Anbringen der Lichtquelle über dem Wasserspiegel nicht möglich ist oder zu gefährlich erscheint, und zum zweiten, wenn der Pflanzenwuchs zu wünschen übrig läßt. Diese Innenleuchten bestehen aus einem Glaszylinder, in dem eine oder mehrere Glühbirnen angebracht sind. Sie werden in die Ecken des Aquariums gestellt, und zwar so, daß der Lichtschein etwa diagonal in das Becken fällt. Leichte Korrekturen werden erforderlich, wenn der Lichtschein den Betrachter stört. Eine Kombination von Überwasser- und Unterwasserbeleuchtung hat sich in vielen Fällen bewährt. Doch sei nochmals betont, daß die hier gegebenen Ratschläge nicht bei jedem Aquarianer «funktionieren».

Leuchtstoffröhren sind nicht in jeder Herstellungsart für die Aquaristik zu verwenden. Wichtig ist, daß das von der Röhre ausgestrahlte Licht genügend Rot- und Blau-Anteile besitzt. (Der Elektrofachmann weiß darüber Bescheid.) Auch bei Leuchtstoffröhren hat sich eine Kombination zweier verschiedener Typen bewährt. Allerdings gehen auch hier die Erfahrungen der Aquarianer oft weit auseinander. Es wird dem Liebhaber überlassen bleiben, die für ihn richtige Mischung herauszufinden. Besonders schön an den Leuchtstoffröhren ist, daß sie unmittelbar über dem Wasser angebracht werden können, weil sie sogenanntes kaltes Licht aussenden. Es verdampft also durch ihr Mitwirken kaum

Wasser, das sich niederschlägt. Der Lichteffekt der Leuchtstoffröhren ist stärker als der der Glühbirnen; ein oft auftretender «kalter» Eindruck des mit Leuchtstoffröhren beleuchteten Aquariums läßt sich mildern, wenn man gleichzeitig eine gewöhnliche Glühbirne irgendwo über dem Becken anbringt

Wichtig für alle Beleuchtungsarten ist, sie so zu montieren, daß das Kondenswasser nicht an die elekrischen Leitungen und Verbindungsstellen gelangen kann. Mit der Zeit fressen Wasser und Oxydationsprodukte Isolationen durch, und man erhält ein unter Strom stehendes Aquarium, daß seinen Besitzer empfindlich an seine Nachlässigkeit erinnert. Elektrische Leitungen sind also stets so zu verlegen, daß sie überhaupt nicht mit Wasser in Berührung kommen können, und außerdem sollte man es sich zur Pflicht machen, die Leitungen ab und zu genau zu überprüfen. Eine unangenehme Eigenschaft der Elektrizität unserer Aquaristik macht sich in Form der «vagabundierenden Ströme» (Induktionsströme) bemerkbar. Ohne daß ein offensichtlicher Schaden an Leitungen oder Geräten zu erkennen ist, bekommt man beim Anfassen des metallenen Rahmens einen leichten Schlag. Manche Menschen sind dafür zwar unempfindlich, andere dagegen reagieren darauf ziemlich heftig. Treten solche vagabundierenden Ströme auf, sorge man dafür, daß die elektrischen Zuleitungen am Aquarium so isoliert werden, daß sie nicht mit dem Beckenrahmen in Berührung kommen können, auch nicht durch ablaufendes Schwitzwasser. Läßt sich der Übelstand nicht beseitigen oder wird er heftiger, dann muß die gesamte Anlage geerdet werden. Die Schaltanlage für die Aquarien, und auch das ist sehr wichtig, muß so angebracht sein, daß selbst bei eventuell auftretendem Scheibenbruch keine Gefahr für die Menschen besteht, die nun zwangsläufig mit Becken, Wasser und Geräten in Berührung kommen. Am besten montiert man sie isoliert vom Aquarium.

Jedes Aquarium sollte abgedeckt werden. Einmal verhindert man damit ein zu schnelles Verdunsten des Wassers, denn das Schwitzwasser tropft wieder in das Becken zurück, und zum zweiten verhindert man so das Herausspringen der Fische. Man kann die Scheiben einfach auf die oberen Winkelrahmen legen; damit schließt man den Luftraum recht dicht ab. Angst, daß die Fische ersticken, weil keine Luft von außen her eindringen kann, braucht man nicht zu haben. Zweckmäßig ist es, wenn man die Deckscheibe zweimal oder mehr unterteilt. Das wirkt sich vor allem bei der Fütterung günstig aus, braucht man doch nun nur einen kleinen Teil der Scheibe zu entfernen oder zu verschieben. Das unmittelbare Auflegen der Scheibe hat jedoch einen Nachteil: Durch das Kondenswasser rosten die Metallteile sehr rasch.

Selbst bei vernickelten und verchromten Aquarien tritt dies ein. Mit der Zeit blättert der obere Rahmenteil förmlich ab, und das sieht sehr unschön aus. Deshalb sind Deckscheibenhalter aus Metall oder Kunststoff zweckmäßig, die in den Fachgeschäften angeboten werden. Auch einfacher U-Gummi oder zerschnittene Flaschenkorken verrichten gute Dienste. Die Deckscheibe soll so in die Halter eingepaßt werden, daß möglichst wenig Zwischenraum zwischen Scheiben und Rahmen bleibt. In einer Ecke muß zunächst eine halbrunde Öffnung für das Kabel oder den oberen Teil des Heizers ausgeschnitten werden. Benutzt man einen Filter, dann muß auch für diesen eine Öffnung frei bleiben. Jeder Glaser schneidet uns diese Öffnungen gerne ein, die allerdings so bemessen sein sollten, daß möglichst wenig Spielraum bleibt.

Von den technischen Hilfsmitteln, die bei der Aquarienpflege einen so breiten Raum einnehmen, fallen für den Terrarienbetrieb zwei grundsätzlich aus, nämlich Luftpumpe und Filter. Die Larven der Amphibien atmen zwar ebenso durch Kiemen wie die Fische, doch genügen den im allgemeinen recht kleinen Kaulquappen in den meisten Fällen die Wasserpflanzen als Sauerstoffspender. Wer Axolotl oder Grottenolme hält, kann vielleicht ein wenig durchlüften, wenn es die Tiere verlangen.

Geradezu gewarnt werden muß vor einem Versuch, das Wasser eines Schildkröten-Aquariums oder eines Aqua-Terrariums durch Filtern sauber zu halten. Abgesehen davon, daß sich die Filterkohle sehr bald mit den Grünzeug-Resten der pflanzenfressenden Arten und mit Kot verstopft, werden zwar die sichtbaren Kotteilchen aus dem Wasser entfernt, nicht aber die gelösten Harnstoffe. Die bleiben nach wie vor im Wasser und sammeln sich dort immer mehr an, bis die Tiere schließlich in einer mehr oder weniger starken Konzentration ihres eigenen Urins schwimmen. Augen-Entzündungen und andere Beeinträchtigungen ihrer Gesundheit sind die unausbleiblichen Folgen. Also fort mit dem Filter vom Aqua-Terrarium, und statt dessen lieber ein häufiger und gründlicher Wasserwechsel!

Fast noch bedeutsamer als beim Aquarium ist im Terrarienbetrieb das Problem des Heizens. Bei den Wasserbehältern mag das noch nicht einmal so stark zu spüren sein, denn hier gilt es ja genau wie im Aquarium, eine einigermaßen gleichmäßige Temperatur zu halten. Allerdings haben wir es im allgemeinen mit wesentlich robusteren Tieren zu tun, als es die im Wasser schwebenden Fische sind, und wer einmal eine größere Wasserschildkröte beobachtet hat, die sich stundenlang mit bewundernswerter Ausdauer bemüht, mit dem Heizer ihres Behälters zu klappern, kann verstehen, wenn hier geraten wird, nur sehr stabile Heizer zu verwenden. Heizer aus Glas kommen nur für die allerkleinsten Tiere in Frage und sollten auch dann noch so mit Steinen festgelegt werden, daß die Tiere sie nicht beim Umherpaddeln gegen die Glaswand des Behälters schleudern und dadurch zerbrechen. Das Festlegen der Heizer durch Gummisauger allein genügt zumeist nicht. Da der Wasserspiegel in solchen Becken verhältnismäßig niedrig gehalten ist, lassen sich nur Heizer mit waagerecht angebrachtem Heizkörper benutzen, nämlich die schon zum Beginn des Kapitels erwähnten metallenen Winkelheizer. Sie werden am besten mit Hilfe von Draht oder Perlonfäden mit ihrem senkrechten Schenkel so an dem Drahtgaze-Streifen der Seitenwand befestigt, daß die Tiere den Heizkörper nicht mit dem Rücken aus dem Wasser hinausdrücken können. Der Verfasser dieser Zeilen ertappte gelegentlich sein Krokodil, als es den waagerechten Körper seines neu angeschafften, aber leider unbefestigt angebrachten Winkelheizers sorgsam mit der Schnauze packte und so lange über den Wasserspiegel hinaushob, bis es Kurzschluß gab. Die Reparatur der besonders groß dimensionierten Sonderkonstruktion kostete 30.– DM! Dr. Jahn sichert seine Stabheizer ganz einfach dadurch, daß er die waagerecht liegende Heizpatrone in die Öffnung eines der auf S. 42 erwähnten Hohlsteine einführt.

Schaltrelais, so sehr sie sich auch bei den Aquarien bewährt haben, sind im Aqua-Terrarium fehl am Platze. Gläserne Kontakt-Thermometer werden entweder von den Tieren gegen die Glasscheibe geschmettert und zerbrechen, oder sie öffnen und schließen infolge der vielen Erschütterungen durch die Tiere ununterbrochen die Metallkontakte, die dadurch verschmoren und nicht mehr einwandfrei arbeiten. Im günstigsten Falle setzt dann die Heizung ganz aus; im weniger günstigen arbeitet sie mit ungebändigter Wattstärke und treibt die Wassertemperatur immer höher. Wer trotzdem das Risiko eingehen will, mit einem Kontakt-Relais zu arbeiten, sollte wenigstens seinen Heizer nur so stark wählen, daß dieser auch ohne Regelung das Wasser nicht überhitzen kann.

Wir brauchen ja auch gar nicht so genau darauf zu achten, daß die Wassertemperatur möglichst konstant bleibt, denn in der Natur gibt es das auch nicht. Die Stufen-Einteilung am Kopf der allgemein gebräuchlichen Winkelheizer gestattet es, den gewünschten Wärmebereich einzustellen, innerhalb dessen kleinere Schwankungen von ein paar Grad durchaus nichts schaden. Je zahlreicher übrigens die Heizungsstufen unterteilt sind, um so günstiger läßt sich die Heizleistung den jeweiligen Gegebenheiten der Beckengröße und Außentemperatur anpassen.

Ungleich komplizierter ist das Heizungsproblem bei den Landterrarien, denn hier soll nicht nur der Luftraum, sondern auch der Boden, und zwar der eine möglichst unabhängig vom andern, erwärmt werden; in den Aqua-Terrarien tritt dann noch die Wasserheizung hinzu. Ein Heizungsbereich ist nicht ohne den anderen denkbar, zumindest nicht in den tropisch oder subtropisch eingerichteten Behältern. Denn wird nur der Boden erwärmt, atmen die Tiere ständig die kältere Luft ein und erkälten sich; wird die Wärme nur aus der Luft zugeführt, schirmt das ruhende Tier die Wärmestrahlen mit seinem Körper ab, so daß der Boden unter ihm und damit auch seine Bauchseite auskühlt. Dies kann sehr unangenehme Verdauungsschäden bewirken.

Da von anderen Methoden dringend abgeraten werden muß, gibt es für das elektrische Beheizen des Terrarienbodens zwei Wege, nämlich die sogenannten Heizkassetten und die Heizkabel. Die Kassetten sind flache Zinkbehälter mit einer elektrischen Zuleitungsschnur, die sich bei Betrieb gleichmäßig erwärmen und ihre Hitze dem Boden mitteilen. Es gibt sogar Ausführungen, bei denen durch zwei gazeverkleidete Spalten auch die Luft des Terrariums erwärmt wird. Trotzdem sind die Heizkassetten aus zwei Gründen nicht so sehr zu empfehlen, denn erstens lassen sie sich infolge ihrer beschränkten Fläche nur für kleine Terrarien verwenden, und zum zweiten geben sie ihre Wärme gleichmäßig an die gesamte darüber gelegene Bodenfläche ab, wobei sich nicht nur die Erde selbst, sondern auch das Wurzelwerk der in ihr eingelassenen Pflanzen in gänzlich unerwünschter Weise erhitzt. Viel günstiger erscheinen daher die Heizkabel. Sie bestehen aus einem biegsamen, korrosionsfesten Bleimantel, der eine Asbestseele mit einem darumgewickelten Widerstandsdraht enthält, und tragen an beiden Enden einen elektrischen Stecker. Den jeweiligen Bedürfnissen entsprechend, kann man sie in den verschiedensten Leistungsstärken und Längen zwischen 15 W/2 m und 100 W/6 m kaufen oder sich von den herstellenden Firmen, z. B. Fritz Pennigke (Berlin-Nikolassee, Prinz-Friedrich-Leopold-Str. 13) oder Kurt Müller (Berlin W 30, Ansbacher Str. 24), nach eigenen Angaben anfertigen lassen. Man kann sie in engeren oder weiteren Windungen im Boden verlegen, wobei man Kletterfelsen, Futternapf und Pflanzentöpfe selbstverständlich umgeht. Wer gern bastelt, mag das Heizkabel noch über einen Stufentransformator an das Stromnetz anschließen und ist dadurch in der Lage, die Bodenwärme je nach der Tageszeit zu regulieren. Sonst aber schaltet man, wenn die Tiere es vertragen, die ganze Anlage einfach des Nachts über aus.

Als Lichtquelle und Luftheizung genügt in kleineren bis mäßig großen Terrarien eine gewöhnliche Glühbirne, deren Strahlen, in einem blanken Reflektor gesammelt, nach unten abgegeben und somit am günstigsten ausgenutzt werden. Zur Not tut es auch eine der früher allgemein gebräuchlichen Kohlenfaden-Birnen, die einfach in die Terrariendecke hineingelassen wird, aber für die Tiere unerreichbar bleiben muß; sie entwickelt viel Wärme und verhältnismäßig wenig Helligkeit, verbraucht aber erstaunlich viel Strom. Die genau entgegengesetzte Wirkung haben die Leuchtstoffröhren. So günstig sich ihr kaltes Licht auch bei den Aquarien auswirkt – den Terrarien ist es doch nur in wenigen Fällen dienlich, etwa wenn man Amphibien zur Schau stellen will, die gegen die Wärmeabgabe stärkerer Lichtquellen empfindlich sind. Allerdings kommt den Leuchtstoffröhren eine recht erwünschte Nebenwirkung zu: Sie strahlen in geringen Mengen ultraviolettes Licht ab, das den Tieren geradezu lebensnotwendig ist. Aber darüber sprechen wir später. Leider scheinen bisher noch keine genauen Messungen über die Wellenlänge und Intensität dieses Strahlungsteils vorzuliegen.

Für größere Terrarien lassen sich die Infrarot-Strahler verwenden. Das sind große, im Inneren parabolisch verspiegelte Glühbirnen mit einem Energieverbrauch von mindestens 150 Watt, die ein besonders helles Licht und sehr wirksame Wärmestrahlen abgeben. Sie dürfen deshalb auch nicht zu dicht über dem Boden und vor allem nicht im näheren Bereich der Pflanzen angebracht sein und müssen vor jeder Berührung durch die Tiere unbedingt geschützt werden. Es erscheint kaum glaublich, welche schweren Verbrennungen manche Tiere in Kauf nehmen, nur um noch dichter an die Wärmequelle heranzukommen!

Ähnlich wie die eben geschilderten Infrarot-Lampen sehen die Ultraviolett-Strahler aus, die z. B. unter dem Namen Ultra-Vita-Lux im Handel erscheinen. Sie strahlen bei großer Helligkeit und Wärme den biologisch wirksamen Bereich ultravioletten Lichtes aus, der das in der Nahrung enthaltene Vitamin D aktiviert. Sein Wirken verhindert jene unerfreulichen Erscheinungen der Rachitis, die zum Erweichen der Knochen und zu anderen Krankheiten, bei Krokodilen und Schildkröten insbesondere zu scheußlichsten Mißbildungen führt. Auch darüber später!

Heilsam sind die ultravioletten Strahlen nur dann, wenn man sie mäßig anwendet. Je nach Größe und Gewöhnung der Tiere reicht ein Lichtbad von 3 bis 10 Minuten Dauer zweimal in der Woche völlig aus, nur darf der Abstand der Tiere vom Strahler nicht weniger als 1 m betragen. Längere Bestrahlungszeiten oder kürzere Entfernungen greifen zumindest die Netzhaut des Auges an und können sogar schwere Verbrennungen hervorrufen. Wir kennen ja die Dinge sehr gut, wenn wir uns zu lange der medizinischen Höhensonne ausgesetzt oder uns einen Sonnenbrand geholt haben. Aus diesem Grunde wird dringend davor gewarnt, die eigens für Terrarienzwecke empfohlenen Strahler vom Typ der Ultra-Vita-Lux-Lampen durch die als «Höhensonnen» bekannten Quarzstrahler zu ersetzen, denn deren Strahlungs-Intensität ist für unsere Absicht viel zu hoch und läßt sich daher schwer für die kleinen Terrarientiere dosieren.

Leider haben die UV-Strahler, wie sie im Zuge der allgemeinen Abkürzungsmanie auch genannt werden, den Nachteil, allmählich im Laufe der Zeit in ihrer Leistung nachzulassen; ihre wirksame Brenndauer ist daher auf der Verpackung angegeben. Nach Ablauf der Frist muß man sie gegen eine neue Lampe austauschen.

Das Wasser

Wichtigstes Lebenselement für alle Fische ist das Wasser. In den letzten Jahren hat es in der Aquaristik gerade um das Wasser viel Aufsehen gegeben, hat sich doch zum Beispiel herausgestellt, daß manche Fische nur in einem sauren und weichen Wasser laichen. Da in den meisten Gegenden unseres Gebietes das Wasser aber nicht in der für die erfolgreiche Fortpflanzung nötigen Beschaffenheit aus der Wasserleitung fließt, mußten Mittel und Wege gesucht werden, Abhilfe zu schaffen. Das ist auf verschiedene Weisen möglich geworden. Man bedient sich dazu sogenannter Enthärtungsfilter verschiedenster Ausführungen und gibt zum Ansäuern des Wassers anorganische Säuren zu, z. B. Salz- oder Phosphorsäure.

Zunächst einmal etwas über das Wasser, wie es aus der Leitung fließt. Jedes Wasser eignet sich zur Haltung. In der Vielzahl der uns zur Verfügung stehenden Fischarten gibt es nur wenige, die bestimmte Wasserwerte – Säuregrade (pH-Werte) und Härtegrade – benötigen. Ich habe selbst recht heikle Importfische mit Erfolg gehalten, wenn ich ihren Lebensbedingungen sonst Rechnung trug. Auch hier wird die Bedeutung des aufbereiteten Wassers oft überschätzt. Sicher ist es einfacher, Fische zu pflegen, wenn man ihnen die aus ihren Heimatgebieten bekannten Wasserwerte bietet, aber sie leben auch in für sie anomalen Bedingungen, denn ihre Anpassungsfähigkeit ist größer, als man gemeinhin annimmt. Nachzucht werden wir zwar bei mancher Art nicht bekommen, wenn wir nicht mit den Wasserwerten experimentieren, aber zur Haltung ist das in der Regel nicht nötig. Vielfach hört man nun den Einwurf, man könne die Fische überhaupt nicht zum Laichen bringen, wenn man nicht von Anfang an die richtigen Wasserwerte bietet. Hier irren sich viele Aquarianer. Wasserwerte sind auch in der freien Natur nicht konstant, sondern schwanken im Tages- und Jahresrhythmus. Wenn auch die Schwankungen nicht so groß sind, wie wir sie den Tieren mit unserem Wasser bieten, so passen sich die meisten Arten doch sehr wohl unseren Verhältnissen an.

Leider haben die Aquarianer der Großstädte heute mit dem Chlorgehalt des Leitungswassers zu rechnen, der zwar stärker oder schwächer sein kann, aber doch immer vorhanden ist. Chlor behagt vielen Fischen, vor allem den empfindlicheren, gar nicht. Präparate zum Entfernen des Chlors werden im Fachhandel vertrieben, aber es geht auch mit einer einfachen Methode: Man erwärmt das Wasser und treibt so das Chlor aus. Aber bereits bei der Entnahme aus der Leitung kann man das Chlor weitgehend entfernen, indem man den Schlauch am freien Ende stark zusammenpreßt, so daß der austretende Wasserstrahl ziemlich scharf und breit herauskommt. Sehr schnell werden wir den starken und typischen Geruch wahrnehmen, der vom ausgetriebenen Chlor stammt. Dieses Wasser kann ohne Bedenken ins Aquarium gebracht werden.

Nun zu dem «finstersten» Kapitel der Aquarienkunde, der Wasserchemie – finster nicht deshalb, weil die Wasserchemie zu dunklen Manipulationen Anlaß gibt, sondern weil den meisten Aquarianern die Wasserchemie völlig unklar ist und sie darin oft ein Allheilmittel sehen, wie es die Quacksalber des Mittelalters anpriesen. Wasserchemie soll sich mit den Möglichkeiten beschäftigen, Wässer, die sich auf Grund ihrer ursprünglichen Zusammensetzung nicht für die Zucht von sogenannten «Problemfischen» eignen, für solche Fälle nutzbar zu machen. Sicher führen viele Wege nach Rom, aber jeder soll den gehen, der für ihn am besten geeignet ist. Es gibt auch hier keine allgemein gültige Anweisung.

Der Säuregehalt des Wassers – genauer gesagt die Wasserstoff-Ionen-Konzentration (pH-Wert) – wird von 1 bis 14 beziffert. Ist das Wasser neutral, dann beträgt der pH-Wert 7. Bei diesem Wert sind alle Fische gut zu pflegen. Steigt der pH-Wert über 7, dann spricht man von alkalischen Wässern, fällt er unter 7, dann sind es saure Wässer. Nun darf man den pH-Wert weder unbeschränkt steigern noch senken, denn ober- oder unterhalb gewisser Werte wirkt das Wasser für die Fische tödlich. pH-Werte sollten daher nicht unter 5 fallen und nicht über 9 steigen. Man mißt diese Werte entweder mit Spezialpapier, das in den Fachgeschäften erhältlich ist, oder mit flüssigen Indikatoren. Ist das Wasser zu alkalisch, dann säuert man es an, indem man eine anorganische Säure zugibt. Dies muß natürlich recht vorsichtig geschehen, da die Säuren sehr stark sind und auch nicht ungefährlich. Nach jeder kleinen Zugabe, die am besten in den Durchlüfterstrom oder den des Filters geschüttet wird, muß der pH-Wert wieder gemessen werden. Die Säureflaschen muß man so aufbewahren, daß weder Kinder noch andere Unbefugte herangelangen können. Jeder Säurespritzer ist sofort mit klarem Wasser auszuwaschen, damit keine üblen Verbrennungen entstehen. Sinkt der pH-Wert unter das erträgliche Maß ab, muß man ihn mit Kalciumhydroxyd wieder erhöhen.

Viel einfacher und auch natürlicher ist das Enthärten und gleichzeitige Ansäuern des Wassers mit Torf. Hierzu verwende man den Fasertorf, der allerdings noch nicht mit Dung behandelt sein darf. Diese Enthärtungs- und Ansäuerungsmethode ist in der Praxis der Gärtner seit langer Zeit bekannt. Allerdings darf man nicht erwarten, daß eine kleine Menge Torf schon den gewünschten Effekt bringt. Zur Aufbereitung kann man etwa wie die Gärtner verfahren. Man nimmt viel Torf und gibt ihn in ein großes Gefäß. Darauf gießt man das zu verwendende Wasser und läßt alles einige Tage stehen. Dann füllt man das Wasser vorsichtig um. Eine schwache Torfauflage auf dem Bodengrund hilft, den gewünschten Zustand über einige Zeit zu erhalten. All unsere Vorsicht nützt aber nichts, wenn wir nicht dafür sorgen, daß Härtebildner, die bereits im Kies vorhanden sein können, aus dem Aquarium entfernt werden.

Ein anderer Faktor im Wasser ist der Härtegrad, der durch den Gehalt an härtebildenden Stoffen bestimmt wird. Dazu gehört vor allem Kalk. Man entfernt Kalk entweder durch Abkochen oder durch Filtern über Permutit oder Wofatit. Manche Fische verlangen weiches Wasser. Regenwasser ist weich, ebenso destilliertes. Zwischen 0 und 3° Deutscher Härte (DH) ist das Wasser weich, bis etwa 7° ist es noch recht weich und kann für die meisten Zuchten verwendet werden. Bis 12° schadet es selbst Problemfischen nicht, eignet sich aber für manche Zuchten nicht mehr. Darüber gilt es als sehr hart. Man mißt die Härte nach verschiedenen Methoden, die man beim Fachhandel erfragen kann; dort erhält man auch, was man zur Härteprüfung braucht.

Benötige ich weiches Wasser, weil das mir zur Verfügung stehende zu hart ist, dann kann ich es entweder in der eben beschriebenen Weise mit Torf enthärten, oder ich verwende einen Enthärtungsfilter. Die hierfür erforderliche Substanz, Permutit oder Wofatit, erhält man im Fachhandel. In einen Außenfilter wird statt der großen Kieslage oder der Aktivkohle die Enthärtungsmasse eingebracht. Langsam enthärtet man so das Wasser. Es wird hier bewußt nicht auf die komplizierten chemischen Reaktionen eingegangen, da es für den Aquarianer vollkommen gleich bleiben kann, wie er sein Wasser weich bekommt. Die Formeln verwirren nur. Sie sollen und können den chemisch bewanderten Aquarianern überlassen bleiben.

Eine weitere Methode, zu weichem Wasser zu kommen, ist die des Wassermischens. Mischt man nämlich weiches Wasser, etwa Regenwasser oder destilliertes Wasser, mit hartem, dann erreicht man je nach Mischungsverhältnis ein Wasser von gewünschter Härte. Destilliertes Wasser hat eine Härte von 0°. Leider ist destilliertes Wasser stets sehr teuer. Das macht sich besonders bemerkbar, wenn man große Aquarien füllen will. Außerdem muß das destillierte Wasser über eine Glasapparatur gewonnen sein und nicht aus Metallgeräten, wie es meist der Fall ist. Aus diesem Grunde ist das Enthärtungsfilter immer noch billiger, denn die Substanz kann man wieder aufbereiten, so daß sie praktisch immer arbeitsfähig ist. Für die einzelnen Enthärtungsmassen gibt es unterschiedliche Vorschriften zur Regeneration, die man aus den Gebrauchsanweisungen entnehmen muß.

Und nun noch einmal zum Ausgangspunkt zurück. Wasser, das aus der Leitung fließt, ist – wir sagten es schon – stets zu verwenden. Die meisten Fische vertragen es. Hat man keine Härtebildner, z. B. Kalksteine, im Aquarium, dann führt ein guter Pflanzenwuchs mit der Zeit zum Enthärtungs- und Ansäuerungseffekt. Man nennt diesen Vorgang die biogene Entkalkung. Füllt man das verdunstete Wasser wieder auf, dann sollte man allerdings darauf bedacht sein, weiches Wasser zu verwenden, denn mit jedem Wassereimer, den wir in das Aquarium nachfüllen, reichern wir die härtebildenden Stoffe an, weil diese nicht mitverdunsten, sondern im Wasser bleiben. Eine gute Deckscheibe hilft aber, eine starke Wasserverdunstung zu verhindern. Wer mehr über die Wasseraufbereitung wissen will, lese in der Spezialliteratur nach.

Der Terrarienpfleger betrachtet es als einen gerechten Ausgleich für die vielen Schwierigkeiten und Mühen, die ihm in anderer Hinsicht erwachsen, daß er sich um die chemisch-physikalische Beschaffenheit des Wassers nicht weiter zu kümmern braucht. Empfindet es der Aquarianer mitunter als einen schweren Nachteil, wenn das Wasser in seinem Behälter zu viel Kalksalze enthält, so könnte ein Mangel daran dem Terrarianer vielleicht bei der Aufzucht von Amphibienlarven oder jungen Schildkröten Sorge bereiten, indem dann die Möglichkeit besteht, daß der Kalkaufbau des Skeletts gestört wird. Dies ist aber lediglich eine Vermutung. Im übrigen scheinen doch die höheren Wirbeltiere weit unabhängiger vom Kalkgehalt und Säuregrad des Wassers zu sein als die hierin viel empfindlicheren Fische. Zum Gießen der Pflanzen verwenden wir aber lieber das kalkarme Regenwasser, weil sonst die Gefahr besteht, daß ihre Erde im Laufe der Zeit mit Kalksalzen übersättigt wird.

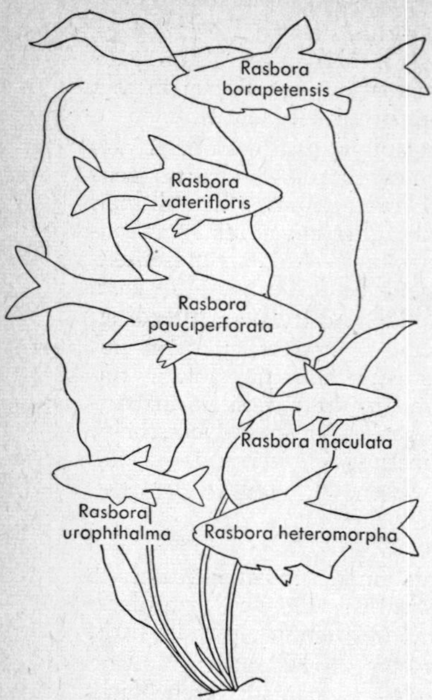

Rotschwanzrasbora, *Rasbora borapetensis.* 6 cm. Männchen etwas schlanker, sonst schwer zu unterscheiden. Dieser wunderschöne Schwarmfisch ist erst vor wenigen Jahren eingeführt worden, hat sich aber gut vermehrt. Haltung und Zucht sind auch weniger Fortgeschrittenen möglich. Die Zucht ist oft sehr produktiv, besonders in weichem und saurem Wasser. Zur Haltung sind besondere Wasserwerte nicht nötig. Stammt aus Hinterindien. Stets mehrere Fische pflegen. 22°. Allesfresser. – **Perlmutterbärbling,** *Rasbora vateriflοris.* 4 cm. Trotz der stärker gefärbten Flossen der Männchen sind die Geschlechter nicht einfach zu unterscheiden. Dieser Fisch wird nur selten angeboten, obwohl er sich gut hält, wenn man nicht zu hartes Wasser zur Verfügung hat. Allesfresser. Zucht nicht einfach, aber durchaus möglich. Schwarmfische, die erst zu mehreren vereint richtig zur Geltung kommen. Ruhiger Fisch auch für kleinere Becken. Gute Bepflanzung. Ceylon. 22–24°. – **Rotstreifenbärbling,** *Rasbora pauciperforata.* Bis 7 cm. Die Männchen sind schlanker gebaut. Der von den Sundainseln stammende Fisch ist etwas scheu und sollte daher nur mit ruhigen Arten vergesellschaftet werden. Dichte Bepflanzung ist angebracht. Je nach einfallendem Licht leuchtet der Längsstreifen glühend auf. Zucht nicht einfach; ist Fortgeschrittenen vorbehalten. Frißt zwar alles, zieht aber kleines Lebendfutter vor. – Ähnlich den langgestreckten Formen der Rasbora-Arten ist der hier nicht abgebildete **Dreilinienbärbling,** *Rasbora trilineata.* Anspruchsloser Fisch. – **Zwergbärbling,** *Rasbora maculata.* Bis 3 cm. Die Männchen sind schlanker und farbkräftiger. Auch dieser Fisch ist scheu und wegen seiner Kleinheit außerdem noch recht empfindlich. Man pflege ihn, z. B. mit der folgenden Art vereint, in kleinen Aquarien, die dicht mit feinfiedrigen Pflanzen besetzt sind. Feines Futter. Pflege und Zucht sind nicht einfach. Am besten verwendet man weiches und saures Wasser. Eizahlen gering, Jungen klein. Südliche Malaiische Halbinsel. 24°. – **Schwanzfleckbärbling,** *Rasbora urophthalma.* Bis 3 cm. Das schlankere Männchen zeigt einen weißen Fleck am Rückenflossengrund. Mit der vorigen Art gut zusammen zu pflegen. Beide lieben dichte Bepflanzung und gleiche Wasserwerte. Auch hier ist die Zucht schwierig und wenig ergiebig. Dennoch schöner Fisch für Fortgeschrittene. Sumatra. 24°. – **Keilfleckbärbling,** *Rasbora heteromorpha.* 4 cm. Keil des Männchens vorn bis zur Bauchkante verlängert. Auch für Anfänger zu pflegen. Zucht schwierig. Tiere laichen unter Blättern. Nicht jedes Weibchen und jedes Männchen passen zueinander. Weiches und leicht saures Wasser erleichtern die Zucht. Aufzucht nicht schwer. Hinterindien. 22–24°.

Cryptocoryne affinis (früher *C. haerteliana*). Gut wachsende, anspruchslose Warmwasserpflanze, ausgezeichnet für Sandboden.

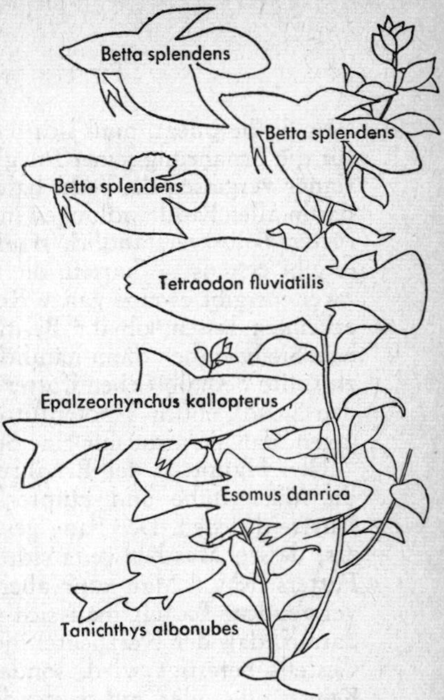

Kampffisch, *Betta splendens,* 5 cm. ♂ ist an der größeren Farbenpracht und den vergrößerten Flossen leicht zu erkennen. Kampffische haben ihren Namen daher, daß sich die Männchen oft heftig bekämpfen, bis eines der Tiere zugrunde geht. Das hat dazu geführt, in Siam Kampffisch-«Turniere» mit hohen Wett-Einsätzen zu veranstalten; dadurch sind dort Züchtereien entstanden, die sich mit dem Heranzüchten geeigneter Fische beschäftigen. Auch in Europa fand der sogenannte Schleierkampffisch seinen Einzug, der durch vergrößerte Flossen auffällt. Die Weibchen sind allerdings unscheinbar wie die der Wildform, die auf der Tafel oben links abgebildet ist. Allesfresser, von denen man nur ein Männchen in einem kleineren Becken halten kann, weil sich mehrere stets bekriegen. Zucht einfach und sehr produktiv. Vaterfamilie. Man versuche, reine Farben zu vermehren. Farbkreuzungen ergeben oft sehr unschöne Tiere. Hinterindischer Raum. 24°. – **Schönflossenbarbe,** *Epalzeorhynchus kallopterus.* 12 cm. Geschlechter kaum zu unterscheiden. Mit der Pflege dieses wirklich schönen Fisches hat man manchmal seine Schwierigkeiten. Möglicherweise hilft hier weiches und leicht saures Wasser. Der Fisch liebt Verstecke und liegt in zu hellen Aquarien meist unscheinbar am Bodengrund. Bei zusagenden Verhältnissen einer der schönsten Fische überhaupt. Allesfresser. Sundainseln. 24°. – **Flugbarbe,** *Esomus malayensis.* 8 cm. ♂ ist weitaus schlanker gebaut. Diese Fische sind Springkünstler, deshalb für gute Deckscheiben sorgen. Allesfresser, die immer wieder einmal in einigen Formen eingeführt werden. Die Pflege ist bei allen gleich. Zucht nicht schwer und oft ergiebig. Erinnern in ihrer Schwimmlust an Danio-Arten. Trotz ihrer Eigenarten haben sie sich in Liebhaberkreisen bisher nicht recht halten können. Schwimmpflanzen sind gut, aber nicht verkrauten lassen. Hinterindien. 22–24° – **Kugelfisch,** *Tetraodon fluviatilis* 15 cm, meist aber viel kleiner. Geschlechter schlecht und nur mit Übung zu unterscheiden. Viele Kugelfische sind inzwischen eingeführt worden, manche hat man auch gezüchtet; dennoch sind sie in Liebhaberbecken nur selten anzutreffen, weil sie als Raufbolde nicht ganz zu Unrecht verschrieen sind. Am besten für sich halten. Allesfresser, außer Trockenfutter. Auch Pflanzen. Schnekken! Indien bis Sundainseln. Brackwasser behagt sehr. 24°. – **Kardinalfisch,** *Tanichthys albonubes.* 5 cm. ♂ wirkt schlanker. Der aus China stammende Fisch ist für Anfänger und Fortgeschrittene in Haltung und Zucht gleichermaßen gut geeignet. Nicht zu warm halten. Zimmertemperaturen genügen, vor allem im Winter. Allesfresser, den man mit allen Fischen vergesellschaften kann, die in ihrem Verhalten nicht zu robust sind.

Ludwigia palustris. Gute, harte Pflanze für alle Becken.

Futter und Fütterung

Wer Fische pflegt, muß sich darüber im klaren sein, daß er auch für die Ernährung seiner Pfleglinge zu sorgen hat. Manche Aquarianer vergessen das recht bald. Ihre letzte Rettung bleibt dann das in allen Fachhandlungen in vielen Sorten angebotene Trockenfutter. Selbstverständlich erfüllt auch dieses seinen Zweck, aber es gibt erstens Fischarten, die nicht an Trockenfutter gehen, und zweitens gibt es eine ganze Reihe beliebter Fische, die sehr bald erkennen lassen, ob ihr Besitzer sie mit Trockenfutter ernährt hat. Sie beginnen dann nämlich zu kümmern. Wenigstens ab und zu sollte deshalb Lebendfutter beigegeben werden. Außerdem ist den ausschließlich Trockenfutter verwendenden Aquarianern zu sagen, daß sie nicht nur eine Sorte verfüttern sollten!

Den Hauptteil der Ernährung unserer Aquarienfische bilden die Wasserflöhe und Hüpferlinge, Kleinkrebse, die in jedem Dorfteich leben. Der Fang geschieht mit Hilfe eines feinen Netzes, dessen Maschenweite sich nach der Größe des gewünschten Futters richtet. Man kann aber auch ausgediente Perlonstrümpfe verwenden. Bastelt man sich selbst ein Netz, dann achte man darauf, daß der Netzbeutel nicht unmittelbar am Drahtring des Gestells befestigt wird, sondern daß man ihn mit Hilfe von Kunststoff- oder nichtrostenden Ringen anbringt. Der Draht muß dick sein, damit er sich beim Ziehen durch das Wasser nicht verbiegt. An kühleren und windigen Tagen befinden sich die Futtertiere in tieferen Wasserschichten oder an der der Windrichtung abgewandten Seite des Gewässers. In der Sonne stehen Wasserflöhe oft in großen Schwärmen. Ein Tümpel hat nicht zu jeder Jahreszeit gleichmäßig Futter, deshalb suche man sich mehrere in der Umgebung seines Wohnortes. Die gefangenen Futtertiere befördert man entweder in kleinerer Menge in einem mit Wasser gefüllten Gefäß oder in größerer Anzahl auf einem Rahmen, der unten mit nichtrostender Gaze bespannt ist. Bei größerem Futterbedarf kann man getrost mehrere Rahmen übereinanderstellen. (Man muß aber wissen, daß in manchen Teichen Wasserflöhe leben, die sich im Rahmen, also «trocken», nicht transportieren lassen.) Zu Hause werden die gefangenen Wasserflöhe oder Hüpferlinge sofort in einen größeren Behälter gegeben, nach Möglichkeit eine ausgediente Wanne, die eine große Oberfläche besitzt, und im dunklen Keller aufbewahrt. Das Wasser sollte schon vor der Fangfahrt in die Wanne gefüllt werden, damit es etwas abgestanden ist. So halten sich die Futtertiere über längere Zeit. Abgestorbene setzen sich am Grunde ab. Diese Schicht saugt man beim täglichen Futterholen ab und ersetzt das entfernte Wasser durch frisches.

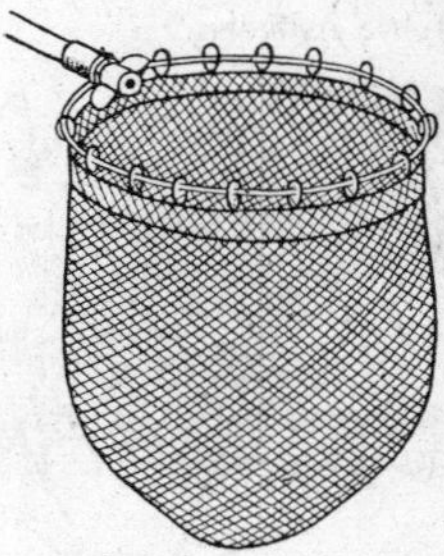

Netzbügel: Wichtig ist, daß das Netz nicht unmittelbar mit dem großen Drahtring verbunden ist, sondern durch Schlaufen oder Ringe

Durch das längere Stehen der für die Fütterung vorgesehenen Tiere setzen sich an den Seitenwänden des Behälters unbeliebte Aquariengäste ab, die Polypen. Auch Schmutz- und Schlammteile lassen sich nach ihrem Absetzen leicht aus dem Behälter entfernen und gelangen somit nicht ins Aquarium.

Wogegen man sich allerdings nicht schützen kann, sind die Krankheitserreger und Fischparasiten. Diese leben in Gewässern, in denen ihre Wirte vorkommen. Aus diesem Grunde merke man sich von Anfang an: Fischfutter darf nicht in einem Fischteich oder einem mit Fischen besetzten Gewässer gefangen werden! Selbst wenn die darin vorkommenden Fische bei näherer Betrachtung parasiten- und krankheitsfrei zu sein scheinen, darf man doch nicht vergessen, daß in freien Gewässern die Fische längst nicht so auf kleinem Raum zusammengedrängt leben, wie sie es trotz großzügigster Aquariengestaltung in unseren Becken tun müssen. Hier wirken sich eingeschleppte Krankheiten in kurzer Zeit oft verheerend aus. Man tut sich und den Tieren viel Gutes, wenn man die Regel beherzigt: Netze weg von Fischgewässern. In manchen Gegenden mag es nicht leicht sein, sich an diese Regel zu halten. Aber die aufgewendete Mühe des Suchens nach dem richtigen Fangplatz lohnt sich immer!

Nicht nur Wasserflöhe und Hüpferlinge sind gutes Fischfutter; auch Mückenlarven werden gern gefressen. Wir kennen in der Aquaristik drei verschiedene «Sorten», nämlich rote, weiße und schwarze. Diese Namen sind gebräuchlich, sagen aber nichts über die Artzugehörigkeit solcher Mücken aus. Die roten Larven stammen von der Zuckmücke *(Chironomus)* und leben im schlammigen Bodengrund der Gewässer, in dem sie sich kleine Wohnröhren anfertigen. Gern bevölkern sie Abwassergräben. Sie werden mit einem Sieb ausgespült. Im Aquarium verkriechen sich übriggebliebene im Bodengrund. Diese Mücken stechen nicht.

Die weißen Larven gehören zur Büschelmücke *(Sayomya)* und sind in fast allen Gewässertypen zu finden, vor allem in Wiesengräben mit stehendem Wasser, in Teichen und Tümpeln, die sich in Lehmgruben bilden, aber auch in Dorfteichen. Die fertig ausgebildeten Mücken stechen ebenfalls nicht.

Schlechter steht es in dieser Hinsicht mit den schwarzen Larven, die meist von der Stechmücke *(Culex)* stammen, in Kleinst-

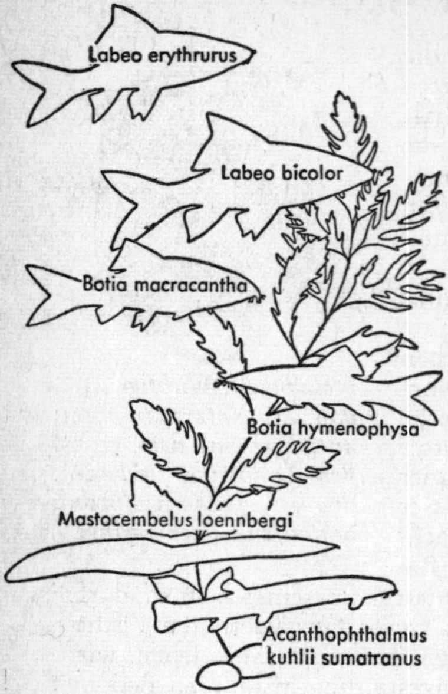

Goldener Fransenlipper, *Labeo erythrurus.* 10–12 cm. Männchen zeigen um die Afterflosse einen schwarzen hinteren Saum. Meist robuster gebaut. Weibchen graziler. Diese Fische sollte man stets in mehreren Exemplaren pflegen, da sie untereinander oft streiten. Höhlen werden sowohl außerhalb wie auch während der Laichzeit aufgesucht und verteidigt. Wunderschöner Fisch, der gern Algen frißt. Trotz seiner ruhigen Bewegungen ist das Tier zu rasender Fahrt fähig. Haltung einfach, Zucht noch nicht geglückt. Hinterindien. 22–24°. – **Feuerschwanz,** *Labeo bicolor.* 15 cm. Geschlechtsunterschiede sind unbekannt, möglicherweise ist das Weibchen etwas stärker. Der Feuerschwanz ist mit seinem überraschenden Farbkontrast begehrenswert. Leider gilt er als im Alter unverträglich. Man pflege trotz des hohen Preises mehrere Tiere. Sie fressen alles, lieben aber Pflanzen, in Form von Algen, auch weichen Salat. Hinterindien. Zucht nicht geglückt. 22-24°. – **Prachtschmerle,** *Botia macracantha.* 12 cm. Geschlechter sind nicht zu unterscheiden. Möglich ist, daß Weibchen etwas kräftiger gebaut sind. Schwarmfische, die sich gern den Sumatrabarben anschließen und dann mit ihnen schwimmen. Alle Botia-Arten graben gern, daher sollten alle Steinaufbauten auf dem Aquarienboden aufliegen, damit sie nicht ins Rutschen kommen können. Allesfresser, denen zum Wohlbefinden Verstecke geboten werden sollten. Zerschnittene Kokosnüsse leisten vortreffliche Dienste. Sumatra, Borneo. 22–24°. – **Tigerschmerle,** *Botia hymenophysa.* 12 cm. Geschlechter nicht zu unterscheiden. Außer der Prachtschmerle sind alle anderen Arten mehr einfarbig. Alle lieben Unterstände und graben sie sich selber, wenn man sie einzubringen vergißt. Dabei kommen Steinaufbauten leicht zu Fall. Allesfresser, die auch im freien Wasser geschickt Beute zu machen verstehen. Halten sich vornehmlich am Boden auf. Malaiische Halbinsel und Sundainseln. Zucht unbekannt. 22–24°. – In letzter Zeit werden immer wieder Botia-Arten eingeführt, die samt und sonders gute Aquarienfische sind, aber in größeren Becken gepflegt werden sollten. Pflegebedingungen sind kaum unterschiedlich. – **Pfeilaal,** *Mastocembelus loennbergi.* 30 cm. Geschlechtsunterschiede unbekannt. Alle drehrunden Pfeilaal-Arten leben vorzugsweise im Bodengrund und kommen nur hervor, wenn irgend etwas mit dem Boden nicht stimmt. Trotz ihrer Größe harmlose und liebenswerte, interessante Fische, die man ruhig mitpflegen sollte. Ostafrika. Wurmfresser. 22–24° Bodentemperatur! – **Dornauge,** *Acanthophthalmus kuhlii sumatranus.* 12 cm. Weibchen zur Laichzeit viel dicker. Leicht zu pflegen. Allesfresser. Mehrere Unterarten sind im Handel. Alles liebenswerte Gesellen. Thailand. 22–24°.

Wasser-Wistarie, *Synnema triflorum.* Dankbare Wasserpflanze, die man bei Erreichen des Wasserspiegels köpfen muß.

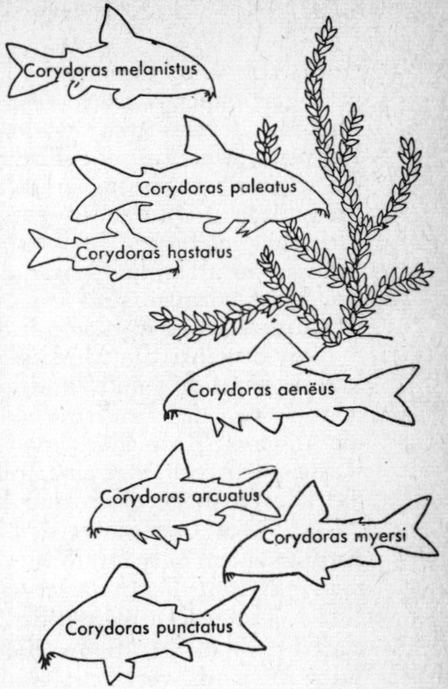

Fleckenpanzerwels, *Corydoras melanistus.* 6 cm. ♀ etwas robuster. Schöner Fisch, der sich auch für Anfänger eignet. Wenige Tiere kommen aber nicht zur Geltung. Lieben saubere Becken ohne Mulm. Allesfresser. Atmen atmosphärischen Sauerstoff. Alle hellen Arten sind etwas wärmebedürftiger. Für alle Gesellschaftsbecken gute Bewohner. Venezuela. 24°. – **Punktierter Panzerwels,** *Corydoras paleatus.* 6 cm. ♂ etwas kleiner. Die schlankeren Männchen haben eine zugespitzte Rückenflosse. Stets mehr Männchen als Weibchen halten, weil Zucht dann eher möglich wird. Männchen klemmen Weibchen dabei mit den Brustflossen fest, so daß der Eindruck entsteht, die Weibchen saugen sich an. Beliebtester und einer der härtesten Panzerwelse. Ausgezeichneter Anfängerfisch. Haltung einfach. Zucht in den Wintermonaten auch weniger Versierten möglich. Allesfresser. Lieben Verstecke. Stromgebiet des La Plata. 18–22°. – **Zwerg-Panzerwels, Sichelfleck-P.,** *Corydoras hastatus.* ♀ 3,5 cm, ♂ 3 cm. Weibchen hat über Afterflosse kurze schwarze Längsbinde. Schwimmt wie ein Salmler frei im Wasser. Sehr beweglich. Mit kleinen Fischen zu vergesellschaften. Etwas empfindlicher als andere Panzerwelse. Zucht ebenfalls gut möglich. Nicht sehr produktiv. Amazonenstromgebiet. Liebt helle, saubere Becken. 24°. – **Metall-Panzerwels,** *Corydoras aenëus.* 6 cm. ♂ mit spitzerer Rückenflosse. Hübscher Fisch, der gut zu pflegen ist. Zucht nicht schwer, ähnlich wie bei *C. paleatus.* Nördl. Südamerika bis La Plata. 22°. – Ähnlich ist *Corydoras schultzëi,* der Goldbinden-Panzerwels. Hat aber auf dem seitlichen Vorderrücken kleine goldglänzende Binde. – **Stromlinien-Panzerwels,** *Corydoras arcuatus.* 6 cm. ♂ ist etwas schlanker. Eine der hübschesten Arten, die man stets im Schwarm halten sollte. Gegenüber anderen Arten empfindlicher. Lieben helle, saubere Aquarien mit Verstecken. Liegen gern erhöht. Zucht bisher nicht bekannt geworden. Oberer Amazonas. 24°. – **Rost-Panzerwels,** *Corydoras myersi.* Etwa 5 cm. Geschlechter schwer zu unterscheiden. Herrlicher Schwarmfisch, der leider selten eingeführt wird. Liebt wie die vorige Art saubere Aquarien. Recht behende Schwimmer, vor allem im Schwarm. Zucht unbekannt. Amazonasgebiet. 22–24°. – Ähnlich ist *Corydoras rabauti,* der etwas heller gefärbt ist. Ansprüche die gleichen wie vorige Art. – **Längsbinden-Panzerwels,** *Corydoras punctatus.* Etwa 5 cm. ♂ ist etwas schmaler. Dieser helle, gern im Schwarm lebende Panzerwels liebt besonders hellere, saubere Aquarien. Sonst ist das Tier ohne Schwierigkeiten auch von Anfängern zu halten und mit Glück auch zu züchten. Allesfresser. Holt wie alle Panzerwelse von der Wasseroberfläche Luft. Panzerwelse wirbeln Mulm auf, daher für Sauberkeit sorgen. Amazonasgebiet, Guayana. 22–24°.

Quellmoos, *Fontinalis antipyretica.* Gute Laichpflanze.

gewässern, z. B. Regentonnen, leben und von den Fischen sehr gern genommen werden. Der Aquarianer scheut sich meist, die Larven zu verfüttern; wenn man nämlich mehr Larven oder Puppen füttert, als die Fische fressen können, entwickeln sich die wegen ihres Sirrens und Blutsaugens mit Recht so unbeliebten Stechmücken. Und zudem entstehen in der Wärme der Aquarien viel schneller fertige Insekten, als das in der freien Natur möglich ist; vor allem im Winter. Aber, wie gesagt, auch diese schwarzen Mückenlarven sind ein ausgezeichnetes Futter. Weiße und schwarze Larven werden mit dem Kescher gefangen.

Man bewahrt die Mückenlarven ähnlich auf wie die Kleinkrebse, nämlich dunkel und kühl. Weiße halten sich am besten, werden von den Fischen aber nicht ganz so gern gefressen wie die anderen. Rote Mückenlarven muß man ständig mit Frischwasser versorgen. Wer eine Toilette mit Spülkasten besitzt, binde die Larven in ein Tuch und hänge diesen Beutel in den Spülkasten. Tote Larven werden bei den Fütterungen aussortiert. Auch in einem Glas mit Wasser halten sie sich ganz gut, aber man muß sehr auf Frischwasserversorgung achten, sonst stinkt die ganze Geschichte fürchterlich. Neuerdings bietet der Fachhandel auch Frischhaltegeräte an, die sehr brauchbar sind. Ein kleiner Trick sei noch verraten: Buchenholzspäne im Wasser machen Mückenlarven über längere Zeit haltbar.

Ein weiteres Hauptfutter sind die Schlamm- oder Bachröhrenwürmer *(Tubifex)*, die in Abwässern leben und dort leicht daran zu erkennen sind, daß die Schlammschicht durch ihre dichten Ansammlungen rötlich gefärbt ist. Man kann die Würmer auswaschen, kommt aber mit einem «Kartoffelsack» schneller und sicherer zum Ziele. Der Sack wird auf die Tubifex-«Siedlung» gelegt, an den vier Ecken mit einem Stein beschwert und einige Stunden so liegen gelassen. In dieser Zeit wandern die Tubifex durch den Sack. Jetzt holt man den Sack wieder aus dem Wasser, legt ihn auf dem Ufer zum Trocknen aus und öffnet ihn dann. Die Tubifex sind darin zu einer sauberen Kugel zusammengerollt, die man mit leichter Feuchtigkeit in einem Teller aufbewahrt. Das Wasser sollte von Zeit zu Zeit erneuert und ergänzt werden.

Das fetteste Futter für unsere Aquarienfische, das deshalb nur sparsam gereicht werden darf, liefern die Enchyträen *(Enchytraeus)*, ebenfalls Würmer, aber von weißer Farbe. Enchyträen leben in Komposthaufen, sind aber seit unzähligen Generationen in Kulturen vermehrt worden. Eine solche Kultur können wir uns ebenfalls zulegen. Bekannte Aquarianer oder der Fachhandel versorgen uns mit Zuchtansätzen, die dunkel und nicht zu kalt aufbewahrt werden. Für die Kultur basteln wir uns ein Kistchen, in das mit Torfmull aufgelockerte Erde kommt. In der

Mitte der Erdschicht lassen wir eine flache Vertiefung, in die der Zuchtansatz gelegt wird. Über das Ganze legen wir eine Glasscheibe, die dem Boden gut aufliegen soll. Gefüttert werden die Würmer mit Küchenabfällen oder mit Haferflocken, die ohne Milch gekocht werden, damit uns die Kultur nicht säuert. Leberwurstpelle ist ein Leckerbissen für Enchyträen. Zum Verfüttern heben wir die Glasscheibe ab und kratzen von ihr die zur Fütterung notwendigen Tiere oder entnehmen diese mit einer Pinzette der Kultur. Bevor die Enchyträen verfüttert werden, bringt man sie einfach in sauberes Wasser, damit sich die Erde von den Würmern trennt. Man kann die Enchyträen auch mit Wärme austreiben. Dazu legt man den Erdklumpen, in dem die Würmer sitzen, auf eine warme Ofenplatte oder dergleichen. Nach kurzer Zeit sind die Enchyträen oben aus der Erde ausgewandert und können sauber ins Aquarium gebracht werden.

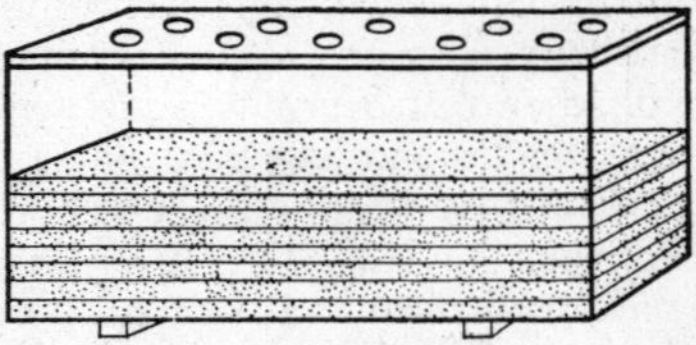

Enchyträenzucht: Heute verwendet man Schaumstoff, in kleine Flächen zerrissen und in Schichten gelegt und mäßig feucht gehalten. Gefüttert wird unter der obersten Schaumstoffschicht. Zum Verfüttern an die Fische nimmt man ein Stück Schaumstoff und legt es ins Wasser. Die nun auskriechenden Enchyträen verfüttert man. Sehr gut eignet sich eine Kühlschrankschale mit Deckel

Für kleine Fische und für Jungfische verwendet man das sogenannte «Mikro». Es handelt sich auch hier um Würmer, die Essigälchen *(Anguillula = Turbatrix)*. Ihre Kultur wird in Petrischalen vorgenommen, wie man sie in chemischen Bedarfshandlungen erhält, oder in Deckeln von Einmachgläsern. In diese kommt ein Haferflockenbrei hinein, der mit Milch angerührt ist. In der Mitte der Schale läßt man aber einen freien Raum, in den nach einigen Tagen, wenn die Kultur säuert, die Mikro-Würmer gegeben werden. Wird die Kultur zu sauer, stellt man eine neue Schale auf, deren Zuchtansatz man aus der alten nimmt. Zum Verfüttern streift man die Würmchen mit einer weichen Feder oder einem Pinsel ab, gibt sie in ein kleines Wassergefäß oder Reagenzglas, gießt das schmutzige Wasser ein- oder mehrmals weg und bringt die sauberen Würmchen in das Aquarium.

Zur Aufzucht von Jungfischen verwendet man Infusorien, die man mit Hilfe eines Netzes aus Müllergaze feinster Webart fängt, oder man züchtet sie durch Heuaufguß oder mit Steckrüben: Kleine Steckrübenwürfel kommen in ein hohes Einweckglas, das mit Aquarienwasser aufgefüllt wird. Bald entwickelt sich reges

Infusorien-Leben. Ein wertvolles Aufzuchtfutter liefern auch die Salinenkrebschen. Man bekommt in den Fachgeschäften kleine Röhrchen mit Eiern von *Artemia salina*, die man in temperiertem Wasser mit starkem Salzzusatz schlüpfen läßt. Die frisch geschlüpften Jungkrebschen (Naupliën) werden dann verfüttert. Sie leben im Süßwasser allerdings nicht lange, deshalb muß man sparsam füttern, was sich auch wegen des recht hohen Preises der *Artemia-salina*-Eier empfiehlt. Sind die Jungfische bereits so groß, daß sie kleinste Wasserflöhe und Hüpferlinge fressen können, gibt man ihnen diese Futtertiere gesiebt. Dazu benutzt man feine Siebe verschiedener Größe, durch die man das Futter gießt. Je nach Maschenweite bleiben die Wasserflöhe nach Größen geordnet hängen. Diese Siebe kauft man sich am besten fertig im Fachhandel.

Wenn hier nur von den Haupt-Futtersorten gesprochen worden ist, dann deswegen, weil noch viele andere niedere Tiere als Fischfutter verwendet werden können. Man wird bald selbst noch weiteres Futter finden. Ganz gleich aber, was man verfüttert, achte man darauf, daß die angebotene Futtermenge in kurzer Zeit gefressen werden kann. Überzählige Futtertiere, vor allem große Mengen, machen das Wasser ärmer an Sauerstoff. Außerdem können die abgestorbenen Tiere das Wasser in kürzester Zeit derart verpesten, daß es zu überraschendem Fischsterben kommt. Tubifex z. B. säuern das Wasser an, wenn sie in großen Mengen, sozusagen als Wochenration, ins Becken gebracht werden. Saures Wasser ist in der Aquaristik zwar erwünscht, aber unter bestimmte Werte darf der Säuregrad (pH-Wert) nicht sinken. Darauf nehmen die Tubifex aber keine Rücksicht, sondern sie säuern immer weiter an, bis es zum Fischsterben kommt.

Eine weitere Grundregel für die Fütterung ist die abwechslungsreiche Kost. Werden nämlich Fische stets mit ein und demselben Futter ernährt, dann verspüren sie beim Erscheinen eines ihnen unbekannten Futters einen derartigen Heißhunger, daß sie kein Maß für das ihnen Zuträgliche kennen. Es kommt gar nicht einmal so selten vor, daß dann die Fische an den Folgen des Überfressens eingehen. Neue Futtersorten muß man also stets erst einmal vorsichtig reichen, bevor man zu größeren Mengen übergeht.

Zu beachten ist außerdem, daß Fische in der Regel viel zu viel gefüttert werden. Es geht ihnen dann im Grunde ähnlich wie den fetten Hunden, die unter den verschiedensten Beschwerden zu leiden haben. Verfettete Fische neigen einerseits zu allen möglichen Verformungen, andererseits ist von ihnen kein Laich zu erwarten. Die Geschlechtsorgane lagern in einem dicken Fettpolster und entwickeln sich nicht. Ab und zu sollten alle unsere

Fische einmal hungern, denn in der freien Natur müssen sie ständig auf der Suche nach Futter sein, was sie in unseren Becken nicht nötig haben. Die Energien, die sie in der Natur dafür aufwenden müssen, sparen sie in der Gefangenschaft und setzen sie in Fettpolster um, die ihnen auf die Dauer nicht bekommen.

Zumindest den gleichen Problemen, denen der Aquarianer bei Auswahl und Beschaffung des Futters für seine Tiere begegnet, steht der Terrarianer gegenüber, und vielleicht sogar noch einigen mehr. Bilden für die Fische hauptsächlich Krebschen, Insektenlarven und Würmer die Grundnahrung, so kann man für die Terrarientiere überhaupt keine Norm aufstellen. Die Speisekarte reicht hier von dem eben genannten Fischfutter bis zum Meerschweinchen und umfaßt außerdem noch alle nur genießbaren Pflanzenstoffe für die Vegetarier oder Gemischtfresser. Daneben aber gibt es eine ganze Reihe von ausgesprochenen Nahrungsspezialisten, die nur Eier (Eierschlangen), Meeres-Tang (Meerechsen) oder Ameisen und Termiten (Krötenechsen, Dornteufel) annehmen. Darum wird der Leser dringendst gebeten, sich vor dem Kauf seiner Pfleglinge unbedingt darüber zu unterrichten, was sie fressen.

Es hat doch keinen Sinn, sondern bedeutet nichts anderes als eine Tierquälerei übelster Art, wenn man sich ein Tier anschafft und es infolge des ausgefallenen Futters, dessen es bedarf, nicht ernähren kann. Immer wieder tauchen zum Leidwesen des Verfassers dieser Zeilen die Krötenechsen der Gattung *Phrynosoma* im Handel auf, obwohl sich allmählich herumgesprochen haben dürfte, daß sie ausschließlich von Ameisen und Termiten leben, die wir ihnen hier nicht beschaffen können. Da wird dann allerlei Ersatzfutter angegeben, und es mag dies vielleicht auch dazu beitragen, das kümmerliche Dahinvegetieren der bemitleidenswerten Geschöpfe etwas zu verlängern. Nach kürzerer oder längerer Zeit aber gehen sie mit Sicherheit ein, indem sich allmählich ihr Magen selbst verdaut und nach außen durchbricht, weil wir ihnen nicht die lebensnotwendige Nahrung mit ihrem harten Chitinpanzer verschaffen können. Statt die unverantwortlichen Importe solcher todgeweihten Geschöpfe durch ebenso unverantwortliche Nachfragen zu unterstützen, sollten die Verbände der Terrarienliebhaber auf das entschiedenste dagegen protestieren, bis auch der geschäftstüchtigste Importeur den organisierten Tiermord einstellt.

Es ist hier nicht der Platz, generell auf die Ernährung der einzelnen Terrarientiere einzugehen, denn die Geschmacksrichtungen sind allzu verschieden. Wenn später die einzelnen Arten abgehandelt werden, kommen wir darauf zurück. Einen Grundsatz aber wollen wir uns jetzt schon zu eigen machen: frisch aus der Natur gefangene oder beim Händler gekaufte Futtertiere sind in jedem Fall besser als alle zu Hause mit zumeist unzureichenden Mitteln gezüchteten.

Die größten Gefahren beim Füttern der Tiere stellen Einseitigkeit und Vitamin-Armut dar, und zwar sowohl hinsichtlich der Terrarientiere selbst als auch des lebenden Futters. Gerade diese beiden Übel drohen bei eigenen Futterzuchten. Es ist ja so bequem, nur einmal schnell an den Mehlwurmtopf zu gehen und seinen Eidechsen eine Handvoll davon in das Terrarium zu werfen! Nur darf sich der Pfleger dann nicht wundern, wenn die Eidechsen allmählich beginnen, blutigen Kot abzusetzen und, so geschwächt, für andere Krankheiten anfällig zu werden. Meist erlöst sie schließlich eine Lungenentzündung von den qualvollen Folgen einer zu einseitigen und vitaminarmen Ernährung. Diese Tierquälerei aus Nachlässigkeit hätte sich vermeiden lassen können, wenn der Pfleger während der entsprechenden Jahreszeit regelmäßig mit einem Fangnetz ein Feld oder eine Wiese abgestreift oder die Kleintiere auf einem Strauch in einen darunter-gehaltenen, aufgespannten Regenschirm abgeklopft und so für naturfrische Insekten gesorgt hätte. Auf solchen Streifzügen fallen eine Unzahl verschiedenster Insekten und Spinnen an, die in der Natur aufgewachsen und mit allen Vitaminen angereichert sind, daß es den Terrarientieren an nichts fehlt. Wenn man dann im Winter oder während der Schlechtwetterperioden auf künstlich gezüchtetes Ersatzfutter zurückgreift, wird dies den Tieren nicht weiter schaden.

Nur unter diesem Vorbehalt soll hier auf ein paar Futtertierzuchten eingegangen sein, die dem Terrarianer als Reserven über ungünstige Zeiten hinweghelfen. Wer sich näher darüber unterrichten will, sei auf das sehr empfehlenswerte Heft 17 der Lehrmeister-Bücherei «Lebendfutter für ausgewachsene Aquarien- und Terrarientiere» von Dr. Johannes Jahn verwiesen, das weit tiefer auf diese Fragen eingeht, als es der hier zur Verfügung stehende Raum zuläßt.

Die berühmt-berüchtigten Mehlwürmer, die Larven des Mehlkäfers, lassen sich in glasierten Tontöpfen züchten, die man mit Weizenkleie, Mehl, Brotresten, Stofflappen, Papierfetzen, Wellpappe und ein paar Mohrrüben-Scheiben füllt und mit einem Netz aus Drahtgaze bedeckt. Die Zucht darf keineswegs feucht werden, weil sie sonst schimmelt, wie auch die Mehlwürmer selbst sehr schnell absterben, wenn sie mit Wasser in Berührung kommen. Wer diese wenig appetitliche Zucht nicht in seiner Wohnung haben und auch nicht riskieren möchte, den Erfolg durch ein plötzliches Auftreten parasitischer Milben zu gefährden, kauft sich die Mehlwürmer für ein paar Pfennige in jeder größeren Zoologischen Handlung, wo sie das ganze Jahr über zu haben sind. Er benötigt dann nur noch ein kleineres, entsprechend eingerichtetes Gefäß, um die Portionen bis zum Verfüttern aufzubewahren. Will man Mehlwürmer etwas «vitaminieren», kann man sie vor dem Verfüttern in eine Glasschale setzen, in die man vorher ein paar Tropfen eines Vitamin-Präparates gegeben hat. Die Flüssigkeit haftet ihnen äußerlich in Spuren an und geht so auf die Terrarientiere über. Nochmals sei ausdrücklich vor dem zu häufigen oder gar ausschließlichen Füttern mit Mehlwürmern gewarnt, da sie nicht nur die bereits besprochenen mißlichen Eigenschaften besitzen, sondern auch als Wirte von allerlei Innenparasiten, z. B. Gregarinen, eine Gefahr bedeuten.

An dieser Stelle sind wohl ein paar Worte über Vitamine angebracht, jene so lebenswichtigen, chemisch kompliziert zusammengesetzten Spurenstoffe, die zwar keine eigentlichen Nahrungsmittel darstellen, wohl aber in der Nahrung enthalten sein müssen. Ihr Fehlen ruft schwere Mangelkrankheiten hervor. Der Mangel an Vitamin A verursacht Augenkrankheiten, der des B-Komplexes bewirkt Nervenschäden, der von Vitamin C erzeugt Skorbut, und der von Vitamin D führt zu Rachitis. Darüber hinaus kennt man noch weitere Vitamin-Gruppen, die uns hier allerdings weniger interessieren. Am häufigsten begegnet der Terrarianer bei seinen Pfleglingen der Rachitis. Sie behindert den Kalkaufbau der Knochen, die dadurch weich werden und sich verbiegen. Die Rachitis ist eine der häufigsten Krankheiten unsachgemäß ernährter Terrarientiere und insofern schwer zu heilen, als es nämlich oft nicht genügt, den Tieren eines der zahlreich im Handel befindlichen Vitaminpräparate (Calcipot D, Vigantol usw.) zu verabreichen. Vitamin D wird erst wirksam, wenn es durch die im Sonnenlicht enthaltenen oder mit Hilfe der früher erwähnten UV-Lampen zugeführten Strahlen aktiviert worden ist und wenn außerdem die Nahrung den zum Knochenaufbau benötigten Kalk in ausreichendem Maße aufweist. Das bloße künstliche Vitaminieren von Mehlwürmern nützt also zumeist so gut wie nichts; dagegen enthalten die frisch in der Natur gefangenen Futtertiere das Vitamin in bereits wirksamer Form.

Weit geeigneter als die Mehlwürmer mit ihrem starken Chitin und ihrem sehr hohen Fettgehalt sind für unsere Zwecke die unter dem Namen «Wachsmaden» bekannten Larven der Wachsmotte, die sich zum Leidwesen der Imker in den Bienenstöcken finden und sich dort ausschließlich vom Wachs der Waben ernähren; dieser Stoff und seine natürlichen Verunreinigungen genügen, um ihren Stoffwechsel aufrechtzuerhalten. In einer dunklen Blechkiste, in die man die in der Imkerei abfallenden *(verunreinigten)* Wachs-

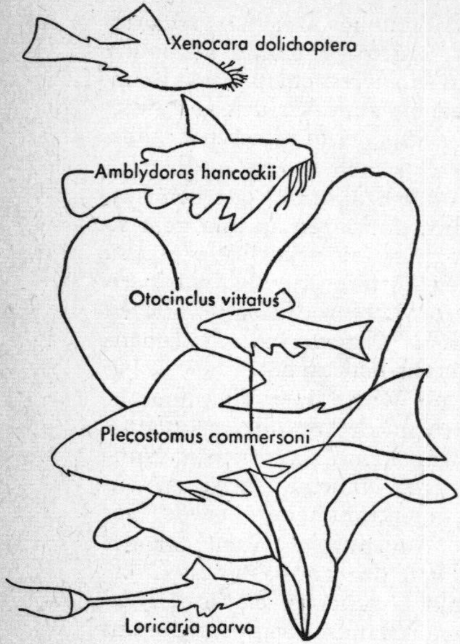

Antennenwels, *Xenocara dolichoptera.* 12 cm. Männchen mit starken, oft gabelig verzweigten um den Kopf stehenden Antennen. Trotz ihrer Größe sind die Fische harmlos und können in allen Becken mitgepflegt werden, wenn die Fische nicht an die Bartfäden gehen. Allesfresser, die mit ihrem unterständigen Saugmaul gern Pflanzenkost nehmen. Neben Algen ist auch überbrühter Salat gut geeignet. Die Zucht ist bereits mehrfach gelungen. Sie ist, wie die Haltung, nicht schwierig, wenn man die passenden Paare hat. Amazonenstromgebiet. 22–24°. Verstecke sind recht wichtig. – **Knurrender Dornwels,** *Amblydoras hancocki.* Weibchen etwa 15 cm, Männchen etwa 8 cm. Geschlechter außer an der Größe schwer zu unterscheiden. Weibchen meist etwas breiter. Die Tiere leben als Einzelgänger und halten sich die meiste Zeit im Bodengrund auf, in den sie sich blitzschnell einzuwühlen verstehen. Man sieht nur noch die Augen, wenn man den Boden aufmerksam beobachtet. Frißt alles. Man muß für ausreichend Futter sorgen, da der Fisch erst in der Dämmerung munter wird. Mit den Brustflossen gibt er knurrende Geräusche ab. Von Peru bis Guayana. 22–24° Bodentemperatur! – Ähnlich ist *Acanthodoras spinosissimus,* mit dem der vorige Fisch leicht verwechselt wird. – **Streifen-Saugwels,** *Otocinclus vittatus.* 6 cm. Geschlechtsunterschiede nicht sicher bekannt, Männchen schlanker (?). Bei den meisten Aquarianern sind diese Fische beliebt, weil sie sich um die Beseitigung des oft lästigen Algenwuchses von Scheiben und Pflanzen verdient machen. Sie putzen mit ihrem unterständigen Saugmaul auch tatsächlich fast ununterbrochen an allen Gegenständen herum. Ihre Haltung ist einfach, selbst für Anfänger. Zusatzfutter ist angebracht. Zucht schwer. Südl. Brasilien. 22–24°. Importtiere dieser Gattung sind oft sauerstoffbedürftig. – **Schilderwels,** *Plecostomus commersoni.* 30 cm. Bleiben im Aquarium aber kleiner. Geschlechter nicht zu unterscheiden. Diese Fische sind die Dämmerung liebende Algenfresser, deren unterständiges Saugmaul zum Abraspeln trefflich geeignet ist. Sie sind etwas tapsig in ihren Bewegungen und wühlen daher leicht Mulm auf. Sie fressen alles. Auch dicke Haferflocken. Bei einseitiger Ernährung gehen manche Exemplare auch an Fische. Auch für Anfänger. Hochgebirge im Amazonasgebiet. 20–22°. – **Zwerg-Harnischwels,** *Loricaria parva* (der lateinische Name stimmt wahrscheinlich nicht). 15 cm. Männchen mit zottigem Bart auf Wangen und Brustflossen. Etwas empfindlicher als vorige Arten. Zucht bei passenden Paaren im Frischwasser möglich. Höhlenbrüter. Vaterfamilie. Allesfresser, der viel Pflanzenkost benötigt. Rütteln sich gern in feinen Sand ein. Südbrasilien, La Plata. 22–24°.

Gitterpflanze, *Aponogeton fenestralis.* Empfindliche Aquarienpflanze für härtere Wässer. Pflanzenfresser, auch Schnecken, fernhalten. Warmwasser.

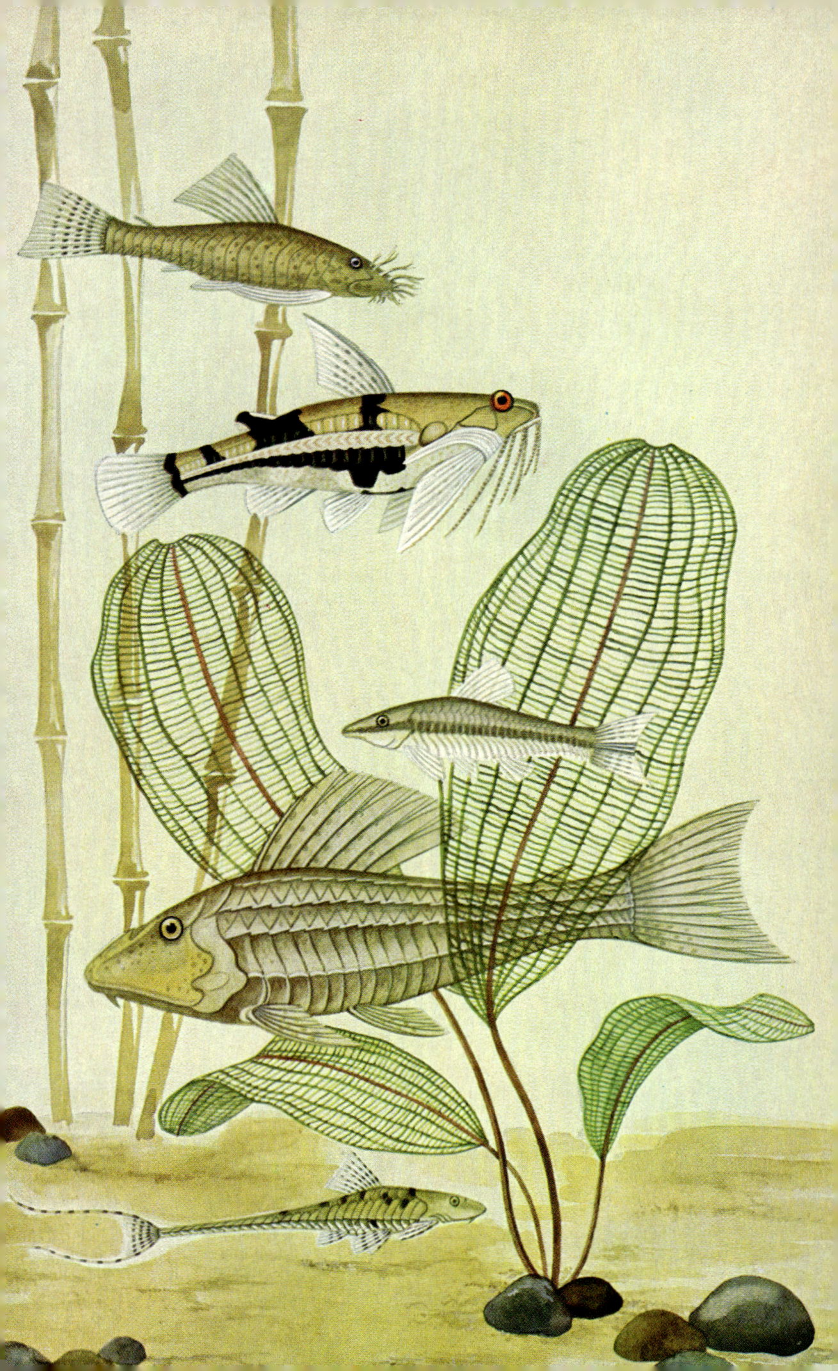

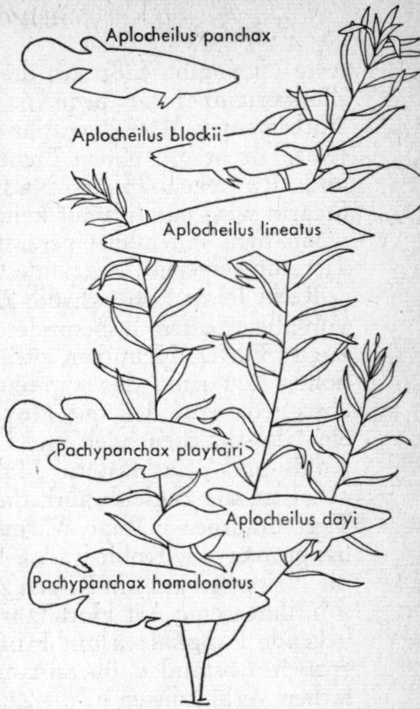

Panchax, *Aplocheilus panchax.* 8 cm. ♂ farbiger und meist schlanker als ♀. Raubfische, die an die Hechte unserer Gewässer erinnern, mit ihnen aber nichts zu tun haben. Gehören zu den eierlegenden Zahnkarpfen, denen Pflanzen an der Wasseroberfläche gern benutzte Versteckmöglichkeiten bieten. Durchlüftung des Wassers mit sehr unruhiger Oberfläche lieben sie nicht; sie verstecken sich dann und zeigen deutlich ihr Unbehagen. Allesfresser, lieben nur kräftige Nahrung. Kleine Mitinsassen werden leicht ein Opfer. Haltung schon in kleinen Becken und selbst für Anfänger möglich. Zucht nicht schwer. Es gibt je nach Herkunftsort verschiedene Farbvariationen dieser Art. Von Vorderindien bis Hinterindien und zum Archipel verbreitet. 20–24° C. – **Madraskärpfling,** *A. blockii.* 4 cm. ♂ mit spitz ausgezogenen Rücken- und Afterflossen. Diese kleinsten Vertreter ihrer Gattung können schon in kleinen Aquarien gehalten, aber auch gezüchtet werden. Nachkommenschaft wenig zahlreich. Muß immer wieder eingeführt werden. Harmloses Tier aus Vorderindien. 22–24° C. – **Streifenhechtling,** *A. lineatus.* 12 cm. Bleibt aber meist kleiner. ♂ weniger Querbinden als ♀. Nicht mit kleinen Fischen zusammen halten, denn durch sein Räuberleben fällt ihm mancher zum Opfer. Eine der schönsten Fischarten. In seiner Haltung und Zucht ist der Fisch sehr anspruchslos. Ab und zu sollte man ihm Insekten reichen, die er mit sicherem Sprung zu fangen weiß. Sonst Allesfresser. Kommt von Ceylon und aus Südindien. Besser in größeren Behältern pflegen. 22–24°. – **Tüpfelhechtling,** *Pachypanchax playfairi.* 9 cm. ♀ zeigt in der Rückenflosse einen schwarzen Fleck. Der von Madagaskar, Sansibar und den Seychellen stammende Raubfisch ist einfach zu halten und zu züchten. Anfängerfisch, der in seiner Raubgier kleine Fische nicht verachtet. Insekten. Allesfresser. Er ist leicht daran zu erkennen, daß die Schuppen in der Mitte des Rückens abstehen, so daß eine «Säge» entsteht. Da das Tier sehr robust ist, sollte man sich hüten, zartere Arten mit ihm zu pflegen. Gute Schwimmpflanzendecke vereinfacht die Pflege sehr. 22–24° C. – **Grüner Streifenhechtling,** *Aplocheilus dayi* (manchmal auch als *A. lineatus dayi* geführt). 9 cm. ♂ farbkräftiger. Unterscheidet sich durch die grüne Farbe und die fehlenden Binden von *A. lineatus.* Auch dieser Fisch ist ein großer Räuber; Haltung und Zucht nicht schwer und sehr interessant. Allesfresser, der kräftiges Futter vorzieht. Stammt von Ceylon. 22–24° C. – **Blauglanzhechtling,** *Pachypanchax homalonotus.* 8 cm. ♂ stärker gefärbt. Erst in den letzten Jahren eingeführter Fisch, der seitdem gern gepflegt wird und sich auch für Anfänger unter den Aquarienfreunden eignet. Robuste Art. 22–24° C.

Trugkölbchen, *Heteranthera zosteraefolia.* Gute Pflanze in klaren, hellen Aquarien. Wird gern gefressen.

reste hineingibt, läßt sich dieses ausgezeichnete Ersatzfutter bei Zimmertemperatur bequem züchten, verbraucht aber enorme Wachsmengen. Der Terrarianer tut also gut, vor dem Ansetzen seiner Zucht mit einem Bienenzüchter in Verbindung zu treten und den regelmäßigen Nachschub von Wachs sicherzustellen. Stearin wird nämlich auf keinen Fall gefressen! Aber auch dann, wenn man ihnen nur gereinigtes Bienenwachs gibt, gehen die Tiere unweigerlich zugrunde.

Recht leicht läßt sich die Zucht von Heimchen betreiben, ein von allen Echsen, insbesondere auch von den Chamäleons bevorzugtes Futter. Heimchen züchtet man am besten in einem alten, hohen Aquarium, das man oben mit einem Deckel aus Drahtgaze abschließt. Auf den mit Hobelspänen bedeckten Boden kommt ein Glasschälchen oder eine Untertasse mit Mohrrübenscheiben, Kohl- und Salatblättern, Haferflocken oder sonstigen Küchenabfällen, die zugleich auch die nötige Feuchtigkeit schaffen. Die Tiere brauchen mäßige Wärme bei schwacher Helligkeit, und so hängt man eine Kohlenfaden-Lampe am Gazedeckel auf. Da sich die Heimchen gern in Ritzen zu verkriechen pflegen, empfiehlt es sich, ihnen eine Art Hochhaus zu bauen, indem man waagerecht liegende Pappkarten mit Hilfe kleiner Holzstücken in nicht zu großen Abständen übereinanderleimt. Unter diesen recht einfachen Verhältnissen ist die Zucht durchaus ergiebig, nur muß der Besitzer unbedingt obachtgeben, daß keine Tiere entweichen. Heimchen gelten nämlich als Schädlinge im Sinne der hierfür bestehenden Bekämpfungsgesetze, so daß ihr Züchter für alle sich aus seiner Unaufmerksamkeit ergebenden Entwesungskosten aufzukommen hat. Ein Nachteil der Heimchenzucht ist das ständige, nervenzermürbende Zirpen der Tiere.

Ein einfacher Glasbehälter mit etwas Salat, frischen Blättern und dergleichen Grünzeug genügt auch für die Zucht von Stabheuschrecken, einem Futter, das von vielen Echsen und Lurchen mit Genuß genommen wird. Ebenso einfach läßt sich die Ägyptische Wanderheuschrecke züchten, zumal sie sich mit Gras ernähren läßt; ihre Zucht ist allerdings nicht allzu ergiebig. Während die Heuschrecken Wärme benötigen, lassen sich Gartenschnecken in einem ähnlichen Zuchtbehälter unbegrenzt bei Zimmertemperatur halten und geben eine vorzügliche Zusatzkost für den Sheltopusik, für große Skinke und Warane, aber auch für die Schneckennattern und selbst als Ersatzfutter für Eierschlangen ab.

Eines der gesündesten Nahrungsmittel für die verschiedensten Terrarientiere stellen Regenwürmer dar, enthalten sie doch in ihrem Darm, vor allem aber in den Darmanhängen, eine große Menge von Kalk, der dem Knochenaufbau unserer Pfleglinge zugute kommt. Die großen, blaßrosa Stinkwürmer aus den Misthaufen lassen sich allerdings nicht verwenden, denn die Terrarientiere hungern zumeist lieber, als daß sie sich damit begnügen. Wer sich keine Mühe machen will, kauft sich die benötigten Laub- und Tauwürmer schockweise und nach Größen sortiert in jedem Geschäft für Anglerbedarf. Bei stärkerem Frost jedoch, wenn sie von den Fängern nicht mehr frisch aus der Erde gegraben werden können, beginnen sie dort knapp zu werden, und dann verlohnt es sich sehr wohl, sie in großen Holzkisten auf Vorrat zu halten oder gar zu züchten. Das ist nicht sonderlich schwer, wenn man die Kiste mit einer Mischung aus Humuserde und Buchenlaub locker anfüllt und gelegentlich einige Küchenabfälle hineingibt, etwa Mohrrübenschnitzel und Kohl- oder Salatblätter. Das Ganze muß immer frisch bleiben und darf weder austrocknen noch zu feucht gehalten sein. Unter einem darübergelegten, mäßig feuchten Lappen sammeln sich die Würmer gern an und können auf diese Weise leicht entnommen werden.

Wer es mag, kann sich zu Hause auch Fliegen züchten, und zwar sowohl die kleinen Obst- oder Taufliegen *(Drosophila)*, als auch die größeren Stubenfliegen. Die ersten brauchen einen etwa 2 cm dicken Nährboden aus Weizenkleie und allerlei Obstbrei, versetzt mit einem Stück gewöhnlicher Hefe. Als Zuchtbehälter dient ein Weckglas, das oben mit einem Stück Leinen zugebunden wird. Für die Stubenfliege empfehlen Dr. Oeser und Dr. Jahn einen Zuchtbrei aus Roggen- oder Weizenkleie, Milch und Hefe; er bedeckt in 2 bis 3 cm Dicke den Boden einer Emailleschüssel, deren Oberseite mit einem so großen Maschendraht verschlossen ist, daß nur die kleineren Stubenfliegen hineinschlüpfen und ihre Eier ablegen können, nicht aber die schillernden Schmeißfliegen oder «Brummer». Die auskriechenden Maden sollen erst in einem eigenen Gefäß mit gezuckerter Milch, vitaminiertem Zuckerwasser, Obstsaft, Marmelade usw. heranwachsen, bevor sie verfüttert werden. Sehr appetitlich ist dies alles nicht, zumindest nicht in der Wohnung, und so fangen wir uns besser unsere Fliegen, solange es die Jahreszeit erlaubt, mit Hilfe der käuflichen Fliegenfallen im Freien. Hierfür gibt es ver-

Schematische Darstellung einer Fliegenfalle. Ein Köder aus Käse, faulenden Fisch- oder Fleischabfällen lockt die Fliegen an, die sich im Inneren des gazebespannten Raumes sammeln. Um sie zu entnehmen, wird der obere Deckel abgehoben

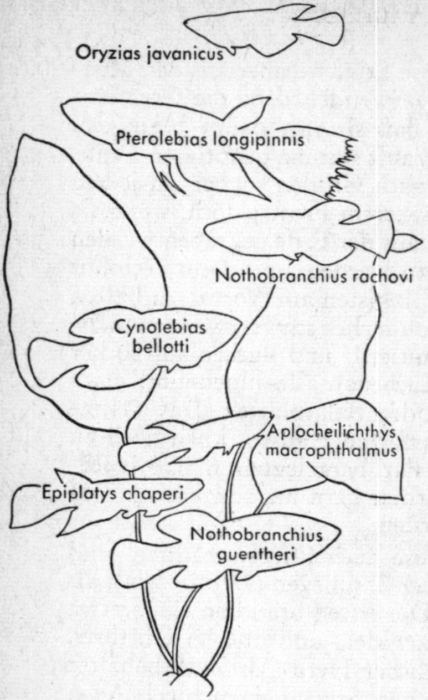

Javakärpfling, *Oryzias javanicus.* 6 cm. Männchen mit ausgezogenen Afterflossenstrahlen. Trotz seines zarten Aussehens ist der Fisch gut haltbar. Oberflächenfisch. Verstecke zwischen Schwimmpflanzen. Allesfresser, der gern Insektenlarven nimmt. Zucht nicht schwer. Weibchen trägt die Eier als Traube zunächst mit sich umher. Jungfische werden leider immer kleiner. Java. 22°. – **Schleierkärpfling,** *Pterolebias longipinnis.* 12 cm. Männchen mit sehr stark vergrößerten Flossen. Weibchen bleibt auch viel kleiner. Saisonfisch, der nur kurze Zeit lebt. Eier werden in den Bodengrund, der aus Torf bestehen sollte, abgelegt. Liegen etwa 6 Monate. Fische auch von weniger Fortgeschrittenen zu pflegen, am besten in eigenen Aquarien. Nur Lebendfutter. Verstecke. Santarem. 22°. Je höher die Temperatur, desto kurzlebiger. – **Rachows Prachtgrundfisch,** *Nothobranchius rachovi.* 6 cm. Männchen ungleich farbenprächtiger. Bodengrund am besten aus Torf, in den die lange liegenden Eier eingebettet werden. Prächtiger Fisch, am schönsten von allen Verwandten. Pflege und Zucht für Fortgeschrittenere, aber nicht schwer. Lebendfutter. Mosambik. 22°. – **Blauer Fächerfisch,** *Cynolebias bellotti.* 6 cm. Männchen blau, Weibchen neben kleineren Flossen einfarbig graubraun. Saisonfisch, der nur wenige Monate lebt. Eier liegen sehr lange und werden in den Bodengrund eingebettet. Robuster Fisch, der schlecht mit anderen Fischen vergesellschaftet werden kann. Zimmertemperatur genügt. Haltung einfach. Zucht für Fortgeschrittene. La-Plata-Gebiet. – **Roter Leuchtaugenfisch,** *Aplocheilichthys macrophthalmus.* 4 cm. Männchen mit spitz endenden After- und Rückenflossen. Der zarte und etwas empfindliche Fisch ist an sich nicht schwer zu halten, doch sollte er versierteren Aquarianern vorbehalten sein. Zucht nicht schwer, aber wenig ergiebig. Schwarmfische, die sich in sauberen Becken wohl fühlen. Oberflächenbewuchs. Lebendfutter. Westafrika, Lagos. 22–24°. – **Querbandhechtling,** *Epiplatys chaperi.* 5 cm. Männchen mit roter Kehle und schwarzen After- und Schwanzflossensäumen. Anfängerfisch, der leicht zu halten und zu züchten geht. Einführung in die eierlegenden Zahnkarpfen. Laichen in feinfiedrigen Pflanzen. Eier liegen 12–14 Tage. Aufzucht leicht. Fisch für Gesellschaftsbecken. Unruhige Wasseroberfläche wird gemieden. Allesfresser, besonders Insektenlarven. Goldküste bis Liberia. 22°. – **Günthers Prachtgrundfisch,** *Nothobranchius guentheri.* 6 cm. Männchen sehr viel schöner. Saisonfisch, der nur wenige Monate lebt. Eier werden im Bodengrund abgelegt. Liegen etwa 6 Monate. Robuste Fische, die man am besten in eigenen Becken pflegt. Allesfresser, besonders Mückenlarven. Pflege und Zucht an sich nicht schwer, doch sollten sich erst Erfahrenere mit den Fischen versuchen. Ostafrika. 22°.

Cryptocoryne griffithii. Dekorative Aquarienpflanze. Benötigt viel Ruhe.

Kap Lopez, *Aphyosemion australe.* 5 cm. Männchen einfach an der größeren Farbenpracht von den unscheinbaren Weibchen zu unterscheiden. (Manchen Weibchen der Aphyosemion-Arten sieht man die Artzugehörigkeit nicht an.) Allen Aphyosemion-Arten gebe man nach Möglichkeit weiches und leicht saures Wasser, in dem sie besser leben. Hartes Wasser behagt vielen Arten nicht. Sie halten sich aber auch in härteren Wässern, wenn man Geduld hat. Lebendfutter, besonders Insektenlarven, wird bevorzugt. Der Kap Lopez ist auch für Anfänger in der Aphyosemion-Zucht geeignet. Viel Oberflächenpflanzen. Eier liegen etwa vier Wochen und sollten abgesucht werden. Man ziehe sie in eigenen Gefäßen auf. Fische lieben dunklere Becken. Gute Springer. 22–24°. Am besten eignen sich kleine Aquarien. – **Blauer Prachtkärpfling,** *Aphyosemion coeruleum.* 12 cm. Männchen weitaus farbenprächtiger. Haltung im weicheren und leicht sauren Wasser nicht schwer, Zucht für Fortgeschrittene. Eier liegen lange (8 Wochen). Laichen im Bodengrund. Stammt aus dem Nigergebiet bis Kamerun. Raubfisch, der nicht mit kleinen Fischen vergesellschaftet werden darf. Nur kräftiges Futter. 22–24°. – **Kalabarkärpfling,** *Aphyosemion calabaricus.* 5 cm. Männchen viel farbstärker. Friedliche Art, die sich am besten in eigenen Aquarien macht. Auch hier weiches und leicht saures Wasser wichtig. Nicht so ergiebig in der Zucht. Eigene Zuchtstämme immer wieder mit fremdem Blut auffrischen. Kalabarküste. Eier liegen etwa 4 Wochen. 22–24°. Kein Fisch für Anfänger und Gesellschaftsbecken. – **Goldfasan-Prachtkärpfling,** *Aphyosemion sjoestedti.* 10–12 cm. Männchen sehr viel farbiger. Ist der Aphyosemion, dessen Eier am längsten liegen. Bis zu 6 Monaten, manchmal auch länger. Meist von prachtvoller Farbkraft, die seinem deutschen Namen alle Ehre macht. Haltung des ausgesprochenen Räubers sollte den Fortgeschritteneren vorbehalten bleiben. In Gesellschaftsbecken schlecht möglich, besser in eigenen Becken. Torfmullboden, in den die Tiere die Eier legen. Aufzucht der geschlüpften Jungen nicht schwer. Kräftiges Futter, kein Trockenfutter. Guinea bis Kamerun. 22–24°. – **Zweistreifen-Prachtkärpfling,** *Aphyosemion bivittatum.* (Mehrere Formen, die alle mehr oder weniger gekreuzt in unseren Becken vorhanden sind.) Männchen mit größeren Flossen und bunter. Herrliche Fische, die etwas fortgeschritteneren Liebhabern in Haltung und Zucht nicht schwerfallen werden. Eigene Aquarien besser. Niger bis Kamerun. 22–24°. – **Ahls Prachtkärpfling,** *Aphyosemion calliurum ahli.* 5 cm. Männchen weitaus schöner. Harmlose, gut züchtbare Art. Eigene Becken. Stammform mit roten Flossensäumen. Wahrscheinlich Liberia. 22–24°.

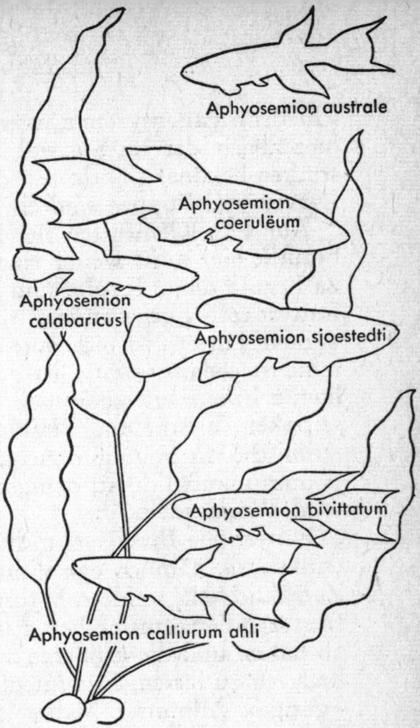

Krause Wasserähre, *Aponogeton crispus.* Auch im Sandboden zu pflegen. Vermehrung durch Samen.

schiedene Fallensysteme, von denen das gebräuchlichste System hier abgebildet ist. Sie werden mit Fisch-, Fleisch- oder Käsestücken beködert. Nicht nur die Fliegen selbst, sondern auch ihre Larven und Puppen sind ein beliebtes Futter für Terrarientiere.

Auf das Kleinfutter für Molche und andere kleine Lurche braucht hier nicht weiter eingegangen zu werden, da dies schon zu Beginn dieses Kapitels im Zusammenhang mit den Aquarien-Futtertieren geschehen ist.

Beim Füttern ist nicht nur das «Was» bedeutsam, sondern zumindest ebenso wichtig ist auch das «Wie». Einige Grundsätze hierzu haben wir schon mehrmals hervorgehoben, nämlich Vielseitigkeit, Frische und Vitamingehalt. Nun sollen noch ein paar technische Hinweise in diesem Zusammenhang interessieren, wenn es auch unmöglich ist, den ganzen Fragenkomplex hier erschöpfend abzuhandeln.

Füttern Sie Ihre Tiere nicht zu oft und nicht zu gut! Überfluß danken sie nämlich gar nicht durch besondere Zuneigung und Zutraulichkeit, sondern höchstens durch die Faulheit eines überfressenen Fettwanstes. Besser ist es, die Tiere immer etwas stramm zu halten und die größeren von ihnen ruhig einmal eine Woche hungern zu lassen. Das tut die durchaus nicht in unserem Sinne «gütige» Allmutter Natur ja auch, indem sie die Tiere ihrer Nahrung nachjagen läßt. Bei uns aber fliegen ihnen die gebratenen Tauben bzw. Mehlwürmer unmittelbar in den Mund, ohne daß sie auch nur eine Kralle zu rühren brauchen. Damit soll keineswegs einem Vernachlässigen das Wort geredet sein, aber wenn gesunde Tiere anfangen, träge zu fressen und mit der Nahrung zu spielen, ist eine Fastenzeit das beste Heilmittel.

Wer mehrere Tiere im gleichen Behälter pflegt, füttere auch an mehreren Stellen zugleich. Sonst stürzen sich nämlich die Stärksten als erste auf das Futter, und die Schwächeren haben das Nachsehen. Das gilt ganz besonders, wenn das Futter in verschieden großen Brocken gereicht wird. Teilt man dann nicht ein, schnappen sich die kleinen Tiere erfahrungsgemäß immer einen Happen, den sie nicht bewältigen können, während sich in der gleichen Zeit die großen Genossen mit den bequemeren Brocken zu mästen pflegen, ohne den Kleinen etwas davon übrigzulassen. Es ist dies wie im menschlichen Leben ...

Ob man nun Regenwürmer, Fleisch, Fisch oder größere Futtertiere reicht – das Gebotene muß stets sauber sein und ist also notfalls vorher zu säubern. Das gilt nicht minder für Grünzeug, zumal Salat und Kohl in den Gärtnereien gedüngt werden und dadurch nicht nur mit Kot, sondern auch mit Parasiten behaftet sein können.

Fischfleisch, eine ausgezeichnet phosphor- und kalkhaltige

Nahrung für Wasserschildkröten und Krokodile, reicht man möglichst unzerstückelt mit Kopf und Gräten. Muß es für kleinere Tiere vor dem Verfüttern in mundgerechte Happen zerschnitten werden, sind die kleinen Gräten zuvor zu entfernen, damit sie keine scharfen Spieße bilden, die sich in die Mundhöhle oder Speiseröhre einbohren.

Futterreste sind möglichst schnell aus dem Behälter zu nehmen, bevor sie in Fäulnis übergehen; nur bei ausgesprochenen Aasfressern, z. B. den Schlammschildkröten, können sie etwas länger im Wasserbecken verbleiben. Ebenso soll der Pfleger den Kot, der oft innerhalb der nächsten 24 Stunden nach dem Füttern sehr reichlich abgesetzt wird, recht schnell entfernen, um Schmutzereien oder gar Selbstinfektionen durch ausgeschiedene Parasiten vorzubeugen. Bei Wassertieren empfiehlt sich ferner eine anschließende gründliche Reinigung des Behälters, da sich dessen Scheiben, insbesondere nach dem Verfüttern von Fischfleisch, mit Schlieren zu bedecken pflegen.

Nach Möglichkeit füttert der Pfleger seine Tiere individuell mit der Pinzette oder beobachtet doch wenigstens, ob jedes seine ausreichende Mahlzeit erhält. Nur so kann er feststellen, ob ein Tier längere Zeit die Nahrung verweigert und zu kränkeln beginnt, und hat dadurch die Möglichkeit, rechtzeitig Gegenmaßnahmen einzuleiten. Zwangsfüttern soll er jedoch nur im äußersten Notfall. Allzu häufig gibt es dabei Verletzungen oder gar Kieferbrüche, wenn er gezwungen ist, das Maul des Tieres gewaltsam zu öffnen. Vor dieser letzten Notmaßnahme empfiehlt sich daher immer der Versuch, die Tiere durch ein Angebot besonders schmackhafter und abwechslungsreicher Nahrung doch noch zu freiwilligem Fressen zu bewegen.

Vor allem Schlangen verweigern in der Gefangenschaft die Nahrung mitunter für längere Zeit ohne jeden erfindlichen Grund. Erst wenn der Pfleger jede mögliche Fehlerquelle gewissenhaft nachgeprüft und dabei festgestellt hat, daß das Tier nicht zu kalt gehalten, nicht beunruhigt, nicht gerade mit der Häutung beschäftigt und nicht trächtig ist, daß es die ihm zusagende Nahrung erhält und auch keine Anzeichen irgendeiner Krankheit vorliegen – erst dann wird er sich entschließen müssen, zwangsweise zu füttern. Dem Anfänger sei sehr eindringlich davon abgeraten, seine ersten Versuche auf diesem Gebiet selbständig zu unternehmen; sie würden bestimmt schiefgehen. Er ziehe vielmehr einen Tierarzt, besser noch einen «alten», erfahrenen Schlangenpfleger zu Rate. Dieser wird dann dem Tier einen dünnen Schlauch durch den Mund bis möglichst weit in die Speiseröhre einführen und mit seiner Hilfe eine leicht verdauliche Mischung aus flüssigem Ei und etwas Traubenzucker, vielleicht versetzt mit einem Vitamin- oder Fermentpräparat, in den Darm einleiten. Mitunter (leider nur mitunter!) wirken solche Kuren Wunder, und die Schlange beginnt kurze Zeit darauf mit solchem Appetit selbständig zu fressen, daß man sie nun vor einem Überfressen schützen muß. Unbedingt aber soll sie nach jedem Fressen, insbesondere wenn dies unter Zwang geschah, vollständig in Ruhe gelassen werden, weil nämlich gerade Schlangen ihre Nahrung oft wieder hervorwürgen, wenn man sie nach der Mahlzeit behelligt.

In allen älteren Aquarienbüchern kann man lesen, daß die wichtigste Aufgabe, die eine Wasserpflanze zu erfüllen habe, das Anreichern des Wassers mit dem für die Fische lebensnotwendigen Sauerstoff sei. Gewiß, diese Aufgabe ist wichtig, aber doch nicht so wichtig wie eine andere, nämlich wie die «Filter»wirkung, die uns die Pflanze gleichsam mitliefert. Zwar kann die Pflanze die anfallenden Sinkstoffe nicht unmittelbar aufnehmen, sondern bedarf dazu der vorbereitenden Arbeit der Bodenbakterien, aber in der Zusammenarbeit von Bakterien und Pflanzen entsteht eine Wirkung, die mit dem besten Filter nicht zu erreichen ist. Aus diesem Grunde muß jeder Aquarianer für einen guten und kräftigen Pflanzenwuchs sorgen. Er muß sogar von der Vorstellung ausgehen, daß die Pflanze zunächst wichtiger ist als der Fisch. Geht es der Pflanze gut, werden auch die Fische vortrefflich gedeihen. Echte Wasserpflanzen – das sind solche, die auch in der freien Natur ständig im Wasser leben – sind für unsere Zwecke gewiß am besten geeignet. Leider haben die meisten keine so dekorative Wirkung wie die Sumpfpflanzen, die zwar im Wasser gedeihen, während der Trockenzeiten in ihrer Heimat aber auf dem Trockenen zu leben vermögen. Echte Wasserpflanzen entnehmen den Nährstoffbedarf zum größten Teil oder fast ausschließlich dem umgebenden Wasser. Ihre Wurzeln dienen in der Hauptsache zum Verankern im Boden. Sumpfpflanzen entziehen mit ihren Unterwasserblättern (den «submersen» Blättern) dem Wasser ebenfalls einen Teil der benötigten Nährstoffe, aber sie arbeiten mit ihren Wurzeln, die also nicht nur der Verankerung dienen. Zieht man eine Sumpfpflanze aus dem Boden und setzt sie wieder ein, dann braucht sie zunächst Ruhe, um die feinen, an den großen Wurzeln sitzenden Saugwürzelchen neu zu bilden, denn beim Herausziehen sind diese zum größten Teil abgestreift worden. Daher verlange man nicht, daß solche Pflanzen sofort nach dem Einsetzen weiterwachsen. Manche Arten nehmen Ortsveränderungen sogar ausgesprochen übel und wachsen erst nach einer geraumen Zeit wieder weiter. Es kann sogar vorkommen, daß alte, prächtig beblätterte Exemplare ihre schönen Blätter verlieren und nach einer Ruhepause kleinere bilden. Deshalb ist es für den Aquarianer wichtig zu wissen, daß man sich von der Schönheit einer großen Pflanze nicht blenden lassen soll, sondern von dieser Art lieber ein kleineres, junges Exemplar erwirbt, das im eigenen Aquarium zu seiner vollen Pracht heranwachsen kann.

Echte Wasserpflanzen sind nicht sonderlich schwierig zu behandeln. Sie nehmen Umsetzen nicht übel, verlangen aber meist einen hellen Standort. Oft muß man sie verschneiden, was auch für manche Sumpfpflanzen gilt. Die abgeschnittenen Stecklinge gibt man wieder in den Boden, in dem sie bald anwachsen und weitertreiben. Licht ist für alle Wasserpflanzen wichtig. Nur mit seiner Hilfe können sie assimilieren (d. h. Kohlendioxyd gegen Sauerstoff austauschen). Hinsichtlich des Lichtbedürfnisses sind die einzelnen Pflanzen verschieden. Man lasse sich aber nicht davon täuschen, daß von manchen Pflanzen gesagt wird, sie wüchsen selbst im Dämmerlicht. Jede Pflanze braucht ihren wohlbemessenen Lichtanteil. Im Dämmerlicht vegetieren auch die sparsamsten Lichtverbraucher nur kümmerlich dahin.

Will man seine Pflanzen vermehren, so stößt das bei den meisten Arten auf keinerlei Schwierigkeiten. Sie tun es unter guten Verhältnissen von selbst. Meist treiben sie Ableger, die zunächst noch mit der Mutterpflanze verbunden sind. Das kann dazu führen, daß ein dichter Pflanzenfilz entsteht, der einem erst dann so recht zu Bewußtsein kommt, wenn man das Aquarium anders gestalten will und die Pflanzen entfernen möchte. Einige Pflanzen vermehren sich durch Seitentriebe vom Hauptstengel. Man kann einen wunderschönen Busch erzielen, indem man die Spitzen immer wieder köpft. Damit zwingt man die Pflanze, ständig neue Triebe zu entwickeln. Die geköpften Spitzen setzt man entweder an anderer Stelle oder neben der Mutterpflanze ein. Das geht aber nur bei solchen Arten, die ihre Triebe aus der zur Wasseroberfläche steigenden Hauptachse treiben. Wasserpflanzen mit bandartigen Blättern, deren Ursprung an einer Stelle liegt, vermehren sich in der Regel durch Ausläufer, einige durch Rhizome, andere allerdings ausschließlich durch Samen. Ein Rhizom ist ein unterirdisch treibender Stengel, der sowohl Wurzeln als auch Blätter entwickelt. Pflanzen mit Rhizomen kann man künstlich vermehren, indem man das Rhizom in Abständen von etwa anderthalb Zentimetern teilt und die erhaltenen Stücke einzeln in den Bodengrund drückt. Haben solche Stengelstücke aber den Kontakt mit der Mutterpflanze verloren, dann wachsen sie recht langsam. Man darf daher die Geduld nicht verlieren.

Hat man es mit Pflanzen zu tun, die sich ausschließlich durch Samen vermehren lassen, dann wird man eines Tages erleben, daß die Pflanze einen Blütenstand über die Wasseroberfläche schiebt, der meist Rispenform hat. Mit einem weichen und zarten Pinsel, am besten mit einer weichen Vogelfeder, streicht man dann über die Blüten, nach Möglichkeit über verschiedene mit verschiedenem Blütenstaub. Die Blüte muß sorgsam behütet werden, und nach dem Abblühen wird der Samen aus den entwickelten Kapseln in eine kleine Schale ausgesät, deren Bodengrund aus Torf bestehen kann. Die sich entwickelnden Pflänzchen werden dann in einem etwas größeren Gefäß pikiert. Sehen sie wie ihre

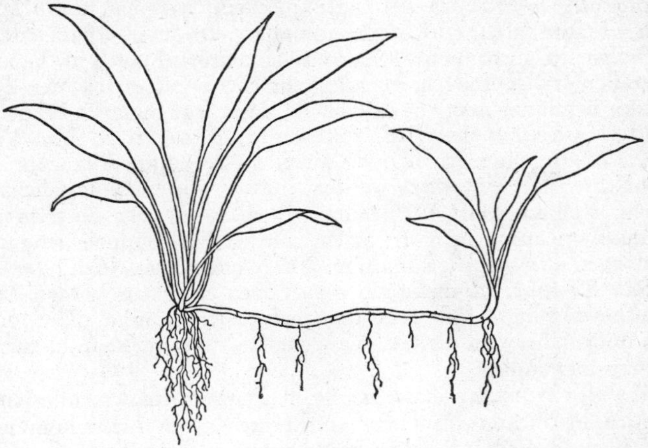

Ablegerbildung: Die Mutterpflanze (links) bildet einen Ausläufer, an dessen Ende eine Jungpflanze entsteht. Hat der Ausläufer Wurzeln, dann handelt es sich um ein Rhizom, also einen unterirdischen Stengel

Mutterpflanze aus, kann man sie vorsichtig in das Aquarium zurückbringen.

Will man Sumpfpflanzen außerhalb des Wassers zum Blühen bringen (manche blühen überhaupt nur hier!), dann senkt man den Wasserspiegel ganz langsam über Wochen, so daß man die Pflanze mit der Zeit zwingt, ihre neuen Blätter über den Wasserspiegel hinauszuschieben. Manche Sumpfpflanze, die unter Wasser kaum vorwärts kommt, gedeiht über Wasser («emers») durchaus prächtig und vermehrt sich hier auch besonders gut. Ein mittleres Vollglasaquarium genügt für diese Kultur. Es muß nur gut abgedeckt werden, damit die feuchte Luft im Behälter gewahrt bleibt. Will man die Ableger in das Aquarium unter Wasser bringen, dann ist eine langsame Erhöhung des Wasserspiegels zwar gut, aber nicht unbedingt notwendig. Die Pflänzchen benötigen aber zunächst etwas Ruhe, ehe sie wieder zu wachsen beginnen, d. h., bis sie sich den neuen Verhältnissen angepaßt haben.

Wasserpflanzen sind in der Regel äußerst zerbrechlich. Aus diesem Grund muß man sehr vorsichtig mit ihnen umgehen. Was sie gar nicht vertragen können, ist Trockenheit – es sind eben Wasserpflanzen! Will man sie transportieren, so schlägt man sie vorsichtig in feuchtes Zeitungspapier ein, das man dann aber auch feucht halten muß, denn einmal angetrocknete Pflanzenteile erholen sich nicht mehr. Man kann sie natürlich auch in Wassergefäßen transportieren, aber es geht ebensogut in feuchter Zeitung. Bepflanzt man ein Aquarium, dann lege man die Pflanzen nicht einfach auf den Tisch, sondern bringe sie bis zu ihrer Verwendung in einer Schale oder Waschschüssel unter. Pflanzen, die zunächst nicht eingesetzt werden, müssen wir besonders behandeln, weil sie sonst Verbiegungen zeigen, die sich unschön im Aquarium ausnehmen. In einem solchen Fall bündele man die Pflanzen und befestige an ihrem Wurzelende einen Stein oder ein Stück Bleirohr, damit sie nicht nach oben getrieben werden. Das Aufbewahrungsgefäß stelle man hell, aber nicht in die Sonne. Es muß höher sein als die Pflanzen. Bodengrund ist nicht unbedingt notwendig.

Es gibt Aquarienpflanzen, die in einem normalen, mit Kiesboden beschickten Aquarium nicht recht vom Fleck kommen, selbst nach einer größeren Ruhepause nicht. Dann prüfe man zuerst, ob die Beleuchtung ausreichend ist. Meist ist damit der Grund schon gefunden. Ist aber auch eine Lichtkorrektur zwecklos, so versuche man es mit vorsichtiger Düngung. Dazu forme man aus altem, verrottetem Lehm oder aus frischem, den man an der Luft trocknen läßt, Kügelchen von der Größe eines kleinen Fingernagels und drücke diese in der Nähe des Wurzelstockes in den Bodengrund, so daß sie ganz von der Erde bedeckt sind. Zur Düngung werden im Handel auch verschiedene Mittel angeboten, die man aber wirklich nur genau nach Gebrauchsanweisung anwenden sollte. Eher gebe man etwas weniger als zuviel! Aber selbst mit solchen Mitteln läßt sich ein guter Pflanzenwuchs nicht erzwingen, wenn die Lichtfrage ungenügend gelöst ist. Meist vergeilen dann die Pflanzen und bieten ein fahles, manchmal geradezu gespenstisch blasses Bild. Ohne künstliche Düngung auszukommen, soll aber das Ziel jeden Aquarianers sein. Nur in Notfällen oder bei besonderen Ansprüchen der Pflanze verwende man Düngemittel, aber auch dann sparsam.

Es gibt noch eine andere Methode, heiklere Wasserpflanzen in den Aquarien unterzubringen. Man verwendet dazu Kulturschalen, die eine Mischung aus Kies und verrottetem Lehm aufnehmen, in die die betreffende Pflanze gesetzt wird. Diese Schalen bringt man so im Bodengrund unter, daß sie mit dem Kies vollständig bedeckt sind und so mit ihrem nüchternen Aussehen nicht stören. Es muß aber noch einmal darauf hingewiesen werden, daß in einem lockeren Bodengrund auch die empfindlichsten Wasserpflanzen gedeihen, wenn man ihren Lichtwünschen Rechnung trägt und sie in Ruhe wachsen läßt. Baut man ständig in seinem Aquarium um, dann stört man nicht nur die Fische, sondern auch die Pflanzen; vor allem die empfindlicheren Arten nehmen Störungen sehr übel. Zeit lassen ist in der Aquarienkunde eine der wichtigsten Devisen!

Vielfach hört man die Meinung, daß es bestimmte Pflanzenarten gibt, die miteinander in einem Aquarium nicht gedeihen, weil sie sich «feindlich» seien. Dafür fehlt bisher, trotz gewissenhaftester wissenschaftlicher Forschung, jeder Beweis. Zwar machen wir manchmal eine solche Erfahrung, aber bei anderen Aquarianern vertragen sich die gleichen Pflanzenarten ausgezeichnet miteinander. Möglicherweise spielt also auch hier die Licht- und Wasserfrage eine gewisse Rolle.

Die für den Aquarianer wichtigsten Pflanzen sind auf den Farbtafeln dargestellt.

Während die Pflanzen des Aquariums als Sauerstoffspender und Verbraucher überschüssiger Abbauprodukte eine biologisch wichtige Rolle spielen, erfüllen sie im Terrarium in der Hauptsache einen nur dekorativen Zweck oder dienen manchen Tieren als Aufenthalt und zum Klettern. So ansprechend ein reich bepflanztes Terrarium auch wirkt – die Gewächse verbrauchen im Dunkeln doch einen guten Teil des Sauerstoffs in dem ohnehin nicht allzu geräumigen Behälter und vermehren dabei den Kohlensäure-Überschuß der Luft, der bereits durch das Atmen der Tiere bedingt ist. Da sich das Kohlendioxyd infolge seiner Schwere unmittelbar über dem Boden ablagert, ist gerade in solchen vegetationsreichen Terrarien eine wirksame Ventilation mit Hilfe von Lüftungsklappen unerläßlich. Das ist aber nicht der einzige Grund, vor zu starkem Bepflanzen zu warnen. Schwerer wiegt dabei die Unübersichtlichkeit des Bodens, der dann nicht ausreichend gereinigt werden kann. Auch hier hat wiederum Sauberkeit vor Schönheit zu gehen.

Nun kommen wir zur Auswahl der Pflanzen, mit denen wir das Terrarium bevölkern, und fragen uns dabei zunächst einmal, welche Lebensstätte wir denn eigentlich nachgestalten wollen. Ebenso, wie die Tiere des Landes vom Boden und von der Luft umgeben sind und dadurch viel mehr von den Gegebenheiten ihrer natürlichen Lebensstätte abhängen als die Fische, sind auch die Landgewächse stärker an ihren Standort gebunden, als es die Wasserpflanzen sind: Einen Kaktus kann man nicht im Sumpf kultivieren. Zu den Richtlinien, die uns durch den Standort selbst und sein Klima auferlegt werden, treten aber auch noch pflanzengeographische Gesichtspunkte. Wirkt es nicht doch «unbiologisch», afrikanische Wirtelechsen in einer künstlichen Wüstenlandschaft mit Säulenkakteen zu sehen, deren Heimat im tropischen Amerika liegt? Diese Charakterpflanzen gehören vielmehr in ein Terrarium mit Krustenechsen oder Gopherschildkröten.

Selbst in einer sowohl klimatisch als auch geographisch standortgetreuen Vegetation ist aber zu bedenken, wie die darin lebenden Tiere mit den Pflanzen umgehen. Der Bewuchs des schönsten Landschafts-Terrariums wird durch große Echsen oder gar Landschildkröten in kurzer Zeit völlig demoliert oder gar aufgefressen, wenn man nicht dafür sorgt, daß die Tiere nicht unmittelbar an die Pflanzen herankommen. Kleine Zäunchen wären hier allerdings der Gipfel der Geschmacklosigkeit, wie überhaupt alles Verniedlichen der Natur; Zementnischen an der verkleideten Hinterwand des Beckens oder auch über dem Boden angebrachte Zierkork-Äste mit Schmarotzerpflanzen (Epiphyten) lassen jedoch immer noch Möglichkeiten offen, auch solche Terrarien mit Pflanzen zu bestücken, deren Bewohner rücksichtslos mit ihnen umgehen. Empfindliche Gewächse hingegen gehören überhaupt nicht in ein Tiergehege, schon weil die dortigen Lebensbedingungen immer einen Kompromiß zwischen den Bedürfnissen der Tiere und denen der Pflanzen darstellen und daher niemals beide Teile voll befriedigen können.

Schließlich noch eine Mahnung zur Vorsicht! Selbst wenn man die Vegetation außerhalb der Reichweite von Tieren anbringt, dürfen keine giftigen Pflanzen verwendet werden. So enthalten z. B. die Blätter des Oleander ein Gift und können üble Folgen anrichten, wenn sie aus einem noch so geschützten Platz auf die Erde fallen und dann von Landschildkröten gefressen werden.

Getrennt nach ihren verschiedenen Standorten und den entsprechenden Terrariengruppen sollen im Folgenden einige dauerhafte und daher für unsere Zwecke besonders geeignete Pflanzen erwähnt werden, die auch häufiger im Blumenhandel erhältlich sind. Überhaupt tut der Terrarienfreund besser, sich an einen Fachhändler zu wenden, ihm seine Wünsche vorzutragen und sich vor allem erst einmal davon zu unterrichten, was ihm an geeigneten Pflanzen des jeweils interessierenden Standortes zu Gebote steht, als sich von vornherein auf ganz bestimmte Gewächse festzulegen, die nicht am Lager oder nur mit Mühen und Kosten zu beschaffen sind. Er findet beim tüchtigen Händler bestimmt viel Verständnis und erhält so manchen guten Rat für die Pflege der Pflanzen und die ihnen zusagende Erdmischung, ohne deren Kenntnis es unweigerlich zu Mißerfolgen kommt. Die folgenden Beispiele können daher nur als stichwortartige Anhaltspunkte gelten. Dem stärker Interessierten sei ein Heft (Nr. 960) der Lehrmeister-Bücherei empfohlen, in dem Franz Schneider über «Die Pflanzen des Terrariums» berichtet.

Für das *ungeheizte feuchte Terrarium* und das *Aqua-Terrarium* mag uns die Pflanzenwelt unserer Heimat Modell stehen. Zwischen Moospolstern wuchern, eingesenkt in Töpfen mit der Erde des natürlichen Standortes, die Wedel der Farnkräuter, wie etwa des Wurm-, Tüpfel- oder des klein bleibenden Rippenfarns. Am Boden oder über Gestein winden sich Efeu, Pfennigkraut und Haselwurz. Auch das Immergrün siedelt gern an feuchteren Orten. Das Ufer zieren Froschlöffel, Zwergkalmus und Pfeilkraut. Für kleinere Molche empfiehlt Wolterstorff einen Behälter, dessen feuchter Lehmboden mit Tradescantien-Ranken bestückt und mit einem Wasserbehälter ausgestattet ist.

Unübersehbar ist die Pflanzenfülle für das *geheizte feuchte Terrarium*, das Abbild eines tropischen Regenwaldes. Während wir es bei den kälter gehaltenen Behältern mit ihrer verhältnismäßig unscheinbaren Flora nicht gar so genau mit der geographischen Herkunft der Pflanzen zu nehmen brauchen, erfordern die auffallenden Gewächse der tropischen Regenwälder weit größere Sorgfalt, um das charakteristische Bild des Lebensraumes nicht durch Disharmonien zu stören. Das gilt nicht nur für die einzelnen Pflanzenarten, sondern auch für die ganze Zusammensetzung der Flora. So ist z. B. der Urwald des tropischen Südamerika durch seinen Reichtum an epiphytischen Bromelien ausgezeichnet, während die Stämme des afrikanischen Regenwaldes durch Moose und Farne besiedelt werden. Ohne einen Einheitsstil schaffen zu wollen, werden wir doch in allen Urwald-Terrarien einen großen Ast aus Naturholz oder Zierkork zum Mittelpunkt machen; er trägt die mittels Töpfen oder in Löchern angebrachten Epiphyten und dient zugleich den baumbewohnenden Tieren als Kletterast.

Für eine Landschaft des südamerikanischen Urwalds lassen sich die zahlreich im Handel angebotenen Bromelien verwenden, wie etwa die herrlichen *Billbergia-*, *Tillandsia-*, *Vrisea-* und *Cryptanthum*-Arten; ihre Pflege beschränkt sich im wesentlichen auf das Feuchthalten ihres Spezialbodens und der Blatt-Trichter. Als Halb-Epiphyten ranken sich *Philodendron*-Arten an fremden Stämmen zum Licht empor, wie die bekannte *Monstera deliciosa* mit ihren eigenartig zerschlissenen und durchbrochenen Blättern. Den Boden bedecken Moosfarne der Gattung *Selaginella*, zwischen ihnen sprießen die gefleckten Blätter der *Maranta kerchoweana* und die Schiefblatt-Gewächse der Gattung *Begonia*. Prächtig kontrastiert die leuchtend rote Blüte von *Anthurium schezerianum* mit dem Dunkelgrün ihrer Blätter. Als Farne stehen *Polypodium aurëum* und viele andere zur Verfügung.

Den Eindruck eines afrikanischen Urwaldes vermitteln die lappigen Geweihfarne *(Platycerium)*, die mit Hilfe grundständiger Blattmanschetten einen Humusboden anzusammeln pflegen. Wir pflanzen sie schräg in die seitlich ausgeschlagene Öffnung eines Blumentopfes, die sie durch ihre Nischenblätter verdecken. Hier lebt auch der Nestfarn *(Asplenium nidus-avis)*, wird aber leider ziemlich groß und verlangt daher ein geräumiges Terrarium. Den Boden bevölkern wir mit steil emporsprießenden *Sansevièra*-Arten oder den Drachenbäumen; auch die weißbunten Büschel der Grünlilie *(Chlorophytum)* mögen sich hier ansiedeln und ihre Ausläufer treiben. Für ausgesprochene Sumpflandschaften eignen sich besonders die ziemlich robusten, nur gegen Trockenheit empfindlichen *Cyperus*-Arten. Sie werden allerdings in den Gärtnereien verhältnismäßig trocken gehalten und müssen daher erst allmählich wieder an ihren eigentlichen sumpfigen Lebensraum umgewöhnt werden. Noch besser ist es, ihre Stecklinge von vornherein dort zu kultivieren.

Im tropisch-asiatischen Regenwald begegnen uns wieder Geweihfarne und der weit verbreitete Nestfarn, während auf dem Erdreich eigenartig gewundene und bunt gefleckte *Codraeum*-Arten oder das sehr feucht zu haltende *Aglaeonema rostratum* mit seinen auffallend gestreiften und gefleckten Blättern wurzeln. Unter den *Sansevièra*-Verwandten begegnen wir *S. ceylonica*. Einem Liebhaber botanischer Leckerbissen seien die Kannenpflanzen der Gattung *Nepenthes* empfohlen, deren zu Kannen umgewandelte Blattspitzen zu Insektenfallen geworden sind. Als rankende Pflanzen kommen Wachsblumen der Gattung *Hoya* in Frage; ihre Heimat reicht von Südost-Asien bis nach Australien.

Im australischen Wald treffen wir die Hoyen ebenso wieder wie die schon mehrmals erwähnten Nest- und Geweihfarne, z. B. das häufig angebotene Elchgeweih *(Platycerium alcicorne)*. Viel Helligkeit verlangen die ansprechenden Passionsblumen *(Passiflora)*.

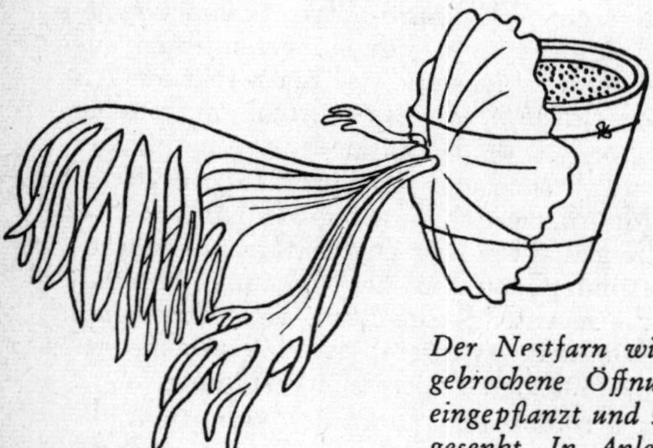

Der Nestfarn wird in eine seitlich ausgebrochene Öffnung eines Blumentopfes eingepflanzt und so in den Kletterast eingesenkt. In Anlehnung an Schneider

Für das *ungeheizte trockene Terrarium* greifen wir wieder auf die Pflanzenwelt unserer engeren Heimat zurück. Es lohnt kaum, näher auf ihre ganze Fülle einzugehen, der wir ja auf Schritt und Tritt begegnen. Immer wird jedoch ein Stück nicht allzu hohen Rasens sehr ansprechend wirken, wenn es nicht gar zu übergangslos in den Boden eingefügt ist. Kleine Haselnuß- und Brombeer-Sträucher, Erdbeerstauden, ja selbst «gemeine Unkräuter», etwa das Schellkraut, lassen sich ebenso verwenden wie die etwas mehr wärmeliebenden Fetthenne-Gewächse der Gattung *Sedum,* z. B. der Mauerpfeffer. Die zuletzt Genannten eignen sich besonders zum Besiedeln von Gesteinslücken.

Sedum-Arten können auch für die *geheizten trockenen Terrarien* empfohlen werden, die für die Vertreter der Mittelmeer-Fauna gedacht sind. Neben Efeu und Brombeere gehören hierhin stachelige Gewächse, wie Mäusedorn und Stechpalme, oder die mit lederähnlichen Blättern ausgestatteten Sträucher des Lorbeer und Oleander. Vor dem Oleander sei allerdings nochmals gewarnt, weil seine Blätter für Landschildkröten und andere Pflanzenfresser giftig wirken. Wer auf eine recht bizarre Landschaft Wert legt, kann vor der Rückwand des Terrariums stachellose Feigenkakteen ansiedeln, obwohl sie, streng pflanzengeographisch gesehen, künstlich – durch Einschleppen – in den Mittelmeer-Raum gelangt sind.

Als *Wüstenterrarien* sollen jene Behälter bezeichnet werden, in denen die Pflanzenwelt infolge der hohen Temperatur und Lufttrockenheit sehr stark zurücktritt. Hier müssen Steinaufbauten den Hauptteil der dekorativen Wirkung übernehmen. Als Charakterpflanzen der mittelamerikanischen Wüstenzone bietet sich das große Heer der Kakteen an, unter denen nur die Säulen-, Igel- und Warzenkakteen genannt seien. Selbstverständlich dürfen wir nur solche Arten verwenden, die mit ihren Stacheln keine Tiere beschädigen können. Durch ihre Widerstandsfähigkeit, selbst größeren Tieren gegenüber, zeichnen sich die Palmlilien *(Yucca)* aus.

In den warmen Trockengebieten der Alten Welt wird die Stelle der Kakteen durch die Euphorbien eingenommen; sie gleichen durch ihre angeschwollenen, mitunter bestachelten Sproßachsen im Aussehen oft auffällig den Kakteen. Ferner gehört hierzu die als Aasblume, oder auch freundlicher als Ordensblume bezeichnete *Stapelia variëgata* mit ihrer prächtig aussehenden, aber weniger prächtig riechenden Blüte.

Das war nur eine verschwindend kleine Auswahl aus der unermeßlichen Zahl der Pflanzen, die für die verschiedenen Typen unserer Terrarien in Frage kommen. Wenig konnte über ihr Aussehen, nichts über ihre spezielle Behandlung gesagt werden.

Schwarmfische

Fast alle unsere Aquarienfische sind Schwarmfische, d. h., sie leben nicht als einzelne Exemplare weit voneinander entfernt, sondern schließen sich in mehr oder weniger großer Anzahl zu einem Verband zusammen, den wir als Schwarm bezeichnen. In der Aquarienkunde hat diese Erkenntnis erst recht wenig Eingang gefunden; der Anfänger, und oft genug auch noch der Fortgeschrittene, geht in eine Zierfischhandlung und erwirbt in 99 % aller Fälle von jeder Art nur ein Pärchen – in der Hoffnung, daß sich die Tiere wohlfühlen werden. Wieviel Schönheit und welch interessante Lebensäußerungen der Fische man aber nicht zu sehen bekommen hat, zeigt sich erst, wenn man Gelegenheit hatte, einen wirklichen Schwarm von vielleicht 10 oder 20 Tieren der gleichen Art zu beobachten! Ich weiß, daß es sehr schwer ist, auf einige Fischarten zu verzichten, wenn man sein Aquarium besetzen will. Bitte, tun Sie es doch. Erstens haben Sie viel mehr Freude an den Tieren, und zweitens werden Sie weniger Ärger mit dem Fischbesatz haben!

Notgedrungen entwickelt sich aus dem «Pärchenkäufer» mit der Zeit der «Fischsammler», dessen Aquarien sicher gut gepflegt werden, dessen Fischbestand aber aus einer Fülle bunt zusammengewürfelter Exemplare besteht, so daß man sich des Eindruckes nicht erwehren kann, daß das Vielerlei ermüdet. Stirbt ein Tier eines Pärchens, dann wird zwar unter Umständen Ersatz herangeschafft, aber die nun vereinten Tiere sind nach Größe und Alter verschieden, so daß eines Tages schließlich ein Sammelsurium beisammen ist, das einem die rechte Freude an der herrlichen Fischwelt des Aquariums gründlich verleiden kann. Zahllose Anfänger verlieren denn auch eines Tages endgültig die Geduld, stellen das Becken auf den Boden oder verschenken es und sind nicht darauf gekommen, daß sie selbst Schuld an dieser Entwicklung haben. Ein altes Sprichwort sagt, daß sich erst in der Beschränkung der Meister zeige. Nirgends hat dieses Wort soviel Gültigkeit wie im Umgang mit lebenden Tieren. Wenn man glaubt, genügend von den zur Zeit gepflegten Fischen gelernt zu haben, gibt man den Bestand ab und erwirbt neue Arten. Es sei aber hier mit Nachdruck gesagt, daß man auch von den einfachsten Fischarten selbst nach jahrelanger Pflege noch immer Neues lernen kann. Die Terrarianer haben, wenn ihre

Zahl auch nicht mit der der Aquarianer verglichen werden kann, den Aquarianern eines voraus: Sie studieren ihre Tiere im wahrsten Sinne des Wortes und können meist mehr über eine Tierart aussagen als die Mehrzahl der Aquarianer über eine Fischart. Wenn man also viel Freude mit Fischen haben möchte, dann beschränke man sich auf weniger Arten, von denen man dafür mehr Exemplare pflegt. Aquarianer, die trotz anfänglicher Pannen bei der Aquarienkunde geblieben sind, kommen eines Tages sicher zu der Erkenntnis, daß weniger Arten mit mehr Tieren vermehrte Freude bedeutet. Leider werden mir die Anfänger unter den Lesern nicht glauben, doch werden sie dann eines Tages selbst die Erfahrung machen.

Die meisten Aquarienfische, die zugleich Schwarmfische sind, leben in freieren Gewässerbezirken, ziehen sich also seltener in die Bepflanzungen zurück. Ihnen muß man somit die Möglichkeit geben, ihr Verhalten zeigen zu können. In jedem Becken wird daher eine Zone frei gelassen, die weniger bepflanzt ist oder in der sich nur kurze oder kleine Pflanzen befinden. Fühlen sich die Fische beunruhigt, haben sie noch immer die Möglichkeit, in die Pflanzen zu verschwinden. Die meisten Arten sind in jedem Leitungswasser zu pflegen, selbst solche, die in ihrer Zucht nicht einfach sind. Ausnahmen bestehen in der Regel nur dann, wenn es sich um Importfische handelt, die aber ohnehin vorsichtiger behandelt werden müssen. Bei den meisten unserer Aquarienfische haben wir es aber mit seit Jahren oder Jahrzehnten in Gefangenschaft vermehrten Arten zu tun, die den Gefangenschaftsbedingungen gut angepaßt sind. Wer solche Arten, sagen wir etwa den «Roten von Rio», noch unter extrem weichen und sauren Wasserverhältnissen züchtet, leistet seinen Mitaquarianern einen schlechten Dienst. Vieler Züchter Arbeit, aus den Importfischen Tiere zu machen, die für jeden Aquarianer pflegbar sind, wird damit erfolglos sein. Denken Sie daher immer daran, daß von Ihren Zuchtmethoden die Freude vieler Aquarianer abhängt.

Den Hauptteil unserer Aquarienfische stellt die Unterordnung der Karpfenartigen. Aus dieser Unterordnung sind es wieder zwei Familien, deren Vertreter von jedem Aquarianer gepflegt werden: die Salmler und die Barben. Welche Fischgruppe zu einer bestimmten Zeit stärker gepflegt wird, hängt von Modeeinflüssen ab. Als Faustformel kann man bei den Salmlern sagen, daß sie sich bei Temperaturen um 22° durchaus wohlfühlen, wenn es auch einige Ausnahmen gibt. Die Masse unserer Salmler stammt aus Südamerika, der kleinere Teil aus Afrika. Sie besiedeln in ihren Heimatgebieten fast jeden Gewässertyp, und doch pflegen wir hauptsächlich Formen, die in kleineren Gewässern zu finden sind. Aus den Hauptströmen, etwa dem Amazonas, und

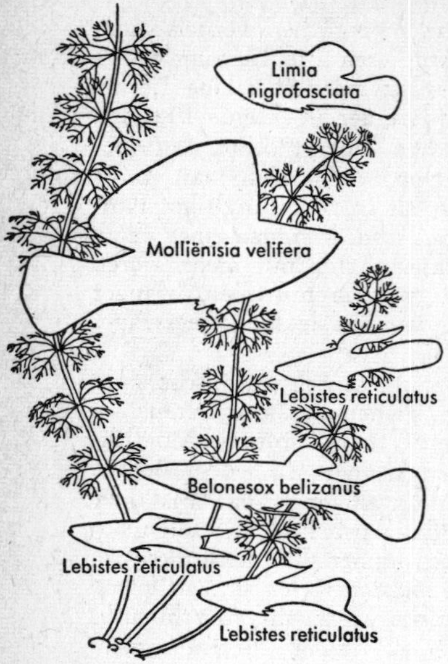

Segelkärpfling, *Molliënisia velifera.* 12 cm. ♂ stets mit sehr stark vergrößerter segelartiger Rückenflosse, in der Jugend an der zum Begattungsorgan umgewandelten Afterflosse zu erkennen. Große Exemplare dieses wunderbar gefärbten Fisches pflegt man am besten in geräumigen Aquarien, die so hell wie möglich sein sollten, damit sich die für diese Fische wichtigen Algen in genügender Menge bilden können. Da Segelkärpflinge in der Balz außerdem sehr stürmisch sein können, muß Schwimmraum frei bleiben. Allesfresser, denen Pflanzenkost lebensnotwendig ist. Dem Wasser etwas Salz zusetzen. Fische für härtere Wässer. Yukatan. 24°. – Sehr ähnlich ist der **Breitflossenkärpfling,** *Molliënisia latipinna,* der sich in der Rückenflosse unterscheidet, denn hier liegen wenige übereinanderstehende Flecken zwischen den Flossenstrahlen, während beim Segelkärpfling zahlreiche kleine Pünktchen zu sehen sind. Pflege gleich. – **Fächerkärpfling,** *Limia nigrofasciata.* ♂ etwa 5 cm und ♀ 8 cm lang. Afterflosse der Männchen zum Begattungsorgan umgewandelt. Wie die beiden vorigen Arten ebenfalls lebendgebärend. Männchen während der Werbung oft sehr stürmisch. Leicht zu halten, Vermehrung einfach. Alte Männchen bekommen einen Buckel und werden, allein gehalten, zänkisch. Allesfresser. Andere Limia-Arten sind ebenfalls einfache Pfleglinge. Haiti. 22°. – **Hechtkärpfling,** *Belonesox belizanus.* ♀ werden bis 20 cm, ♂ bis 10 cm lang. Afterflosse des Männchens zum Begattungsorgan umgewandelt. Wer diesen großen und robusten Fisch aus Mittelamerika pflegen will, muß sich schon beim Erwerb darüber im klaren sein, daß man ihn allein halten muß, ja daß man die viel kleineren Männchen von den Weibchen trennen muß, wenn diese zu groß werden, denn alles, was freßbar ist, wird verspeist. Kräftige Nahrung ist Bedingung. Gute Bepflanzung. Nicht sehr produktiv, Aufzucht der lebend geborenen Jungen aber nicht schwer. 24°. – **Guppy, Millionenfisch,** *Lebistes reticulatus.* ♂ 3,5 cm lang, ♀ bis 6 cm. Männchen viel farbenprächtiger und mit Begattungsorgan statt Afterflosse. Stellt in Haltung und Aufzucht der lebend geborenen Jungen keinerlei Ansprüche. Weil der Fisch sehr variabel ist, haben die Liebhaber viele Farb- und Flossenformen herausgezüchtet, die oft sehr anfällig sind und sich für Anfänger kaum eignen. «Wald-und-Wiesen-Guppy» für Anfänger, bessere Zuchtstämme für Fortgeschrittene. Allesfresser. Auch pflanzliche Kost. Hauptformen sind Rundschwanz, Obenschwert, Untenschwert, Doppelschwert, Fahnenschwanz, Fächerschwanz, Leierschwanz. Zur Auslesezucht gehören mehrere Becken, in denen man die Geschlechter trennen kann, damit nicht unkontrolliert Junge heranwachsen. Nur die schönsten Tiere zur Zucht verwenden. Nördliches Südamerika. 22°.

Limnophila sessiliflora (Ambulia). Buschige Pflanze für hellere, saubere Aquarien.

Roter Wagtail-Schwertträger, *Xiphophorus helleri.* 12–15 cm. Männchen mit schwertförmig ausgezogener Schwanzflosse. Weibchen ohne diese Zierde. In der Färbung keine Unterschiede. Anfängerfisch, dessen Zucht einfach ist. Die Tiere sind lebendgebärend, d. h., die Weibchen legen Eier, die im Augenblick der Geburt im mütterlichen Körper die Jungen freigeben, so daß der Eindruck entsteht, es gehe eine echte Lebendgeburt vor sich. Der Befruchtungsvorgang ist immer noch ungeklärt. Zwar ist innerliche Befruchtung Voraussetzung, doch wie sie geschieht, ist umstritten. Die Afterflosse der Männchen ist zu einem Begattungsorgan umgewandelt (Gonopodium), das nach allen Seiten frei beweglich ist. Der Rote Wagtail-Schwertträger ist nur eine der vielen Zuchtformen unseres Schwertträgers. Besonders beliebt ist die **Berliner Kreuzung,** deren Farben ebenfalls aus Rot und Schwarz bestehen, allerdings sind sie unregelmäßig über den ganzen Körper verteilt. Dieser Fisch wird für Krebsuntersuchungen herangezogen. **Wiesbadener Kreuzung:** Diese Rasse gibt es in zwei Farbvariationen, sowohl rot als auch grün. Wichtig ist, daß der schwarze Körperton in der Körpermitte wie abgeschnitten erscheint und nur die untere Körperhälfte bedeckt. **Hamburger Kreuzung:** Diese Form ist ganz schwarz, kann aber rote oder grüne Flossen haben. Seltene Form, die nicht häufig zu erhalten ist. Etwas wärmebedürftiger als die anderen Formen. Da sich alle Schwertträger und Platys miteinander kreuzen, kommen noch viele verschiedene Formen vor, die meist durch Zufall entstehen, aber selten weiter gezüchtet werden. – **Grüner Schwertträger,** *Xiphophorus helleri «grün».* 12–15 cm. Geschlechtsunterschiede wie bei den vorigen. Stammform aller Schwertträger. Leicht zu pflegen und zu züchten. Weibchen extra setzen, wenn dicht vor dem Laichen. Man erkennt das am aufgetriebenen Bauch und an einem tiefschwarzen Fleck in der Aftergegend, dem sogenannten Trächtigkeitsfleck. Dichter Pflanzenwuchs im Laichbecken, damit sich die zum Licht strebenden jungen Schwertträger vor der kannibalischen Mutter in Sicherheit bringen können. Allesfresser. 20–22°. Pflanzennahrung wichtig! – **Platy,** *Xiphophorus (Platypoecilus) maculatus.* Männchen 3,5 cm, Weibchen 6 cm. Männchen mit umgewandelter Afterflosse (Gonopodium). Lebendgebärende Fische, deren Pflege keine Schwierigkeiten macht. Anfängerfische, die in allen Aquarien mit Algenwuchs und bei allen Futtersorten leben können. Sehr verschiedene Farbformen, ähnlich wie Schwertträger. Stammform recht einfarbig graugrün, selten eingeführt, kaum gepflegt. – **Papageienkärpfling,** *Xiphophorus (Platypoecilus) variatus.* Männchen 4 cm, Weibchen 5 cm. Zucht und Pflege leicht. 22°.

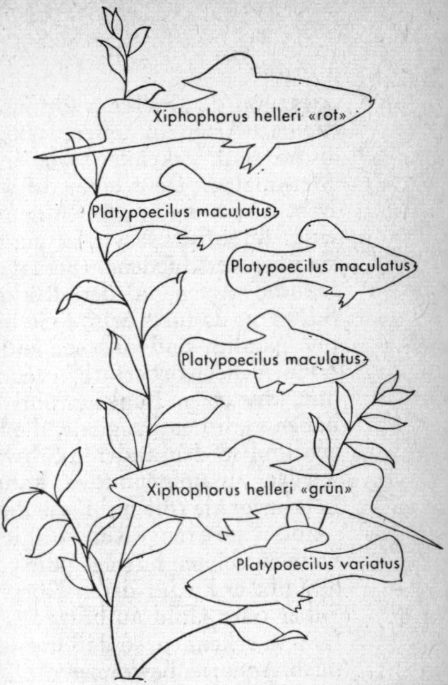

Wechselblättrige Ludwigia. *Ludwigia alternifolia.* Südöstliche USA. Gute Aquarienpflanze, zieht stets zum Licht. Warm- und Kaltwasser.

zwar aus dem tieferen Flußbett, haben wir nur verhältnismäßig wenige Arten in unseren Becken. Daß diese Fische Schwarmfische sind, erkennen wir an einigen einfach zu behaltenden Merkmalen. Tiere eines Schwarmes müssen ja die Möglichkeit haben, sich nach dem Auseinanderstieben, etwa beim Angriff eines Raubfisches, wieder zusammenzufinden. Deshalb verfügen sie über verschiedene «Signale», die dieses erleichtern. So haben manche Arten in der Rückenflosse auffällige Farben, meist Schwarz; dadurch wirkt die bewegte Rückenflosse wie ein Wimpel. Ähnlich sind auch die anderen Flossen gezeichnet. Weiterhin können die Körperfarben leuchtend sein, vorzugsweise rot oder mit schwarzen Punkten und Strichen versehen. Manche Arten haben auch Leuchtsignale, die beim Auftreffen von Licht aufblitzen und so den anderen Schwarmgenossen zeigen, wie man sich wieder zusammenfinden kann. In Urwaldregionen sind die Leuchtsignale (die nicht wie die von Tiefseefischen selbst leuchten, sondern unseren «Rückstrahlern» entsprechen) häufiger, in Savannengebieten hingegen die pastellfarbigen Körpertöne. Weiterhin gibt es Fische, deren Körperseiten im auffallenden Licht wie Silber oder Gold aufblitzen. Alle diese Schwarmfische sind einfach zu erkennen, so daß uns schon beim Erwerb unserer zukünftigen Aquarienbewohner die Beurteilung der in Frage kommenden Fische leichterfällt. Wir werden dann nicht ein Pärchen, sondern vielleicht 5 oder noch mehr Exemplare erwerben.

Aus der großen Schar der Salmler *(Characidae)* kommen für uns die meisten eingeführten Arten in Betracht, sind doch fast alle friedliche Fische, auch wenn sie zum Teil recht groß werden. Wir können die Salmler sofort an der kleinen Fettflosse erkennen, die sich zwischen der größeren Rückenflosse und der Schwanzflosse befindet. Manche Arten besitzen keine Fettflosse, z. B. der Kupfersalmler *(Hasemania)*, sind aber ihrem Äußeren nach unverkennbar Salmler. Unter den Heringsfischen gibt es ebenfalls eine Gruppe, die eine Fettflosse zeigt, doch sind ihre Vertreter, z. B. die Forellen, für die normale Zimmeraquaristik schlecht geeignet. Wir werden mit ihnen in der Anfängerzeit kaum in Berührung kommen und können die Fettflossenbesitzer daher unbedenklich den Salmlern zurechnen.

Salmler mit lichten Pastellfarben ohne auffällige Leuchtsignale lieben heller stehende Aquarien, in denen auch genügend Raum zum Ausschwimmen vorhanden sein sollte. Fast alle diese mit weichen Farben geschmückten Arten stammen aus Savannenbezirken, die unvergleichlich viel heller sind als der fast düstere Urwald. In der Regel werden wir mit Temperaturen um 22° bis 24° C auskommen. Nur ganz wenige Salmler benötigen wirklich höhere Temperaturen, die dann bei den Bildtafeln angegeben sind. Haben wir nur kleinere Aquarien zur Verfügung, dann begnügen wir uns mit weniger Arten, von denen wir mehr Tiere pflegen. Die meisten Salmler sind bei uns in Gefangenschaft schon seit vielen Generationen, so daß sie sich an die Bedingungen gewöhnt haben, die in den Becken herrschen. Wir dürfen also annehmen, daß sie auch Trockenfutter fressen. Diese Futtersorten sollten aber nicht die einzigen bleiben, denn Lebendfutter gehört bei allen Fischen zum Wohlbefinden. In der Regel können wir die Salmler in jedem Leitungswasser pflegen. Nur bestimmte Arten benötigen zum Laichen weiches und leicht saures Wasser, das wir aus unserem Leitungswasser aufbereiten müssen oder aber durch Mischen von Regenwasser oder destilliertem Wasser mit Leitungswasser gewinnen. Zu diesen Fischarten gehören vor allem Neon, Kardinalsalmler, Dreibandsalmler, Glühlichtsalmler und andere; meist besitzen diese Arten einen leuchtenden Streifen oder auffällige Leuchtflecken.

Haben wir die Absicht, uns größere Arten zuzulegen, dann muß von vornherein dafür gesorgt sein, daß auch die nötigen Behälter zur Verfügung stehen. Viele der großen Salmler stammen aus größeren Gewässern. Wir brauchen daher weniger auf den Pflanzenbewuchs zu achten als vielmehr auf Schwimmraum. Man täusche sich aber gerade bei den scheibenförmigen Tieren auch nicht über die Sprungfähigkeit und Schwimmkunst. Oft sind diese Arten Pflanzenfresser, denen wir überbrühten Salat reichen, wenn wir merken, daß sie an die Aquarienpflanzen gehen.

In kleinen Aquarien kann man sehr gut die Ziersalmler und ihre Verwandten halten, die allerdings etwas mehr Aufmerksamkeit bei der Pflege verlangen. Früher wurden die Vertreter dieser Gruppe der Halbzähner oder *Hemiodontidae* zu den Salmlern gerechnet, doch bilden sie heute eine eigene Familie, die der der Salmler gleichberechtigt zur Seite steht. Hierher zählen die *Nannostomus*-Arten und die Schrägsteher *(Poecilobrycon)*, die ebenfalls Fettflossen besitzen können. Ihre Gestalt ist bleistiftförmig, so daß man sie auch als «Schwimmende Bleistifte» bezeichnet hat. Wie kleine Zeppeline huschen sie durch die Pflanzen, zeigen sich wieder, spielen oder jagen sich, verschwinden aber bei jeder Behelligung blitzschnell in den Dickichten. Gern stehen sie unter den Schwimmpflanzen oder in deren Wurzelbärten, in denen sie auch ihre Eier ablegen. Sie fressen ebenfalls alles Genießbare, doch muß man darauf achten, daß das angebotene Futter nicht zu groß für ihre kleinen Mäuler ist. Wasserflöhe von der Größe, die der Aquarianer «Knallerbsen» nennt, sind ungeeignet. Betrachtet man einen Schwarm dieser Fische, dann wird man bald zu der Erkenntnis kommen, daß die Zier-

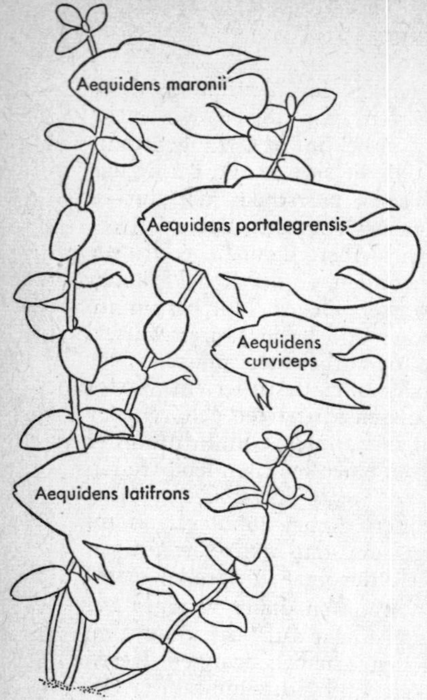

Maroni-Buntbarsch, Schlüsselloch-Buntbarsch, *Aequidens maronii.* 12 cm. Männchen mit stärker ausgezogenen Rücken- und Afterflossen. Sogenannter Idealcichlide, der auch kleinsten Fischen nichts zuleide tut. Gut für Gesellschaftsaquarien, da er nicht wühlt. Etwas scheu, daher für Verstecke sorgen. Schon mit etwa 6 cm Länge geschlechtsreif. Laichen auf Steinen und bewachen die Jungen aufopfernd. Elternfamilie. Zur Laichzeit entferne man andere Fische aus dem gemeinsamen Behälter, damit die Tiere Ruhe zur Brutpflege haben. Sie nehmen starke Beunruhigung oft übel und pflegen dann nicht. Pflege und Zucht selbst Anfängern möglich. Surinam. 22–24°. – **Streifen-Buntbarsch,** *Aequidens portalegrensis.* 15 cm. Männchen mit verlängerten und zugespitzten After- und Rückenflossen. Dieser Buntbarsch ist nicht ganz so friedfertig wie sein eben besprochener Vetter, gehört aber immer noch zu den harmlosesten Arten. Elternfamilie. In bepflanzten Aquarien zu halten, da nur wenig gewühlt wird. Auch kleineren Fischen gegenüber harmlos, außer zur Fortpflanzungszeit. Dann extra setzen, oder man fängt die anderen Fische aus dem Becken. Nachkommenschaft bei großen Paaren sehr zahlreich. Größere Becken verwenden. Leider selten geworden, trotz seines wunderbaren grünen Glanzes. Südliches Brasilien. 22°. Kommt noch in recht kalten Gebieten vor. – **Tüpfelbuntbarsch,** *Aequidens curviceps.* 7 cm. Männchen mit stärker ausgezogenen Rücken- und Afterflossen. Kleinste Art der bisher eingeführten Aequidens (früher Acara). Harmloser, friedlicher und farbschöner Fisch, den man fast als Zwergbuntbarsch ansprechen kann. Benimmt sich im Gesellschaftsbecken ebenso manierlich wie unter seinesgleichen. Elternfamilie. Seine Zucht ist nicht schwer, aber man muß Glück mit geeigneten Zuchttieren haben. Alle genannten Arten sind Allesfresser, denen man schon kräftiges Futter reichen kann. Liebt gut bepflanzte Aquarien mit Verstecken. Amazonasgebiet. 22-24°. – **Blaupunktbuntbarsch,** *Aequidens latifrons.* 15 cm. Männchen mit verlängerter und spitzer ausgezogener Rücken- und Afterflosse. Herrlicher Fisch, dessen Farbenpracht nicht zu beschreiben ist, besonders bei einfallendem Licht. Robusteste Art dieser Gruppe, der man besonders zur Laichzeit ein eigenes Aquarium geben sollte. Elternfamilie. Fische kämpfen oft sehr ausdauernd. Dennoch sind sie keine Wühler oder Streithammel wie andere Buntbarsche. Zucht ist Anfängern ohne Schwierigkeiten möglich. Höhlen oder andere Verstecke werden dankbar angenommen und verteidigt. Gehen selten an Pflanzen. Jungfische kann man mit staubfeinem Trockenfutter, aber besser mit gesiebten Wasserflöhen aufziehen. Magdalenenstrom. 22°. Der Fisch wird auch als *A. pulcher* geführt.

Großblättrige Bacopa, *Bacopa amplexicaulis.* Gute Wasserpflanze, noch bessere Sumpfpflanze. Hart. Sandboden.

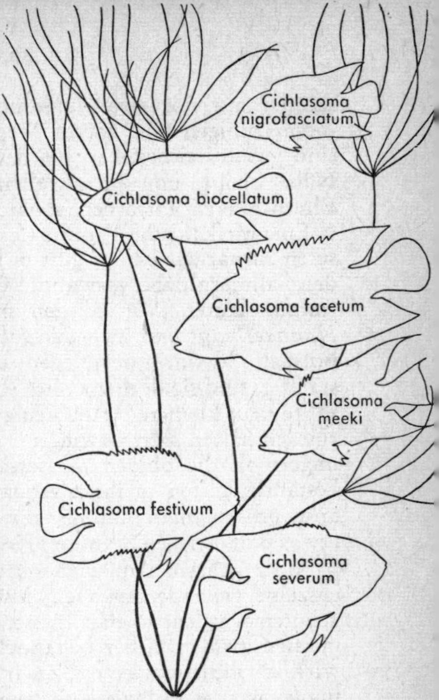

Zebrabuntbarsch, *Cichlasoma nigrofasciatum.* 12 cm. Männchen mit spitzen, ausgezogenen und verlängerten Rücken- und Afterflossen. Weibchen später mit Goldflecken in der Bauchregion. Eleganter und schöner Vertreter seiner Gattung. Gehört zu den harmloseren Arten, obwohl er stets mit anderen robusten, größeren Fischen gehalten werden sollte. Elternfamilie. Zucht und Pflege selbst Anfängern möglich. Sieht imposant aus, wenn er seinen schwarzen Mundboden drohend senkt. Höhlen und Verstecke angenehm. Mittelamerika. 22°. – **Zweifleckbuntbarsch,** *Cichlasoma biocellatum.* 18 cm. Männchen mit stärker verlängerten und zugespitzteren Rücken- und Afterflossen. Trotz seiner Größe wird der Fisch gern von Aquarianern gepflegt, weil er zu den farbenprächtigsten Arten gehört. Er ist einfach nicht zu beschreiben, wie es bei den meisten Buntbarschen der Fall ist. Elternfamilie. Tiere wühlen gern, besonders wenn sie größer sind. Laichen schon mit 6–7 cm Länge. Nicht mit anderen kleineren Arten zusammen zu halten. Sehr robust. Allesfresser, der kräftiges Futter benötigt. Zucht einfach und sehr produktiv. Guatemala. 22°. – **Chanchito,** *Cichlasoma facetum.* Bis 30 cm. Bleibt in Aquarien viel kleiner. Ist seit Jahren verschwunden oder nur selten aufgetaucht. Ähnelt auf den ersten Blick dem Zebrabuntbarsch, unterscheidet sich aber durch sein rotes Auge. Zucht einfach und Anfängern gut möglich. Starker Wühler, der über Nacht sein Becken umbaut. Unterer La Plata. 20–22°. – **Rotbrustbuntbarsch,** *Cichlasoma meeki.* 15 cm. Mexiko. Männchen zeigt länger und spitzer ausgezogene Rücken- und Afterflosse. Herrlicher Fisch, dessen Pflege allen Liebhabern möglich ist. Zur Zeit einer der beliebtesten Buntbarsche, weil seine Farbigkeit sehr groß ist. Oft sind die Tiere unverträglich, viele Exemplare sind aber auch friedlich. Zucht mitunter sehr produktiv. Allesfresser. Elternfamilie. Nicht mit kleinen Fischarten halten, da meist großer Räuber. Eignet sich gut für Buntbarschbecken. Imponierender roter Mundbodenvorhang, wenn erregt. 22°. – **Flaggenbuntbarsch,** *Cichlasoma festivum.* Bis 20 cm. Männchen mit spitzeren und verlängerten Rücken- und Afterflossen. Trotz seiner Größe meist friedlicher und «harmloser» Buntbarsch. Liebt ruhige, dicht bepflanzte Aquarien, in denen er Versteckmöglichkeiten hat. Haltung und Zucht nicht immer einfach. Amazonenstromgebiet. 22–24°. – **Augenfleckbuntbarsch,** *Cichlasoma severum.* Bis 20 cm. Bleibt in Gefangenschaft meist viel kleiner. Erinnert als Jungtier an den Diskus. Man sollte große Exemplare stets in eigenen Aquarien halten, da sie zwar friedlich, aber sehr robust sind. Wühlen selten. Haltung nicht schwer, Zucht nicht einfach. Geschlechtsmerkmale trügerisch. Amazonasgebiet, Guayana. 22–24°.

Regenschirmpflanze, *Heleocharis prolifera.* Im Verhältnis zu den Fischen ist sie viel zu groß abgebildet. Zarte Pflanze für ruhige Fische. Sauberes Wasser!

salmler nur mit Arten zusammengehalten werden dürfen, die ihrem ruhigen und zarten Wesen entsprechen. Die Ziersalmler sind große Laichräuber, bei deren Zucht man am besten in der Nähe bleibt, um die anfallenden Eier abzusaugen oder die Elterntiere zu entfernen, sobald sie mit der Eiersuche beginnen.

Eine afrikanische Familie hat ebenfalls einige Vertreter in unseren Aquarien. Leider gibt es keinen deutschen Namen für die den Salmlern nahe verwandte Gruppe, deren lateinischer *Citharinidae* lautet. Wir pflegen meist vier Arten, nämlich zwei *Nannaethiops* und zwei *Neolebias*. Auch diese Fische sind möglichst im Schwarm zu pflegen; einzelne Tiere verlieren sich vollständig, sind sie doch ziemlich scheu. Ihnen und den Ziersalmlern sollte man kleinere Artbecken zur Verfügung stellen. Die Cithariniden halten sich vorwiegend in Bodennähe auf und gehen nur ungern in die oberen Wasserschichten. Dichte Wasserpflanzenbestände sollten in ihren Aquarien nicht fehlen. Sonst sind sie anspruchslos; man muß nur für einen ruhigen und vielleicht auch etwas dämmerigen Standort ihres Beckens sorgen.

Sollte sich ein Aquarianer wundern, daß hier nicht mehr ins einzelne gehende Angaben, insbesondere über Schwierigkeiten, geboten werden, so darf er getrost glauben, daß die Pflege der meisten zu den bisher behandelten Gruppen gehörenden Arten wirklich nicht schwer ist. Zwar findet man in der Fachliteratur immer wieder Hinweise auf sogenannte Problemfische, doch bezieht sich das in der Hauptsache auf die Zucht. Wer Fische pflegen will, lasse nach dem Erwerb seine Tiere zunächst in Frieden, rühre nicht dauernd im Aquarium herum, vermute nicht ständig hinter allen Fischen Schwierigkeiten, pflege wenige Arten, die zusammenpassen, in einigen Exemplaren, und er wird feststellen, daß die ganze Aquaristik viel einfacher ist, als er es je vermutet hat.

Gibt es unter den Salmlern schon wenige Ausnahmen, die nicht Schwarmfische sind, so erleben wir bei den in unseren Becken zu pflegenden Barben-Arten gar keine. Zwar werden manche Arten sehr groß, ohne Rücksicht auf die Größe der Behälter, und höchstens darin sind sie problematisch, aber ihre Pflege – selbst die der manchmal berüchtigten Sumatrabarbe – ist so einfach, daß man eigentlich nichts dazu bemerken muß. Für Anfänger in Pflege und Zucht von eierlegenden Fischen eignen sich die meisten Arten vorzüglich. Leider sind sie in den letzten Jahren etwas aus der Mode gekommen; die Salmler haben ihnen den Rang abgelaufen. Aber unter den Barben gibt es Arten, die an Farbenpracht nicht hinter den schönsten Salmlern zurückstehen. Barben sind meist robuste Tiere, deren Verhalten im Aquarium recht stürmisch sein kann. Die wenigen Arten, die unter 5 cm Länge bleiben, machen darin oft keine Ausnahme. Mit kräftigen Schwimmbewegungen jagen und spielen sie im Schwarm, vertreiben auch wohl andere Fische aus ihren Lieblingsplätzen. Sie sind selbst noch in Becken zu pflegen, die keinen günstigen Standort haben. Auch ihre Zucht ist einfach und oft sehr ergiebig. Für Gesellschaftsbecken eignen sie sich gut, doch darf man sie nicht zu sehr zarten Bewohnern setzen. An die Behältereinrichtung stellen sie keine Anforderungen, ebensowenig an die Wasserverhältnisse. Etwas schwerer zu züchten ist z. B. die Sumatrabarbe *(Puntius tetrazona)*, der man weicheres und leicht saures Wasser bieten sollte, doch sind kleine Zuchterfolge auch bei mittleren Härten möglich, wenn das Wasser einen pH-Wert um den Neutralpunkt aufweist. Zur Zucht richte man ein größeres Vollglasbecken ein, in das grober Kies als Bodengrund und ein dichter Busch feinfiedriger Pflanzen eingebracht wird. Meist laichen die Fische in den Morgenstunden, doch gibt es auch Arten, die den ganzen Tag über laichen oder die Dämmerung vorziehen. Selbst wenn die Eltern Gelegenheit haben, ihren Eiern nachzustellen, bleiben immer noch genügend übrig, die sich aufzuziehen lohnen. Ein herrliches Bild ist es, wenn ein kleiner Schwarm junger Barben vereint durch das Aquarium zieht. So mancher Liebhaber versteht dann nicht, daß diese Fische in Vergessenheit geraten konnten.

In die nähere Verwandtschaft der Barben gehört der Kardinalfisch *(Tanichthys albonubes)*, der in manchen Gegenden Deutschlands auch «Arbeiterneon» genannt wird, weil die Jungfische einen leuchtenden Längsstreifen besitzen, der erst bei etwa halbwüchsigen Tieren verschwindet. Zu beachten ist, daß dieser Fisch nicht zu warm gehalten wird, stammt er doch aus der Umgebung von Kanton in China. Steht das Aquarium im geheizten Zimmer, dann ist eine Zusatzheizung des Behälters nicht erforderlich.

Ebenfalls mit den Barben nahe verwandt sind die in den letzten Jahren häufiger angebotenen Fransenlipper, die ihren Namen von den mit Zotten besetzten Lippen erhalten haben. Sie weiden gerne Pflanzen ab und benötigen auch zeitweilig gebotene Pflanzennahrung, wenn sie sich auf die Dauer wohlfühlen sollen. Aus der Gattung *Labeo* pflegen wir den Feuerschwanz *(L. bicolor)*, von dem immer wieder zu hören ist, daß er im Alter unverträglich wird. Die Tiere sind Schwarmfische, benötigen aber große Behälter; besser eignet sich *Labeo erythrurus*. Die Haifischbarbe *(Morulius chrysophekadion)* ist nicht für Zimmeraquarien normaler Größe geeignet, da sie Längen von etwa 25 Zentimetern erreicht. Höhlen tragen zum Wohlbefinden bei. Zwar ist die Zucht schon hin und wieder versucht worden, aber rechten Erfolg hat sie bisher nicht gehabt. Die Männchen verteidigen die Eier oft schlimmer, als man es von den als rauhbeinig verschrieenen Buntbarschen her kennt. Oft werden die Weibchen von den Männchen so getrieben, daß sie eingehen.

Eine besondere Unterfamilie bilden die Rasborinen oder Bärblinge. Ihre bekanntesten Vertreter stammen aus den Gattungen *Danio* und *Rasbora*. Die seit vielen Jahren bei uns eingeführten Arten der Danios sind so anspruchslos geworden, daß man sie getrost als Haustiere bezeichnen kann. Ihre Pflege bietet selbst blutigen Anfängern keine Schwierigkeiten, ebensowenig wie ihre Zucht. Noch heute werden vier Arten als *Brachydanio* angeboten, doch lautet auch ihr lateinischer Gattungsname *Danio*. Die Fische lieben flachere Aquarien mit viel Sonne.

Ähnlich sehen die Flugbärblinge aus; sie unterscheiden sich aber deutlich durch die sehr langen Barteln und die größeren Brustflossen. Immer wieder werden sie eingeführt, verschwinden aber meist allmählich aus den Aquarien. Pflegt man sie, dann muß man besonders auf eine gut schließende Deckscheibe achten, damit sie ihre Sprünge nicht ins Zimmer ausführen.

Aus der Gattung *Rasbora* ist den meisten Aquarianern ein Fisch bekannt, der eine Art Wunschtraum in Pflege und Zucht darstellt, der Keilfleckbärbling *(Rasbora heteromorpha)*, auch Keilfleckbarbe genannt. Dieser Art geht der Ruf voraus, heikel zu sein und sich nur für fortgeschrittenere Liebhaber zu eignen. Es ist nicht ganz so, obwohl man bei der Pflege des Fisches, vor allem in den ersten Tagen, aufpassen muß. Es stellt sich nämlich gern eine milchige Hauttrübung bei den Tieren ein, die zum Tode führen kann. Ich habe aber selbst bei wirklichen Anfängern erlebt, daß sich die Fische gut gehalten haben, wenn man den Hauttrüber bekämpft hatte. Dazu verwendet man eine schwache Kochsalzlösung: ein gestrichener Teelöffel auf etwa 1,5 Liter Wasser. In diese kommen die erkrankten Fische, deren Flossen meist verklebt sind; nach 15 Minuten werden sie wieder herausgenommen. Meist genügt eine einmalige Behandlung, eventuell muß man sie aber nach 10 bis 14 Tagen wiederholen. Nach dem Bade erstrahlen die Keilfleckbärblinge in wunderschönen Farben, ja, man kann so auch ihre Laichwilligkeit anregen! Sie laichen sehr eigenartig, dreht sich das Weibchen doch unter einem Blatt auf den Rücken und heftet das Ei an, das vom Männchen befruchtet wird. Allerdings wird man zur Zucht weiches und saures Wasser verwenden müssen. Die Aufzucht der Jungen ist nicht schwer. Zur Haltung eignen sich alle Wassersorten, wenn sie die Härte von etwa 25° DH nicht übersteigen. Da die Keilfleckbarben in sauren Wässern gezogen werden, ist in der ersten Zeit nach dem Einsetzen auf die Krankheitszeichen zu achten!

Die wenigen anderen *Rasbora*-Arten, die wir noch in den Angebotslisten der Fachhandlungen finden, sind meist einfacher zu halten, mit Ausnahme der beiden kleinsten Arten, *R. maculata* und *R. urophthalma,* denen man kleine Behälter bieten sollte, in denen sie gesondert gepflegt werden. In feinfiedrigen Pflanzen laichen sie auch, doch ist weiches und leicht saures Wasser Vorbedingung. Die Zucht ist nicht sehr ergiebig und gehört schon zur höheren Schule der Aquaristik. Auch die *Rasbora*-Arten sollten stets in größerer Individuenzahl gepflegt werden; erst dann kommen sie richtig zur Geltung. Wer einen Schwarm Keilfleckbärblinge einmal durch ein Aquarium hat ziehen sehen, wird stets an dieses herrliche Bild denken müssen. Die drei hier namentlich aufgeführten Arten sind sehr kleine Vertreter dieser Gruppe. Man lasse sich daher beim Erwerb anderer Arten nicht täuschen, denn meist werden sie viel größer. Alle lieben sie dicht bepflanzte Becken mit Schwimmraum, weshalb sie für Gesellschaftsaquarien gut geeignet sind. Ausnahmen sind, wie gesagt, *Rasbora maculata* und *R. urophthalma.*

Selbst unter den als Bodenbewohnern bekannten Welsen gibt es einige attraktive Arten, die im freien Wasser schwimmen und Schwarmfische sind. Hierzu gehören vor allem die Glaswelse. Ihre Pflege ist nicht schwer, doch sind sie etwas vorsichtiger zu behandeln, lieben sie doch keine Beckengenossen mit stürmischem oder gar rauhem Benehmen. Sie sind friedlich und ohne große Ansprüche, man biete ihnen aber nach Möglichkeit aufstrebende, langblättrige Pflanzen und einen freien Wasserraum, in dem sie sich stundenlang aufhalten und tummeln können. Ihre Bewegungen sind meist gemessen, ja zeitweilig ausgesprochen stur, doch vermögen sie vorzüglich zu schwimmen, wenn sie dazu gezwungen werden, sei es durch vermeintliche Gefahr oder beim Futtererwerb. Es gibt noch andere Welsarten, die im freien Wasser im Schwarm schwimmen, doch sollte man diese Tiere für sich pflegen, da sie in der Regel recht räuberisch sein können. Sonst sind aber auch sie anspruchslose Gesellen, deren Pflege für den Kenner von besonderem Reiz ist.

Im Schwarm leben auch die Lebendgebärenden Zahnkarpfen, die in ihren Heimatgewässern oft in unvorstellbarer Zahl zu finden sind. Über ihre Pflege lese man im Kapitel «Lebendgebärende Fische» nach. Ebenso verhält es sich mit einer stattlichen Anzahl Eierlegender Zahnkarpfen, über die man nähere Einzelheiten unter «Oberflächenfische» findet.

Aus der großen Gruppe der barschartigen Fische pflegen wir einige Arten in unseren Aquarien, die man gar nicht für Barschverwandte halten möchte, erinnert ihr Verhalten doch eher an Salmler oder *Rasbora*-Arten. Dennoch sind die in die Familie der Ährenfische gehörenden Arten Angehörige der Ordnung der

Barschartigen. Aus Australien stammen die beiden Regenbogenfisch-Arten *(Melanotaenia)*, von Celebes der Sonnenstrahlfisch oder Celebes-Segelfisch *(Telmatherina)*, von Madagaskar kommt *Bedotia*, eine der schönsten Fischarten. Sie lieben sonnige Aquarien, in denen sie sich gut halten. Man muß nach dem Transport nur darauf achten, daß man sie nicht in Frischwasser bringt, das erst kurz vorher aus der Leitung entnommen worden ist. Besonders gilt dies für den großen Regenbogenfisch *Melanotaenia nigrans*. Die Pflege und auch die Zucht dieser Fische ist nicht schwer, hat aber für den Anfänger einige Tücken. Sonnenstrahlfische vergesellschafte man nicht mit robusten Arten, sondern pflege sie in Artbecken, in dem man hartes Wasser verwendet, das sie besonders lieben. Sie sehen überdies viel zarter aus, als sie in Wirklichkeit sind. Man kann sie sogar im Sommer im Freiland halten, wie Versuche ergeben haben.

Schwarmfische sind zu gewissen Zeiten auch einige Arten der Buntbarsche, doch soll hier nicht weiter darauf eingegangen werden. Man lese unter «Brutpflegende Fische» und «Revierbesitzende Fische» nach.

Eine der bemerkenswertesten Schwarmfischgruppen ist die der zu den Salmlern zählenden *Glandulocaudinae*. Unter dem lateinischen Namen dieser Unterfamilie wird sich der Liebhaber nichts Besonderes vorstellen können, doch ist die Fortpflanzungsweise aller zu dieser Gruppe gehörenden Arten so bemerkenswert, daß ihnen hier einige Sätze gewidmet seien. In ihrer Pflege und Zucht sind sie genau so anspruchslos wie die anderen Schwarmfische, ja einige Arten kann man sogar im geheizten Zimmeraquarium halten, ohne daß sie es übelnehmen. Zunächst ist für die ganze Gruppe charakteristisch, daß die Männchen sich durch auffällige Körpermerkmale von ihren Weibchen unterscheiden. Manchmal will man gar nicht glauben, daß beide Partner zu einer Art gehören. Noch interessanter ist aber die Brutfürsorge, laichen die Weibchen doch ohne ihre Männchen. Sie heften die Eier in der Regel an Pflanzen oder anderen Gegenständen des Aquariums an und kümmern sich nicht mehr um sie. Die Männchen haben bereits Tage zuvor die Befruchtung der Eier vorgenommen, doch fällt das meist gar nicht auf. Während der Paarungsspiele, bei denen die Männchen ihre Partnerinnen mit gespreizten Flossen beinahe segelnd umkreisen, geschieht es dann, daß die Tiere plötzlich dicht nebeneinanderstehen. Das Männchen biegt seine oft stark vergrößerte Afterflosse zum Weibchen, und auf ihr gleitet ein Spermapfropfen zur Geschlechtsöffnung des Weibchens, das den Samen aufnimmt. Die Befruchtung der Eier geschieht also innerlich. Erst einige Tage danach laicht das Weibchen ab. Besonders umstritten war die Befruchtung beim

Kleinen oder Zwerg-Drachenflosser *(Corynopoma riisëi)*, dessen Männchen an den Kiemendeckeln verlängerte, löffelartige Fortsätze trägt, die es dem Weibchen während der Balz immer wieder vor das Maul hält. Man nahm an, daß das Sperma durch diese Anhängsel dem Weibchen vor das Maul gebracht wird. Später zeigte sich aber, daß die Spermakapsel auch beim Zwergdrachenflosser über die Afterflosse zum Weibchen gleitet, wie es auch bei anderen Arten der Fall ist. Weitere Vertreter dieser Gruppe sind der Quakende Tetra *(Glandulocauda inequalis)* und der Große Drachenflosser *(Pseudocorynopoma doriae)*.

Fische, die blind sind, werden wir in der Regel nicht in unseren Aquarien pflegen, dürfen wir doch mit Fug und Recht annehmen, daß sie es auf Grund organischer Erkrankungen geworden sind. Bei einer Fischart ist diese Blindheit aber angeboren: beim Blinden Höhlensalmler *(Anoptichthys jordani)*. Er ist keine Schönheit, dennoch war er vor einigen Jahren bei vielen Aquarianern in Pflege, bis er noch interessanteren und vor allem schöneren Fischarten weichen mußte. Heute findet man den Fisch nur noch vereinzelt, und es wird wohl nicht mehr lange dauern, bis er ganz aus unseren Aquarien verschwunden ist. Seine Pflege ist denkbar einfach. Selbst in bepflanzten und mit Wurzeln oder Felsaufbauten ausgestatteten Aquarien ist er zu pflegen, wobei man immer wieder seine Geschicklichkeit bewundern muß, mit der er allen Hindernissen aus dem Wege geht. Auch sein Futter erbeutet er ohne Mühe. Trotz seines fleischfarbenen Aussehens nahmen sich die Aquarianer seiner an, ging ihm doch der Ruf voraus, er sorge für das Vertilgen von Sinkstoffen und halte so das Aquarium sauber. Da der Blinde Höhlensalmler weder an die Wasserwerte noch an die Gestaltung des Aquariums irgendwelche Ansprüche stellt und auch seine Zucht sehr einfach und erfolgreich an Nachkommenzahlen ist, eignet er sich gut als Aquarienfisch. Doch leider wird er den schöneren Fischen weichen müssen, obwohl das Studium seines Orientierungsvermögens die Pflege des Fisches immer wert erscheinen läßt.

Andere blinde Höhlenfische finden wir unter den Barben und den Lebendgebärenden Zahnkarpfen, doch ist ihre Haltung den Berichten nach so schwierig, und zum Teil werden die Arten auch so groß, daß sie sich in den Liebhaberaquarien bisher nicht halten konnten und daher nur sehr selten importiert werden.

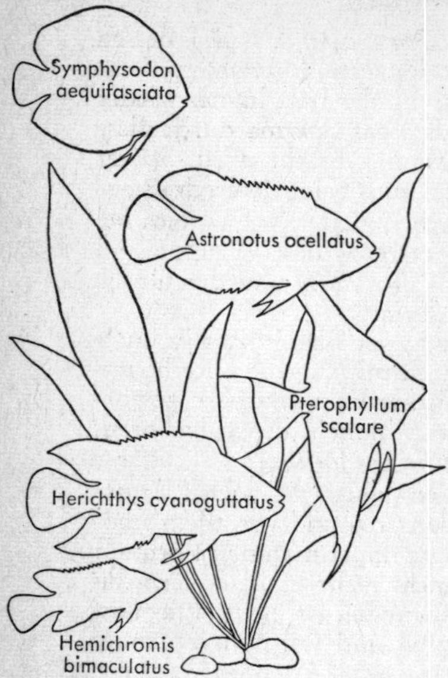

Diskus, *Symphysodon aequifasciata*, etwa 18 cm. Sichere Geschlechtsunterschiede fehlen, meist sind die Männchen etwas stärker gezeichnet. Der Diskus gilt zur Zeit als Krone der Aquarienfische, und so ist es kein Wunder, daß man ihn heute dank vieler Bemühungen der Liebhaber in ausreichender Menge erhalten kann. Seine Pflege ist nicht einfach, doch ist sie keinesfalls so schwer, wie sie noch vor zwei, drei Jahren war. Man kann manche Zuchtstämme bereits in härterem Wasser halten. Der sehr «intelligente» und sensible Fisch ist nicht einfach zu pflegen, da er an das Futter eigene Ansprüche stellt. Oft wechseln! Kein Trockenfutter. Am besten allein halten oder doch nur ruhige Fische beigeben. Zucht nicht einfach, Erfolge unter den verschiedensten Voraussetzungen möglich. Im Amazonenstromgebiet an mehreren Stellen. 24–30°. – *Symphysodon discus.* Unterscheidet sich von der häufigeren vorigen Diskus-Art besonders dadurch, daß er den ersten, fünften und und neunten schwarzen Querstreifen dunkler gefärbt hat. Auch tiefer gestreift. Pflege gleich. – **Segelflosser, Skalar,** *Pterophyllum scalare.* Zwei Formen: **Kleiner Segelflosser** *P. s. eimekëi*, bis 18 cm Höhe. **Echte Segelflosser** *P. s. scalare*, bis 25 cm hoch. Beide bleiben in Gefangenschaft kleiner. Meist wird der Kleine Segelflosser gepflegt. Der Echte ist seltener, mit steileren Flossen, höherem Körper, eingedrückter Sattelnase, goldgelben Augen. Pflege beider Formen auch Anfängern möglich. Zucht ebenfalls. Allesfresser, kaum Trockenfutter. Elternfamilie. Amazonenstromgebiet. Gut bepflanzte Aquarien. 22–24°. – **Pfauenaugenbuntbarsch,** *Astronotus ocellatus.* Bis 30 cm. Dieser große Buntbarsch kann nur in großen Becken mit gleichgroßen Tieren gepflegt werden. Bepflanzung hält sich nicht. Haltung an sich einfach, doch muß man viel und kräftiges Futter bereit haben. Jungfische sehr schön. Die Geschlechter sind schwer zu erkennen. Bei Zuchten oft sehr viel Junge. Mittleres Südamerika. 22°. – **Perlmutterbuntbarsch,** *Herichthys cyanoguttatus.* Bis 30 cm. Der aus dem nördlichen Mittelamerika stammende Fisch ist robust und kann auf die Dauer nur mit gleichgroßen Tieren zusammen gepflegt werden. Grober Bodengrund. Haltung einfach, Zucht ebenfalls. Sehr produktiv. Fressen zwar alles, doch sind sie nur mit kräftigem Futter gut zu halten. 22°. – **Roter Buntbarsch,** *Hemichromis bimaculatus.* 15 cm. ♀ meist etwas farbstärker. Robuste Fischart, Temperament der einzelnen Tiere oft sehr unterschiedlich. Einfach zu pflegen, am besten in eigenen Aquarien. Jungfischschwarm großziehen, aus dem die späteren Zuchttiere herausfinden. Rührende Jungenfürsorge. Gehört zu den schönsten Aquarienbewohnern, trotz seiner Untugenden. Pflanzenwuchs hält sich kaum. Dekoration mit Wurzeln und Bambus. Elternfamilie. Nordafrika bis Kongo. 22°.

Große Amazonas-Schwertpflanze, *Echinodorus paniculatus.* Braucht viel Licht.

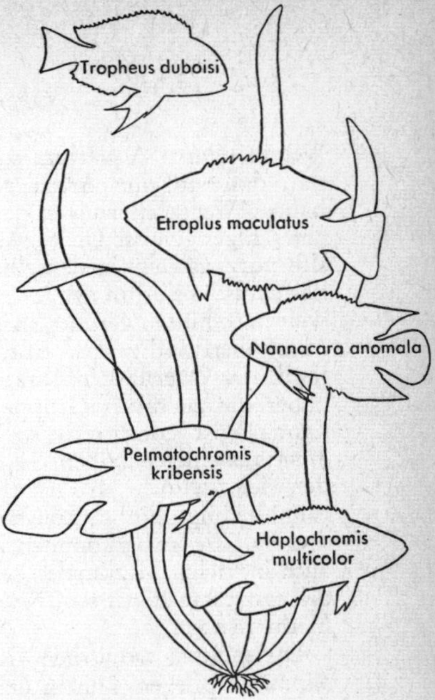

Brabantbuntbarsch, *Tropheus duboisi.* 10 cm. ♀ ist stets mit mehr weißen, kleinen Flecken getupft. Dieser recht robust aussehende Fisch ist harmlos. Man kann ihn selbst mit kleineren Fischarten zusammenhalten. Zwar nimmt der Fisch das meiste Futter an, doch möchte er auch Pflanzenkost. Stammt aus dem aquaristisch bisher nur wenig beachteten Tanganjika-See, aus dem wir noch manche überraschende Fischart erwarten dürfen. Zucht ist bereits geglückt. Maulbrüter. Höchstens 10 Eier in einer Brut! Wünscht härteres Wasser. Kann sich bei stärkerer Vermehrung zum Idealbuntbarsch entwickeln, was man bei seiner Schönheit wünschen möchte. 22–24° – **Indischer Buntbarsch,** *Etroplus maculatus.* 10 cm. ♂ ist etwas kräftiger gefärbt. Obwohl der Fisch zu den friedlichen Buntbarschen gehört, sollte man ihn in gut bepflanzten Becken nur mit größeren Fischen vergesellschaften. Er ist recht scheu, doch kann auch der Anfänger ihn halten und züchten. Er liebt einen kleinen Salzzusatz zum Beckenwasser, da er auch in Brackwassergebieten zu finden ist. Dann ist seine Farbenpracht noch schöner. Allesfresser, der auch an Pflanzen geht. Nicht Einzeltiere halten. Vorderindien und Ceylon. 22–24°. – **Glänzender Zwergbuntbarsch,** *Nannacara anomala.* ♂ 8 cm, ♀ 5 cm lang. Weibchen fast ständig mit Netzmuster, Männchen mit verlängerten Flossen, farbprächtiger. Für Anfänger und Fortgeschrittene gleich gut geeigneter Zwergbuntbarsch, den man in jedem Gesellschaftsbecken mitpflegen kann. Nur zur Laichzeit sind die Weibchen unausstehlich. Allesfresser. Mutterfamilie. Gut bepflanzte Aquarien mit Verstecken, Höhlen. Wühlt nicht. Guayana. 22°. – Eine kleinere Art ist *Nannacara taenia,* für die die gleichen Pflegebedingungen zutreffen. – **Purpur-Zwergbuntbarsch,** *Pelmatochromis kribensis.* Bis 10 cm. Bleiben meist etwas kleiner. Beim Männchen zieht die goldene obere Binde der Rückenflosse bis zur äußersten Spitze, beim Weibchen endet sie vorher oder verläuft unterbrochen. Guter Fisch für alle Aquarien. Da sich die Tiere stets am liebsten in der Bodenregion aufhalten, kann man mit ihnen auch Fische vergesellschaften, die zarter sind, aber in oberen Wasserschichten leben. Für Verstecke in Form von Höhlen sorgen, besonders in der Laichzeit wichtig. Fische graben gern, werden damit aber nicht lästig. Allesfresser aus dem Gebiet Kameruns. Mehrere Formen. 24°. Zucht nicht schwer. – **Kleiner** oder **Vielfarbiger Maulbrüter,** *Haplochromis multicolor.* 8 cm. ♂ ist an der roten Spitze der Afterflosse leicht und sicher zu erkennen. Obwohl der Fisch recht robust ist, kann man ihn mit größeren Fischarten vergesellschaften. Zur Zucht setze man das Weibchen in ein eigenes Becken. Allesfresser. In der Laichzeit frißt Weibchen nicht. Zucht einfach. Nilgebiet. 22°.

Pfeilkraut, *Sagittaria natans.* Gute und haltbare Wasserpflanze für alle Becken.

Oberflächenfische

Wer in seinem Aquarium schon Fische hat, wird bald beobachten, daß einzelne Arten ganz bevorzugte Aufenthaltsgebiete haben. Wer weiterhin seine Tiere genauer ansieht, wird dann eines Tages gewisse Übereinstimmungen bei den Arten finden, die sich vorzugsweise in denselben Wasserschichten aufhalten. Oberflächenfische sind in der Regel langgestreckt, ihre Rückenflosse ist weit nach hinten gerückt, ihre Rückenlinie ist fast gerade und das Maul oberständig, das heißt, es zeigt nach oben. Diese Charakteristik der Oberflächenfische ist so einfach, daß wohl jeder Liebhaber die zu dieser Gruppe gehörenden Arten leicht erkennen kann. Es ist jedoch nicht so, daß die Fische dieser Gewässerzone etwa aus einer einzigen Gattung oder Familie stammen; sie finden sich vielmehr in fast allen Fischfamilien. Gleicher Lebensraum bedingt ähnlich konstruierte Formen, ganz gleich, aus welcher Familie sie herkommen. Daher sind sich die Oberflächenfische auch in vielen Merkmalen sehr ähnlich; am bekanntesten dürfte die gestreckte Form sein, wie wir sie von unserem einheimischen Hecht kennen.

Die meisten tropischen Oberflächenfische, die wir in unseren Aquarien pflegen, ähneln unserem Hecht und sind Räuber kleinen Formates; häufig leben sie in kleinen Gewässern, die manchmal nur Pfützen sind. Nun darf man aber nicht annehmen, daß die Oberflächenfische in ihrem Äußeren wenig vielgestaltig sind und daß daher eine Art für alle spricht. Abgesehen von der Vielfalt der oft unwahrscheinlichen Farbzusammenstellungen, ist auch die Formenzahl sehr groß. Da es Gewässer in der ganzen Welt gibt, finden wir auch überall Oberflächenfische. Wer sich schon einmal mit der Frage der sogenannten Biotop-Aquarien beschäftigt hat, weiß, daß man vielfach darunter versteht, Fische aus gleichen Vorkommensgebieten zu pflegen, z. B. aus Südamerika. Wir wollen diesen Begriff verbessern, indem wir sagen, daß Fische ähnlicher oder gleicher Lebensräume – Biotop heißt nämlich Lebensraum – zusammen in einem Aquarium gehalten werden. In unserem Beispiel, Südamerika, sind nämlich in jedem Gewässer, ja in jedem kleinen Abschnitt, neue Umweltverhältnisse gegeben. Die vielen Fische dieses Erdteils kommen aber nicht an gleicher Stelle vor. Und so ist es auch in anderen Kontinenten. Es ist daher besser, in einem Biotop-Aquarium Fische gleicher Lebensräume zu vergesellschaften, wie es etwa die Wasseroberfläche von Kleingewässern ist. Zu einem Biotop gehören so viele Faktoren, daß man sie in den räumlich beschränkten Verhältnissen unserer Aquarien gar nicht nachahmen kann. Man spreche daher lieber von einem Art-Aquarium, in dem man bestimmten Fischarten die ihnen am besten zusagenden Lebensbedingungen schafft. Bei den Oberflächenfischen gibt es nämlich eine ganze Reihe von Arten, die für sich allein gepflegt werden sollten, weil dann ihre speziellen Eigenheiten besser erkannt werden können. Andere Oberflächenfische eignen sich aber ausgezeichnet für ein Gesellschaftsaquarium, in dem vielerlei Fischformen zusammen gepflegt werden und sie die oberen Wasserschichten bevölkern. Man muß sich nur von Anfang an darüber im klaren sein, welche Arten man pflegen möchte, denn einige davon stellen spezielle Anforderungen, die man berücksichtigen muß, wenn man an ihnen Freude haben will.

Wenden wir uns zunächst den Arten zu, die in jedem Aquarium gehalten werden können. Aus Asien erreichten uns schon Anfang dieses Jahrhunderts Vertreter der Gattung *Aplocheilus*, die damals allerdings noch unter dem Namen *Panchax* bekannt waren. Ihrer ganzen Erscheinung nach ähneln die Tiere unserem Hecht sehr stark. Alle vier bisher eingeführten Arten sind ausgezeichnete Aquarienfische, doch hat sich nur eine weiter verbreitet halten können, *Aplocheilus lineatus*, zugleich die größte Art. Sonderbarerweise trifft man den kleinen Madraskärpfling *(A. blockii)* kaum noch an, obwohl er sehr friedlich ist. Für alle anderen *Aplocheilus* trifft zu, daß sie sehr gern kleine Jungfische verspeisen, wenn sie ihnen vor das Maul kommen. Sie lieben es nicht, an einer Wasseroberfläche stehen zu müssen, die nicht mit Schwimmpflanzen bedeckt ist. Das merkt man besonders, wenn nun noch durchlüftet wird und dadurch das Wasser bewegt ist. Für diese Fischarten muß man also strömungsstille Bezirke schaffen. Die Pflege ist einfach, die Zucht bietet keine Schwierigkeiten, außer daß die Alttiere ihrem Nachwuchs nachstellen und die Eier etwa 10 bis 12 Tage liegen, ehe die Jungen schlüpfen. Da diese aber schon ziemlich groß und kräftig sind, kann man sie mit Naupliuslarven des Salinenkrebschens füttern und bald mit gesiebten Hüpferlingen ernähren. Sie wachsen schnell heran, legen manchmal aber bei etwa 3 cm eine Art Ruhepause ein. Für eine gute Abdeckung der Aquarien muß man sorgen, sind die meisten Oberflächenfische doch ausgezeichnete Springer, die gern eine Lücke benutzen, um ihre Springkünste unter Beweis zu stellen.

Nahe Verwandte der *Aplocheilus* leben in Afrika mit mehreren Gattungen. Im Verhalten und in der Anspruchslosigkeit passen am ehesten zu *Aplocheilus* die Vertreter der Gattung *Epiplatys*, aus der wir in unseren Aquarien einige Arten pflegen, die schon alte Bekannte sind und von ihrer Beliebtheit bisher nichts eingebüßt haben. In Pflege und Zucht gleichermaßen einfach, sind die Fische für Anfänger und Fortgeschrittene besonders gut geeignet. Auch sie lieben keine stark bewegte Wasseroberfläche.

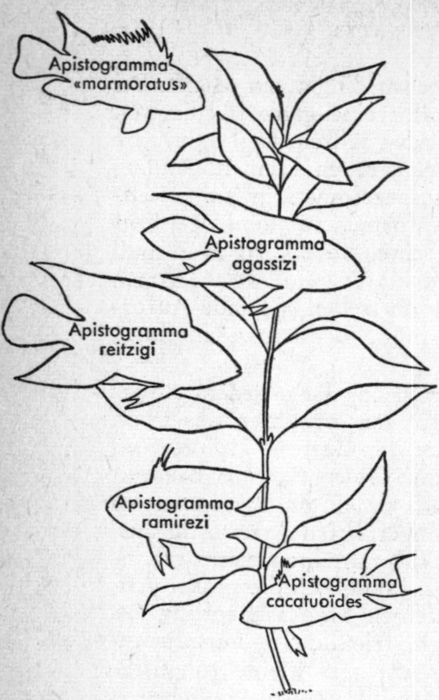

Blauflossen-Zwergbuntbarsch, *Apistogramma spec.* (im Handel mitunter als «marmoratus» geführt). 6 cm. Männchen farbiger und mit größeren Flossen. In der letzten Zeit eingeführter Zwergbuntbarsch, dessen Zucht auch Anfängern möglich ist. Leider ist ein genauer Name bisher nicht zu ermitteln gewesen. Möglicherweise handelt es sich um eine neue Art. Harmloser Fisch, der auch mit kleineren Arten zusammen gehalten werden darf. Frißt alles. Mutterfamilie. Männchen nach dem Ablaichen entfernen. Aufzucht ist einfach. Verstecke in gut bepflanzten Aquarien. Mittleres Südamerika. 22–24°. – **Buntschwanz-Zwergbuntbarsch,** *Apistogramma agassizi.* Männchen 9 cm, Weibchen 5 cm. Männchen leicht an der bunten Färbung des Schwanzes und des Körpers zu erkennen. Weibchen einfarbiger. Man kann die Fische in jedem Aquarium mitpflegen. Importtiere sind etwas empfindlicher. Sonst gut geeignet für Anfänger und Fortgeschrittene. Allesfresser mit Mutterfamilie. Männchen wird vom Weibchen stark verfolgt, wenn gelaicht worden ist. Zur Zucht besser in eigenen Aquarien unterbringen. Gute Bepflanzung und Verstecke angebracht. Um 24°. Mittleres Amazonasgebiet. – **Reitzigs Zwergbuntbarsch,** *Apistogramma reitzigi.* Männchen bis 9 cm, Weibchen bis 4 cm. Männchen schöner, außerdem größere Flossen. Ein Fisch, der für alle Anfänger geeignet ist und sich gut züchten läßt. Weibchen während der Jungenfürsorge (Mutterfamilie) sehr angriffslustig. Am besten in eigenen kleinen Becken züchten. Männchen nach Ablaichen entfernen. Allesfresser, dessen Heimat in Südamerika unbekannt ist. Gut bepflanzte Becken mit Versteckmöglichkeiten und nicht zu stürmische Mitbewohner eignen sich am besten. 22°. – **Schmetterlingsbuntbarsch,** *Apistogramma ramirezi.* 6 cm. Geschlechter schwer zu unterscheiden. Sicher nur in der Laichzeit. Männchen dann höhere erste Rückenflossenstrahlen. Herrlicher Fisch, der besonders in weichem, leicht saurem Wasser gut gedeiht. In sehr harten Wässern hat man manchmal Schwierigkeiten. Zucht an sich nicht schwer, aber nur mit Geduld möglich. Leidet sehr unter der Beulenkrankheit, die nicht zu heilen ist. Man achte bei der Zucht auf gut proportionierte und farbkräftige Exemplare. Allesfresser. Elternfamilie. Venezuela. 24°. – **Kakadu-Zwergbuntbarsch,** *Apistogramma cacatuoïdes.* Männchen bis 8 cm, Weibchen etwa 4 cm. Männchen mit größeren und verlängerten Flossen. Leider selten. Farbstarke Tiere, die im Alter gern dunklere Farbtöne zeigen. Haltung nicht leicht, Zucht recht schwierig. Liebt vor allem dichte Bepflanzung und Höhlen. Für Gesellschaftsaquarien möglich, doch besser im Artbecken pflegen. Allesfresser. Surinam. 24°. Einige ähnliche Formen im Handel.

Nomaphila stricta. Dankbare Wasserpflanze, die man bei Erreichen des Wasserspiegels köpfen muß, weil sie übers Wasser wächst.

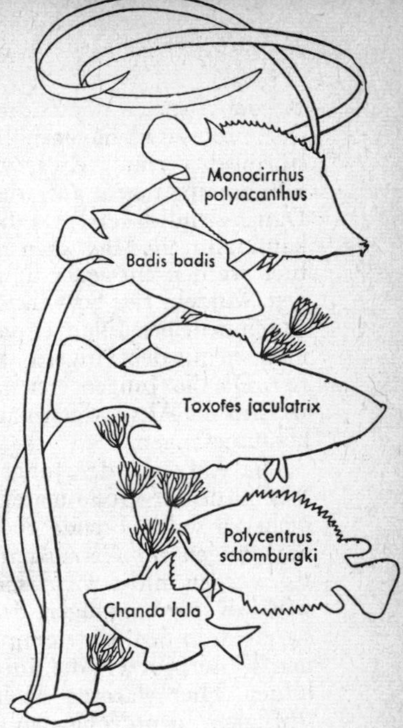

Blattfisch, *Monocirrhus polyacanthus.* Etwa 9 cm. Geschlechtsunterschiede anscheinend nur zur Laichzeit deutlich, dann Weibchen etwas kräftiger. Ausgesprochener Raubfisch, der nur selten eingeführt wird, obwohl sein Benehmen sehr interessant ist. Pflege Fortgeschritteneren vorbehalten. Zucht bereits geglückt. Frißt ausschließlich lebende Nahrung, mit Vorliebe kleine Fische. Sein Maul ist weit vorstreckbar. Sehr ruhiger Fisch, dem man ein eigenes, gut bepflanztes Aquarium einrichten sollte. Amazonasgebiet bis Guayana. 24°. – **Blaubarsch,** Topfgucker, *Badis badis.* Männchen etwa 7 cm, Weibchen 4,5 cm. Männchen schon in der Jugend mit deutlich vergrößerter Rückenflosse. Zur Haltung dieses harmlosen und ruhigen Fischchens empfiehlt sich ein mit Versteckplätzen und Höhlen ausgestattetes Aquarium. Frißt nur Lebendfutter. Wird in der Dämmerung am lebhaftesten. Laicht in Höhlen oder Blumentöpfen. Vaterfamilie. Pflege und Zucht ist auch Anfängern möglich, wenn sie stets für lebendes Futter sorgen können. Indien. 22°. – **Schützenfisch,** *Toxotes jaculatrix.* Bis 25 cm. Geschlechtsunterschiede bisher nicht bekannt geworden. Wahrscheinlich sind die aus Brackwassergebieten Hinterindiens und des Archipels stammenden Fische in Aquarien überhaupt nicht zu züchten. Man halte im Zimmerbecken nur einen Schützenfisch, da die Tiere untereinander sehr zänkisch werden. Meist bleibt nur ein Tier übrig. Frißt nur Lebendfutter. Berühmt wegen seines Schießens, das mit Wassertropfen geschieht. Fängt so Beuteinsekten. Jungfische müssen erst üben. Rauhbeiniger Geselle, wenn eingewöhnt. Duldet keine anderen Oberflächenfische neben sich! 24°. – **Schomburgks Vielstachler,** *Polycentrus schomburgki.* 8 cm. Weibchen meist etwas kräftiger gebaut, besonders in der Fortpflanzungszeit deutlich. Diese schönen Räuber kann man in Gesellschaftsaquarien halten, wenn man nur größere Fische pflegt. Kleine Fische, etwa ein Guppy-Männchen, werden leicht die Beute der Tiere. Nur lebendes Futter. Haltung einfach, Zucht auch Anfängern möglich. Vaterfamilie. Tiere werden in der Dämmerung munter und lieben dicht bepflanzte Becken mit Versteckplätzen. Nordöstl. Südamerika. Trinidad. 22°. – **Glasbarsch,** *Chanda lala.* 4 cm. Männchen zeigen entlang der 2. Rückenflosse und der Afterflosse einen leuchtenden hellblauen Saum. Weibchen fehlt dieses Merkmal, oder es ist nur schwach angedeutet. Der fast durchsichtig erscheinende Fisch frißt nur lebendes Futter. Seine Haltung ist in sauberen Aquarien mit ruhigen Fischen nicht schwer. Zucht schwierig, weil die sehr kleinen Jungen nur schlecht ans Nauplienfutter (Hüpferlings-Larven) gehen. Der aus Indien stammende Fisch ist aber ruhig und auch in Gesellschaft leicht zu halten. 22–24°.

Riesenvallisnerie, *Vallisneria gigantea* (links). Harte Pflanze für große Aquarien. *Nitella flexilis* (rechts). Gute Laichpflanze.

Bei der Auswahl der Zuchttiere achte man darauf, daß die Weibchen nicht zu klein gegenüber den Männchen sind, da das Treiben stürmisch verläuft. Zwar weichen die Tiere immer wieder in die Schwimmpflanzen aus, dennoch leiden die Weibchen auf die Dauer ziemlich stark, da die Laichperiode über Wochen andauern kann. Auf ein Männchen rechnet man etwa zwei Weibchen. Die Eier werden entweder in schwimmenden Pflanzenpolstern oder den Wurzeln der Schwimmpflanzen abgelegt, können aber auch in feinfiedrigen Pflanzen versteckt werden. Sie sind so hart, daß man sie mit den Fingern ablesen kann, ohne sie gleich zu zerstören. Da die Jungen erst nach etwa 12 bis 14 Tagen schlüpfen, werden die Alttiere erst nach dieser Zeit aus dem Zuchtaquarium herausgefangen.

Die Aufzucht der Jungen geschieht wie bei den *Aplocheilus*. Wer nicht auf große materielle Zuchterfolge Wert legt, sondern mehr zu seiner Freude züchtet, sollte getrost einmal versuchen, die Jungen im Gesellschaftsaquarium groß werden zu lassen. Es werden nicht viele sein, aber an den wenigen hat man wirklich sein Vergnügen, denn nach dem Schlüpfen verschwinden sie gleich in den Schwimmpflanzen oder begeben sich in die kleinen Wasserpfützen, die sich auf den Blättern des Schwimmfarnes bilden. Hier wachsen sie langsam heran und verstehen es mit Pfiffigkeit, den drohenden Gefahren durch die Mitbewohner des Beckens auszuweichen. Mancher wird natürlich doch erwischt, wer aber groß wird, ist in der Regel an Behendigkeit und auch Gesundheit seinen Artgenossen überlegen. Selbstverständlich gelingt solche Aufzucht nur in größeren, sparsam mit Fischen, aber dicht mit Pflanzen besetzten Aquarien. Auch die *Epiplatys* verlangen keine besonderen Wasserwerte, sind mit Temperaturen um 22° zufrieden und fressen alles, was sie bewältigen können. Ein gutes Aufzuchtfutter für sie sind Blattläuse, doch bitte nicht die schwarzen, sondern die hellen, wie man sie auf den Zimmerpflanzen findet.

In der Gattung *Aphyosemion* gibt es einige Arten, die zu den Oberflächenfischen gerechnet werden können, andere, die mehr die Bodenzone bewohnen. Vielleicht fühlt man sich nun enttäuscht, denn die Form der Fische zeigt doch an, daß sie Oberflächenfische sind. Man muß dabei aber verstehen, daß in der Heimat dieser Arten die Gewässer, in denen sie leben, oft nur zeitweilig nach Regenfällen vorhanden sind, in der Dürrezeit aber austrocknen. Diese Pfützen bestehen eigentlich nur aus Oberfläche. In den Bodengrund werden die Eier abgelegt. Hier können sie ruhig antrocknen, ja sie müssen es bei manchen Arten sogar, und beim erneuten Naßwerden schlüpfen dann die Jungen. Da die Regenzeit nicht allzulange dauert, müssen die Jungfische schnell heranwachsen und geschlechtsreif werden, damit die Art erhalten bleiben kann. Früher unterschied man bei den *Aphyosemion*-Arten Boden- und Pflanzenlaicher. Es scheint dies aber durchaus kein so gutes Unterscheidungsmerkmal zu sein, denn inzwischen hat man erfahren müssen, daß die Tiere sowohl im Boden als auch in den Pflanzen laichen können. Es gibt allerdings Ausnahmen. Zur Pflege dieser herrlich gefärbten Fischarten eignet sich vor allem das Art-Aquarium, in dem man also nur die eine Art hält. Man kann die Fische zwar auch im Gesellschaftsbecken pflegen, doch ist dann die Freude an ihrem herrlichen Aussehen nicht sehr groß, bleiben sie hier doch recht scheu und schwach gefärbt. Im Artbecken sorge man für einen Torfmullgrund. In ihn legen die Fische ihre Eier, und er hebt auch die glänzenden Farben besser hervor. Da auch hier die Laichperiode längere Zeit dauert, wirbelt man den Bodenbelag mit einem Glasstab auf und bringt die Eier in ein Zuchtschälchen mit feuchtem Torf. Die Schale kommt bei gleichmäßiger Temperatur von etwa 22° in einen Raum, in dem die Torflage nicht ganz austrocknen kann. Bei den meisten Arten liegen die Eier etwa 14 Tage bis 4 Wochen. Allerdings kommen auch längere Zeiten vor, so z. B. beim Goldfasan-Prachtkärpfling *(Aphyosemion sjoestedti)*, bei dem die Eier bis zu einem halben Jahr liegen. Nach der Zeitigungsdauer bringt man die Eier einfach in ein kleineres Aquarium oder gibt in die Zuchtschale Wasser. Hat man den günstigsten Zeitpunkt erwählt, schlüpfen die Jungen und werden aufgezogen. Sie sind schnellwüchsig und fressen alles, was sie bewältigen können. Das Auge des Jungfisches ist ein guter Maßstab für die Futtergröße, die stets dem Augendurchmesser angepaßt sein sollte; es kann natürlich kleiner sein, aber nicht größer. Aus diesen wenigen Anweisungen, die kein Universalrezept sind, können wir schon entnehmen, daß die Zucht der *Aphyosemion*-Arten nicht gerade einfach zu nennen ist. Hier zeigt sich der Meister; deshalb sei Anfängern, denen die Fische zur Pflege durchaus empfohlen werden können, geraten, die Zucht erst dann zu versuchen, wenn sie mit anderen eierlegenden Fischarten genügend Erfahrungen gesammelt haben.

Viele Lebendgebärende Zahnkarpfen sind ebenfalls Oberflächenfische, denn auch sie leben in kleineren Gewässern, die aber selten austrocknen und dann neu besiedelt werden müßten. Doch sei die Fischgruppe in diesem Zusammenhang nur deshalb erwähnt, weil sie zu den besten Mückenlarvenvertilgern gehört. Sie kommt im südlichen Nord-, in Mittel- und im nördlichen Süd-Amerika vor, doch hat man Vertreter dieser Fische auch in den subtropischen Gebieten anderer Erdteile mit großem Erfolg angesiedelt, um an ihnen bei der Bekämpfung der Malaria-

Mücken eine zusätzliche Hilfe zu haben. Oberflächenfische fressen nämlich mit Vorliebe Mückenlarven und auch Insekten. Deshalb gebe man diesen Tieren auch hin und wieder solche Nahrung.

Typische Oberflächenfische sind der afrikanische Schmetterlingsfisch *(Pantodon buchholzi)*, nur Fortgeschrittenen zu empfehlen, die Halbschnabelhechte *(Dermogenys)* aus Asien, die für aufmerksame Aquarianer anzuraten sind, und die Beilbauchfische aus Südamerika. Wir kennen zwar auch aus Asien Fische *(Chela)*, die den Beilbauchfischen Südamerikas im Aussehen entfernt ähneln, diese gehören aber zu den Karpfenfischen, werden seltener eingeführt und erfreuen sich wegen ihrer Unscheinbarkeit keiner großen Beliebtheit. Die Beilbauchfische *(Gasteropelecidae)* bilden eine Familie, die den Salmlern nahe steht, zu denen sie auch früher gerechnet wurden. Wie ein Halbkreis springt die Bauchseite vor, und man traut den Tieren kaum zu, daß sie sozusagen fliegende Fische sind: Ohne großen Anlauf können sie meterweit springen, und schon mancher Aquarianer hat seine Fische als vertrocknete Mumien unter der Scheuerleiste wiedergefunden, wenn er nicht für eine dichte Deckscheibe gesorgt hat. Auch während der Fütterung springen sie gern. Man kann das etwas unterbinden, indem man Schwimmpflanzen auf das Wasser bringt. Beim Herausfangen der Fische muß man besonders vorsichtig zu Werke gehen; am besten macht man es nachts beim Schein einer Kerze, die man neben das Aquarium stellt. Keine hastigen Bewegungen mit dem Netz!

Beilbauchfische sind attraktive Tiere, die in jedem Aquarium gut aussehen, auch wenn ihre Farben nicht gerade strahlend sind. Man beachte aber bei ihrer Pflege, daß sie einen großen Wasserraum lieben, den sie in Schußfahrt durcheilen. Futter, das zu Boden gesunken ist, nehmen sie nicht mehr an; aus diesem Grunde benötigen sie viel langsam sinkendes oder schwebendes Futter. Insekten sind Voraussetzung für eine erfolgreiche Zucht, die schon bei einigen Arten gelungen ist. In der Pflege stellen sie keine Ansprüche. Wer es besonders gut mit ihnen meint, gebe ihnen nur weiches und leicht saures Wasser, doch halten sie sich auch in härteren Wässern, obwohl die Zucht darin nicht möglich zu sein scheint.

Ein weiterer typischer Oberflächenfisch ist beinahe weltberühmt geworden durch seine Kunst, Insekten oder ähnliche Nahrung von den über das Wasser ragenden Pflanzenteilen ins Wasser herabzuschießen, der Schützenfisch *(Toxotes jaculatrix)*. In kleinen Exemplaren eignet er sich für größere Gesellschaftsaquarien, doch nimmt er bald die Gesellschaft anderer Oberflächenfische übel. Auch mehrere Schützenfische vertragen sich auf die Dauer nicht in einem Aquarium, es sei denn, es ist groß und gut bepflanzt. Die Pflege der Fische ist einfach, wenn man gesunde Tiere aus den Fachhandlungen bekommt. An das Wasser stellen sie keine Anforderungen, ebensowenig an die Einrichtung. Wer Schützenfische pflegt, tut das in der Regel ihres Schießens wegen. Ganz junge Exemplare können es aber noch nicht. Erst von etwa 5 cm Länge ab stellt sich das Schießvermögen ein, und auch dann müssen die Tiere erstaunlicherweise eifrig üben. Zur Pflege beachte man, daß die Deckscheibe möglichst weit vom Wasserspiegel entfernt ist, denn liegt sie dicht auf, wird aus dem Schießen nichts Vernünftiges. Man senke daher den Wasserspiegel. Schützenfische fressen alles Erreichbare und sind leicht zufriedenzustellen. Große Exemplare werden oft scheu und unverträglich; man sollte sie entweder allein halten oder abgeben.

Grundfische

Fische, die in der untersten Wasserzone oder auf dem Bodengrund selbst leben, erkennt man verhältnismäßig einfach: Ihre Bauchseite ist abgeflacht, also dem Aufliegen am Boden angepaßt; meist ist sie einfarbig weiß, und in sehr vielen Fällen besitzen die Fische Barteln oder Bartfäden, die ein zusätzliches Organ darstellen, Nahrung im Mulm oder Sand aufzuspüren. In der Regel ist ihre Färbung nicht besonders prächtig; sie dient mehr der Tarnung, hebt sich also von oben gesehen nur wenig vom Untergrund ab. Es gibt allerdings Ausnahmen, und diese Tiere vermögen dann auch recht gut zu schwimmen, während sonst die Grundfische nicht zu den besten Schwimmern gerechnet werden können. Ganz allgemein gesprochen benötigen Grundfische keine besondere Behältereinrichtung, wenn sie auch Versteckplätze lieben, in denen sie den größten Teil des Tages zubringen. Man achte aber darauf, daß der Bodengrund nicht aus scharfen Kieseln oder Steinchen besteht, an denen sie sich verletzen können, denn manche Arten wühlen sich gern in den Bodenbelag hinein. Ihre Nahrung entnehmen sie vorzugsweise dem Boden oder dem Mulm. In unseren Aquarien ist es aber nun im Gegensatz zur freien Natur leider so, daß im Boden oder auf dem Boden Nahrungstiere nicht oder doch nur in ganz geringem Maße zu finden sind. Aus diesem Grunde muß man die Grundfische zusätzlich füttern, denn die wenigen verwertbaren Futterbrocken, die tatsächlich vorhanden sind, reichen bei weitem nicht aus, den Nahrungsansprüchen dieser Fische gerecht zu werden. So kommt es auch, daß Grundfische in unseren Aquarien bald zu geschickten Futterjägern im freien Wasser werden. Besonders Tubifex und rote Mückenlarven sollen neben Wasserflöhen zum Futterangebot gehören. Verstecke baut man aus halbierten Kokosnußschalen auf oder verwendet dazu Steine, die man höhlenartig zusammenstellt. Hierzu eignen sich vor allem Urgesteine oder Schieferplatten, die allerdings keine Kalkbestandteile enthalten sollten. Wir prüfen das mit Salzsäure. Auch im Kapitel «Bodengrund» lese man noch einmal nach, wenn man Grundfische halten will.

Eines muß allerdings stärker beachtet werden, als man es in der Regel tut. Das ist die Temperatur des Bodengrundes. Ein Thermometer, das in den Sand gesteckt wird, unterrichtet uns schnell über die hier vorhandenen Wärmegrade, und wir werden in hohen Aquarien mit Erstaunen feststellen, daß oft Differenzen von fünf Grad oder gar mehr zwischen Oberfläche und Boden herrschen. Deshalb ist in solchen Becken eine gute Durchlüftung wichtig, die uns die Temperatur zwischen den einzelnen Wasserschichten ausgleichen hilft. Besser geeignet für Grundfische sind flache Becken, die ja keinen allzu hohen Wärmeunterschied zeigen. In ungeheizten Räumen ist es im Winter besonders wichtig, auf solche Temperatursprünge zu achten! Wer ein Aquariumgestell mit mehreren Becken besitzt oder einen Schrank, merke sich, daß das obere Becken am besten geeignet ist. Viele bodenbewohnenden Fische sind gegen Krankheiten weitgehend immun, doch muß man sich bewußt sein, daß diese Tiere dann, wenn es sie doch einmal erwischt hat, sehr stark unter Krankheiten leiden. Deshalb sollte man schon wegen seiner Grundfische rechtzeitig mit der Bekämpfung von auftretenden Krankheiten beginnen, ehe es zu katastrophalen Folgen kommt.

Wenn man von bodenbewohnenden Fischen spricht, denkt man wohl in erster Linie an die Welse. Und in der Tat stellen sie ein großes Kontingent in diesem Lebensraum, sind allerdings nicht die einzige, fast ausschließlich bodenbewohnende Arten ausbildende Fischfamilie. Doch davon später. Zunächst zu den Welsen. In unseren Aquarien sind die Panzerwelse die bekanntesten Arten. Im Kapitel «Fische, die im Wasser ersticken» finden wir viele Angaben zur Pflege dieser Arten. Hier soll nur noch darauf hingewiesen werden, daß es farbenprächtige Arten gibt, *Corydoras arcuatus, C. myersi, C. rabauti, C. punctatus, C. melanistius* usw., die für alle Aquarien geeignet sind. Der Anfänger darf sich von diesen Preisen nicht täuschen lassen; sie sind hoch, die Tiere dafür aber auch haltbar. Wenigstens ein kleiner Schwarm, dessen Angehörige wie Mäuse über den Boden huschen, sollte in einem mittleren bis größeren Aquarium zu finden sein, denn die Tiere sind so anspruchslos, daß man sich kaum um sie kümmern muß und doch immer wieder seine Freude an ihnen hat.

Andere Welse werden seltener gepflegt, obwohl in den vielen Familien dieser Unterordnung eine ganze Anzahl für das Aquarium geeigneter Formen zu finden ist. Man stellt sich unter Welsen meist Tiere vor, die «stur» sind und den Bodengrund aufwühlen, so daß das Wasser bald mehr einem Morastloch gleicht als einem für die gute Stube bestimmten Zierstück. Wer es aber wirklich mit Welsen schon versucht hat, wird sehr bald dahinter gekommen sein, daß diese Vorstellung nur in Ausnahmefällen oder bei falscher Pflege zutrifft.

Eine Gruppe hat dadurch eine gewisse Berühmtheit erlangt, daß ihre Vertreter Algenbeläge von den Scheiben fressen; es sind dies die Harnischwelse *(Loricariidae)*. Gewiß sind die Fische dieser Gruppe vorzugsweise Algenfresser, aber man muß ihnen eben genügend Algen und vor allem geeignete bieten können, wenn sie nicht eines Tages ihre so erwünschte Tätigkeit einstellen sollen. Es kann sogar vorkommen, daß große Exemplare sich zu Fischmördern entwickeln, die ihr verderbliches Werk vor allem in der Nacht vollbringen. Doch sollen diese Ausnahmen nicht für die ganze Gruppe sprechen, denn man hat viel mehr Freude an den Tieren als Ärger. Von den *Loricaria*-Arten, den Zwergharnischwelsen, ist im Kapitel «Brutpflegende Fische» die Rede. Hier sollen uns die größeren Arten der Harnischwelse interessieren.

Plecostomus commersoni wird öfters eingeführt und auch von den Liebhabern gepflegt. Diese Art wird, wie auch die anderen *Plecostomus*-Arten, recht groß, etwa 30 bis 40 cm. In unseren Aquarien bleibt das Tier aber kleiner und macht sich bei der Algenvertilgung recht nützlich. Zusätzlich kann man die Tiere mit überbrühtem Salat oder mit in Wasser aufgequollenen Haferflocken füttern. Das gleiche gilt für die Vertreter der Antennenwelse *(Xenocara)*. Auch den *Otocinclus*-Arten, die viel kleiner bleiben, sollte man ab und zu zusätzliche Pflanzenkost bieten. Mit ihrem großen Saugmaul heften sich die Loricariiden gern an Scheiben oder anderen Gegenständen fest und hängen so oft stundenlang.

Wer sich mit den vielen Welsarten befassen will, die etwa aus der Gruppe der *Synodontis*-Arten stammen, der richte diesen Tieren ein besonderes Aquarium ein, das flach und mit Verstekken versehen ist.

Welse zu pflegen ist nicht schwer. Es gibt einige Arten, die sich auch in den Boden einwühlen und dort liegen, ohne daß man ihren Aufenthaltsort feststellen kann. Hierzu gehört der Knurrende Dornwels *(Amblydoras hancocki)*. Ähnlich machen es auch die anderen Dornwelse. Zu ihrem Wohlbefinden gehört feiner Bodengrund, der ihnen das Eingraben erleichtert, wobei sie sich schnell auf den Kopf stellen und dann in den Sand einbohren. Die Dornwelse werden meist nachts munter oder in der Dämmerung. In der Gefangenschaft gewöhnen sie sich aber nach einiger Zeit auch an ein Tagesleben.

Eine andere große Fischfamilie, die hauptsächlich Grundfische stellt, sind die Schmerlen *(Cobitidae)*. Aus unserer einheimischen Fauna pflegen wir die drei vorkommenden Arten in Kaltwasseraquarien. Es sind der Steinbeißer, die Schmerle und der Schlammpeitzger. Je nach Vorkommensort sind sie sauerstoffbedürftiger oder anspruchsloser. Fängt man seine Tiere selbst, achte man darauf, sie stets aus Gewässern zu entnehmen, die entweder stehend sind oder nur ganz schwach fließen; solche Fische halten sich in Gefangenschaft am besten.

Von den tropischen Schmerlen kommen besonders die Prachtschmerlen der Gattung *Botia* in Frage. Ein Charakteristikum dieser Gattung sind die zweispitzigen, großen, abspreizbaren Augendornen, mit denen die Tiere empfindlich verletzen können! Fast alle Arten lieben es, in Höhlen oder Verstecken zu liegen. Wer Steinaufbauten im Becken hat, muß darauf achten, daß die unterste Steinlage auf dem Blech- oder Glasboden des Aquariums aufliegt, denn die Prachtschmerlen wühlen sich gern eigene Höhlen, was dazu führen kann, daß nicht genügend befestigte Aufbauten einstürzen und die Scheiben zertrümmern. Kokosnußschalen werden gern angenommen. Sie brauchen nicht einmal eine weite Öffnung zu haben, denn die Tiere finden auch den kleinsten dem Boden aufliegenden Spalt und schlüpfen hinein. Prachtschmerlen sind nicht heikel und eignen sich auch für noch nicht fortgeschrittene Liebhaber. Die Prachtschmerle *(Botia marcacantha)* liebt die Gesellschaft von Sumatrabarben, deren Schwärmen sie sich gern anschließt.

Andere Schmerlenarten des tropischen Gebietes werden ebenso gepflegt wie die Botien, doch sind sie in der Regel noch weniger farbenfreudig, so daß sie in Liebhaberkreisen, trotz ihrer interessanten Lebensweise, keinen rechten Anklang gefunden haben.

Besucht man Zierfischhandlungen, dann werden einem merkwürdige, schlangenartig sich fortbewegende Fische auffallen, die wie die Würmer durch die Becken kriechen. Auffallend ist neben dieser sonderbaren Fortbewegung auch die Färbung, denn die Tiere sind beinahe gelb und schwarzbraun geringelt. Erst bei genauerem Betrachten fällt einem auf, daß sie nicht durchgehend gestreift sind, sondern mit Sattelflecken gezeichnet. Es handelt sich um die aus Asien stammenden Dornaugen *(Acanthophthalmus)*, die ihren Namen spitzen Dornen unter den Augen verdanken, mit denen sie bei unvorsichtiger Behandlung empfindlich stechen können. Ähnliches fanden wir ja schon bei den Prachtschmerlen vor. Zur Pflege und Zucht sei bei den Dornaugen bemerkt, daß die Haltung wirklich einfach ist, die Zucht aber nur in Ausnahmefällen gelang. Von den drei oder vier Arten, die zum Standardangebot gehören, unterscheidet sich keine in ihren Ansprüchen. Temperaturen um 22° genügen; der Bodengrund soll nicht zu grob und scharf sein und nach Möglichkeit einige Pflanzen mit verzweigten Blättern tragen, in denen sich die Tiere gerne aufhalten. Hat man eine Höhle, verschwinden sie gern darin. Manchmal beobachtet man eine recht auffällige Unruhe unter den Fischen, die damit begründet wird, daß sie zur Laichzeit wandern und ihre Laichplätze in den oberen Flußregionen aufsuchen. Zu dieser Zeit muß man den Behälter gut abdichten, da man sonst seine Tiere vertrocknet wiederfindet. Das Auge der Dornaugen ist mit einem feinen Häutchen überzogen; man braucht also nicht unruhig zu werden, wenn es so scheint, als ob die Fische einen feinen milchigen Belag auf den Augen haben.

Zwei Fischgattungen einer anderen Familie sind ausgesprochene Bodenbewohner. Es handelt sich um die Stachel- oder Pfeilaale der Gattungen *Macrognathus* und *Mastocembelus*. Schon ihr bizarres Aussehen wird manchen Aquarianer zum Erwerb dieser Tiere verleiten, und er wird feststellen, daß die Pflege der Fische nicht schwer ist. Man sieht die Tiere zwar kaum, sind sie doch fast ständig vollkommen im Boden vergraben, in dem sie sich vorwärts und rückwärts zu bewegen verstehen, doch sind ihre Lebensweise und ihr Aussehen so interessant, daß man die Fische nicht mehr missen möchte, wenn man sie einmal besessen hat. Pflanzen buddeln sie trotz ihrer Grabtätigkeit nicht aus. Sie lockern aber den Bodengrund auf. Verlassen die Tiere den Boden und halten sich nicht mehr darin auf, vor allem die drehrunden Arten, wie z. B. *Mastocembelus loennbergi*, dann ist der Bodengrund nicht mehr einwandfrei und muß (!) erneuert werden. Eine Art ist in Gefangenschaft schon gezüchtet worden *(M. pancalus)*.

Aus dem Meere kennen wir die Schollen, Fische, die wie plattgewalzt aussehen. Auch im Süßwasser gibt es einige Arten, die für die Aquaristik geeignet sind, z. B. *Trigonectes* aus Florida. Ihre Pflege ist nicht allzu schwer, doch lieben es die Tiere nicht, mit vielen lebhaften Arten vergesellschaftet zu sein. Weicher, feinkörniger Bodengrund ist Bedingung. Sie fressen alles, müssen aber in ihrer Nahrungsaufnahme zu Anfang überwacht werden, damit man eine Futterkontrolle hat. Gehen sie nicht an das gebotene Futter, wechsele man. Eingewöhnte Tiere sind anspruchslos.

Daß es Fische gibt, die keine Eier legen, sondern lebende Junge zur Welt bringen, ist den meisten Menschen sicher bekannt. In der Aquaristik werden viele Arten gepflegt, wenn sie auch nicht einer einzigen Gruppe zugerechnet werden. Die Hauptzahl dieser Fischarten stellt die Familie der Lebendgebärenden Zahnkarpfen, deren Verbreitungsgebiete in Mittelamerika liegen, mit den angrenzenden Teilen von Nord- und Südamerika. Die Pflege der meisten Arten ist ausgesprochen einfach, doch darf man daraus nicht auf die Gesamtheit schließen, denn es gibt auch sehr problematische Arten unter ihnen, die immer wieder selbst versierten Züchtern und Pflegern Schwierigkeiten bereiten. Für alle Arten sind einigermaßen gut bepflanzte Aquarien geeignet, in denen sie sich über den Algenbewuchs hermachen können. Man sieht die Tiere dann oft unermüdlich an den Pflanzen zupfen, um zu der für ihr Wohlbefinden nötigen Zusatznahrung zu gelangen. Temperaturen um 22° genügen in den meisten Fällen. An Nahrung wird alles genommen, was ihnen geboten werden kann. Das hat zu einer weiteren Verbreitung in den Aquarien geführt, wird doch dem Anfänger gern geraten, mit Lebendgebärenden Zahnkarpfen zu beginnen. Da diese Fische aber oft einen etwas schleimenden Kot abscheiden, kann es dazu kommen, daß in kleinen, stark mit Fischen besetzten Aquarien das Wasser schnell trübe wird. In einem solchen Falle hilft eine Filterung. Besser ist es jedoch, die Fischzahl in erträglichen Grenzen zu halten, was nicht immer leicht ist, da sie infolge der hohen Vermehrungsrate dem Liebhaber leicht über den Kopf wächst. Zwar fressen fast alle Zahnkarpfen ihre eigenen Jungen, doch legt sich das nach einiger Zeit, so daß stets Jungfische groß werden. Bei manchen Arten sind die Männchen unvergleichlich viel schöner als das Weibchen, bei anderen hingegen erkennt man die Männchen nur an der schlankeren Gestalt und dem Begattungsstachel oder Gonopodium, einer umgewandelten Afterflosse.

Zu den einfach zu haltenden Arten gehören Guppys *(Lebistes reticulatus)*, Schwertträger *(Xiphophorus)*, *Limia*, Platys *(Xiphophorus)*, *Phalloceros* (in Aquarianerkreisen als «Goldgambusen» bekannt), *Phallichthys* und *Heterandria*, die als kleinster Aquarienfisch bekannt geworden ist. Man kann diese Fische selbst in kleinsten Becken pflegen, ohne Schwierigkeiten zu haben. Von den Guppys, Schwertträgern und Platys sind viele Zucht- und Kreuzungsformen bekannt, die aus den Wildtieren durch Zuchtauslese in der Gefangenschaft gezogen worden sind. Diese Entwicklung ist heute nicht abgeschlossen, sondern es werden auch jetzt noch neue Formen in den Handel gebracht.

Bei den schönen *Molliënisia*-Arten muß man beachten, daß sie sich in der Regel in weichen und sauren Wässern nicht wohl fühlen. Alte Aquarianer haben aus ihrer Erfahrung daher empfohlen, dem Beckenwasser eine Prise Kochsalz zuzusetzen. Das ist in Gegenden mit hartem Wasser unnötig, und man sollte es auch nicht tun, da Krankheiten später schlechter behandelt werden können. Die großen Lebendgebärenden verlangen natürlich auch ein größeres Aquarium. Da die Männchen bei ihrer Werbung um die Weibchen oft sehr stürmisch sind und die Werbung ohne rechte Pause verläuft, darf man Fische nicht mit ihnen zusammenbringen, die für ruhige Gesellschaft sind. Auch bei den Mollienisien sind Zuchtformen bekannt, von denen die bekannteste der Black-Molly ist.

Zu den größten Vertretern dieser Familie gehört der Hechtkärpfling *(Belonesox belizanus)*, dessen Aussehen ihn schon als vorzüglichen Räuber erkennen läßt. Die größer werdenden Weibchen sind durchaus in der Lage, ihre Männchen zu verspeisen, was sie auch tun, wenn man nicht mit genügender Sorgfalt beim Vergesellschaften der Tiere vorgeht. Der Hechtkärpfling wird vorzugsweise mit kleinen Fischen ernährt, nimmt aber auch anderes kräftiges Futter an. In besonderen Behältern gepflegt, in denen er keinen Schaden anrichten kann, ist er ein interessanter Fisch, der von Kennern sehr geschätzt wird. Für Gesellschaftsaquarien eignet er sich schlecht. Eine dichte Decke aus Schwimmpflanzen erscheint ratsam.

Aus der Familie der Halbschnabelhechte, die nicht mit den Lebendgebärenden Zahnkarpfen verwandt ist, pflegen fortgeschrittenere Aquarianer gern den kleinen *Dermogenys pusillus*, der ein ausgesprochener Oberflächenfisch ist. Seine Pflege ist an sich nicht schwer, doch muß man erst wissen, welche Nahrung er braucht. Sein lang ausgezogenes Maul hat einen nur halb so langen Oberkiefer, der beweglich ist und zum Beutefang dient. Vorzugsweise ernährt er sich nämlich von Insekten. Auch die Larven sind ihm willkommenes Futter, wenn man sie zunächst mit Pinzette und ruhiger Hand den Tieren vorsichtig über das Maul hält. Sind die Fische erst einmal eingewöhnt, gehen sie auch an andere Futtersorten, doch dauert das seine Zeit. Als Liebhaber muß man in den ersten Tagen wirklich etwas Zeit aufwenden, um die Tiere bei der Fütterung zu beobachten. Die Zucht ist nur möglich, wenn dem Weibchen vitaminreiche Kost (kleine Jungfischchen eierlegender Arten, Insekten oder mit Vitaminen versetzte Würmer) gereicht wird. Gerade das zuletzt Genannte ist erst seit kurzer Zeit bekannt. Pflegt man Halbschnabelhechte, muß man sich andere Oberflächenfische versagen, denn sie sind doch recht zart. Schwimmpflanzen benutzen sie sehr gern als

Aufenthaltsorte oder Versteckplätze. Wer sich also Halbschnabelhechte zulegen will, sei sich von Anfang an darüber im klaren, daß ihre Pflege mindestens anfänglich einige Zeit und Mühe kosten wird. Es sind eben Fische für den erfahrenen Kenner, doch sollte sich jeder Aquarianer einmal mit ihnen beschäftigt haben.

Brutpflegende Fische

Wer als Aquarianer schon etwas in die Materie eingedrungen ist, weiß, daß es Fischarten gibt, die ihre Eier und die auskommenden Jungen in aufopfernder Weise betreuen. Zu dieser Zeit werden aus den sonst oft recht harmlosen Fischen wahre Berserker, die nicht davor zurückschrecken, weit größere und stärkere Fische anzugreifen, um vermeintliche oder wirkliche Gegner aus ihrem Brutgebiet zu vertreiben. Sonderbarerweise gelingt es dabei selbst recht kleinen Fischen, weit größere mit Erfolg zu verjagen. Ja, man kann fast sagen, daß die für diese Brutpflegezeit oft typische Färbung und das Verhalten angetan sein müssen, größere Fische bereits von vornherein auf das Vorhandensein von Eiern oder Brut aufmerksam zu machen, so daß sie den Bezirk achten, den sich die brutpflegende Art für ihre Jungen ausgesucht hat. Lediglich in kleinen Aquarien kommt es häufiger vor, daß Mitinsassen immer wieder in das Revier der pflegenden Art eindringen müssen, weil die beschränkten räumlichen Verhältnisse ein ständiges Ausweichen nicht zulassen. Aus diesem Grunde achte man bei solchen Fischarten von Anfang an darauf, daß der ihnen zur Verfügung stehende Raum ihren Ansprüchen genügt. Dieser hat je nach Größe der Fischart unterschiedliche Ausdehnung. So beanspruchen Zwergcichliden weit kleinere Reviere als Cichliden, deren eigene Körpergröße schon 10 oder noch mehr cm beträgt. Zwar sind fast alle Brutpfleger in Gesellschaftsaquarien zu züchten – es gibt wirklich nur einige wenige Ausnahmen –, doch empfiehlt es sich stets, den Tieren ein separates Becken zur Zucht zu bieten, oder man unterzieht sich der Mühe des Herausfangens der noch im Becken mitgepflegten Arten. Dieses Herausfangen der anderen Fische ist besonders dann zu empfehlen, wenn heiklere Arten im Becken bleiben sollen, z. B. Maroni-Buntbarsch, Ramirezi, Goldringelgrundel oder ähnliche. Diese Arten haben die Eigenschaft, oftmals mit ihren Vorbereitungen zur Zucht aufzuhören, wenn sie umgesetzt werden. Bei solchen Arten, die man zur Zucht umbettet, dauert manchmal die Eingewöhnungszeit nicht lange; es kann aber im neuen Heim auch überhaupt zu keiner Eiablage kommen, weil die neuen Verhältnisse nicht den anregenden im alten Aquarium entsprechen. Hier muß jeder Aquarianer eigene Erfahrungen sammeln, weil sich selbst innerhalb der einzelnen Fischarten die Tiere individuell unterscheiden. Aus diesem Grunde gehen auch die Meinungen der einzelnen Liebhaber oft weit auseinander – es lassen sich eben keine Universalregeln aufstellen. Die besten Erfahrungen wird man aber immer machen, wenn man die Tiere in ihrem alten, gewohnten Heim beläßt und die unerwünschten Fische entfernt. Besonders bei wertvolleren Arten, z. B. bei Importtieren, sollte man dies beachten. Es ist überhaupt angebracht, solche Fischarten von Anfang an in einem separaten Aquarium zu pflegen, damit sie sich gleich mit ihrer Umwelt vertraut machen können.

Für die Brutpflege selbst ist zunächst nichts weiter zu beachten, denn bei Vermehrungsbereitschaft besorgen die Fische alles selbst. Man muß aber aufpassen, um welche Elternform es sich bei den gepflegten Fischen handelt. Wir unterscheiden darin drei verschiedene Möglichkeiten. Einmal gibt es die Elternfamilie, in der beide Partner, also Männchen und Weibchen, für ihre Brut sorgen. Sie wechseln sich darin ab, so daß stets ein Tier bei den Eiern oder Jungen ist, während das andere Nahrung sucht oder eine neue Grube baut, in die die Jungen später überführt werden können. Diese Familienform ist die häufigste, sie hält auch am längsten zusammen, d. h., die Jungen bleiben in der Regel so lange bei den Eltern und werden von ihnen betreut, bis diese eine neue Brut aufziehen wollen. Dann allerdings vertreiben sie ihre eigenen Jungen, die nun zu «Feinden» werden. In diesem Fall gilt es nur etwas aufzupassen, dann kann nichts geschehen; man kann nun die Jungen rechtzeitig herausfangen oder mit einem Schlauch, der natürlich eine genügend große Weite haben muß, abziehen. Jungfische, die in kleineren Aquarien mit ihren Eltern verbleiben, vielleicht auch noch ohne genügende Versteckmöglichkeiten, werden gefressen; sie sind also zur «Beute» geworden.

Oft kommt es vor, daß das Gelege noch vor dem Schlüpfen der Jungen aufgefressen wird. Das braucht bei den ersten zwei, drei Malen nicht tragisch genommen zu werden, sind doch die Tiere oft noch so jung, daß ihr Brutpflegeinstinkt erst im Erwachen ist. Außerdem kann einer der Partner zu jung sein, so daß sich die Eier nicht richtig entwickeln, weil sie nicht befruchtet sind. Auch andere Möglichkeiten, die zu erörtern hier zu weit führen würden, können mitspielen. Nach einigen mißlungenen Pflegeversuchen spielt sich das Verhältnis der Eltern zueinander meist bald ein, und die Jungen werden «vorschriftsmäßig» aufgezogen. Legt sich aber der Kannibalismus nicht, so sollte man die Tiere auswechseln, wobei man in der Regel das vornehmlich fressende Tier gegen ein anderes austauscht. Auch das ist kein Universalrezept, sondern nur ein Fingerzeig für die anzuwendenden Methoden.

Die zweite Familienform ist die Mutterfamilie. Hier übernimmt das Weibchen die alleinige Brutpflege. Es vertreibt bald nach dem Ablaichen das Männchen aus seiner näheren Umgebung und greift es stets wütend an, wenn es in seine Nähe kommt. Vor allem bei Zwergcichliden finden wir diese Art der Familie, z. B. bei *Apistogramma reitzigi*. Man entferne also das Männchen nach dem Ablaichen aus dem Behälter, besonders dann, wenn nur ein kleines Gefäß zur Verfügung steht, in dem sich die Tiere zwar paaren können, sich später aber immer wieder begegnen müssen. Die Angriffslust des Weibchens kann so weit gehen, daß das viel größere Männchen verhungert, weil es nicht an das Futter gelassen wird, obwohl es sein kleineres Weibchen normalerweise ohne große Anstrengung töten könnte. Das Männchen ist aber jetzt sozusagen psychisch unterlegen. In der Mutterfamilie halten die Jungen und die Mutter ebenfalls sehr lange zusammen und trennen sich erst – wenn auch unter Anwendung rabiater Methoden durch die Mutter –, sobald eine neue Brut in Aussicht ist.

In der Vaterfamilie haben wir die dritte Familienform. Hier geschieht das Umgekehrte: Der Vater übernimmt die alleinige Sorge für die Nachkommen, wobei er sein Weibchen, das eben noch mit ihm gelaicht hat, unter oft barbarischen Rammstößen vertreibt. Manchmal nimmt der Vater auch mehrere Weibchen für das endgültige Gelege. Keines dieser Weibchen hat jedoch eine Sonderstellung, sondern alle werden aus dem Brutrevier vertrieben. So ist es z. B. bei unserem einheimischen Stichling, den wir in diesem Zusammenhang nicht vergessen wollen, ist sein Nestbau und die Brutpflege doch immer sehenswert. Wäre dieser Fisch nicht so ungeheuer häufig, würde er in seiner Hochzeitsfärbung, die kaum etwas Ähnliches unter den tropischen Fischen finden läßt, sicher stets hohe Preise in Liebhaberkreisen erzielen. Aber auch andere Fische zeigen Vaterfamilien, so z. B. die Kampffische.

Bei der Vater- und der Mutterfamilie haben die Liebhaber immer wieder beobachten können, daß die pflegenden Tiere weit besser und aufopfernder ihre Brut bewachen, je mehr scheinbare Feinde sie zu bekämpfen haben. Es ist in Züchterkreisen überhaupt ein Trick, schlecht pflegende Tiere mit solchen scheinbaren Nesträubern zu beschäftigen. Dazu eignen sich z. B. Oberflächenfische, die nur sehr selten in die Nähe des Geleges kommen, aber stets vom Elterntier beobachtet werden. Sind die Jungen geschlüpft und schwärmen aus, werden diese Fische entfernt; am besten nachts. Aber auch kleine rote Posthornschnecken eignen sich trefflich. Immer wieder wird man beobachten können, wie das Elterntier Schnecken, die zu nahe an das Gelege gekommen sind, mit Rammstößen zu vertreiben sucht oder gar im Maul ein Stück wegträgt. Zu viele Hunde (in diesem Falle Schnecken!) sind aber auch hier des Hasen Tod. 2 oder 3 kleinere Exemplare genügen vollständig. Es gibt noch einige andere Methoden, dem pflegenden Fisch Beschäftigung zu verschaffen und so seinen Brutpflege-Instinkt wachzuhalten, aber von diesen soll hier nur noch eine erwähnt werden, weil sie keine Risiken mit sich bringt. Man stellt das Glas mit dem pflegenden Tier neben ein Becken, in dem Fische sind. Dadurch wird das Weibchen oder Männchen immer wieder vor die Aufgabe gestellt, bereit zu sein für die Verteidigung. Da die Brutpflege vor allem in der Zeit wichtig ist, in der die Eier noch an der Unterlage haften (über einen ungefähren Zeitraum von 3 Tagen bis zu einer Woche), lernen die pflegenden Fische meist nicht, daß die trennenden Scheiben ihnen ihren Frieden sichern. Sie bleiben immer auf dem Sprung. Sind die Jungen geschlüpft, hat das Elterntier genug damit zu tun, seine Brut beieinanderzuhalten, denn bald werden die zunächst unbeholfenen Tierchen zu munteren und unternehmungslustigen Fischchen, die ihren Pflegern alle Aufmerksamkeit abverlangen.

Manche Aquarianer werden die Erfahrung machen, daß auch die schon schwimmenden Jungen noch gefressen werden. Meist ist daran die Umgebung außerhalb des Aquariums schuld. Fische, die es gewöhnt sind, in ruhigen Zimmern zu stehen, finden sich nur schlecht mit einer plötzlich lauten Umwelt ab. Die Folge: die Jungen werden gefressen. Wer seine Fische liebt, der bringt sie deshalb von Anfang an in eine dem Familienleben angepaßte Umgebung. Haben sich die Tiere erst einmal an den Trubel gewöhnt, der um sie herum vorgeht, werden sie auch bei der Brutpflege, die ihre ganze Aufmerksamkeit in Anspruch nimmt, nicht so entgleisen, daß sie ihre Jungen fressen. Aber auch das ist nur eine oft gemachte Erfahrung, die nicht zur Regel erhoben werden sollte. Man kann sogar noch eine andere Beobachtung machen. Verständlich ist, daß man den zu erwartenden Jungfischsegen ständig kontrolliert. Da die Fische ihre Gelege aber vorzugsweise an Stellen unterbringen, die ihrem Empfinden nach sicher sind, muß man sich oft sehr stark verrenken, um das Gelege zu Gesicht zu bekommen. Dabei rückt man den Tieren viel näher, als es ihnen lieb ist. Die Folge davon kann sein, daß sie die Jungen noch versteckter unterbringen oder das Gelege beim nächsten Mal so anlegen, daß man es gar nicht mehr sieht. Wir müssen uns nun hüten, ständig mit den Fingern oder einem Stab nach den Tieren zu suchen. Lassen wir den Fischen ihre Ruhe, werden wir mehr

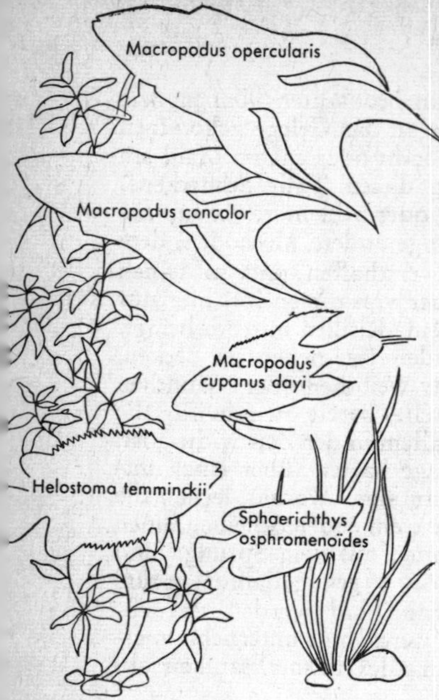

Paradiesfisch, Makropode, *Macropodus opercularis.* 12 cm. Männchen mit stark verlängerten Flossen. Weibchen zeigen nur kleine Flossen. Der Paradiesfisch gehört zu den Anfängerfischen, denn seine Pflege und Zucht sind so einfach, daß man keine Vorkenntnisse haben muß. Da die Tiere etwas robust sind und groß werden, sollte man sie nicht mit kleinen und zarten Fischen vergesellschaften. Sie sind räuberisch, wenn auch untereinander und zu großen anderen Fischen nicht unverträglich. Sie fressen alles, ziehen aber kräftiges Lebendfutter vor. Bauen Schaumnest, in dem die vom Männchen bewachten Eier und später die Jungen liegen. Stammt aus dem südöstl. Asien. Labyrinthfisch, wie alle hier auf dieser Tafel dargestellten Arten, der seinen Sauerstoffbedarf aus der Atmosphäre decken muß. 20–22°. – **Schwarzer Makropode,** *Macropodus concolor.* 10 bis 12 cm. Männchen mit stark vergrößerten Flossen. Weibchen ohne diese. Die dunkle Färbung dieser Fische ist besonders in der Laichzeit deutlich. Sonst sind sie schmutzig bräunlich getönt. Wunderbarer Fisch, der etwas höhere Temperaturen möchte als sein vorher genannter Verwandter (22–24°). Pflege und Zucht ebenfalls einfach. Stammt auch aus dem südöstl. Asien. – **Spitzschwanz-Makropode,** *Macropodus cupanus.* 5 cm. Männchen mit spitz ausgezogenen und vergrößerten Rücken- und Afterflossen. Man sieht ihn nur noch selten, weil er von der farbigeren und in der Körperform sehr ähnlichen, hier auf der Farbtafel abgebildeten Zwerg-Makropode verdrängt worden ist. Zucht ebenfalls einfach. In gut bepflanzten Becken werden die Tiere etwas scheu. 22°. Indien, Hinterindien. – **Zwergmakropode,** *Macropodus cupanus dayi.* 5–6 cm. Männchen mit spitz ausgezogenen und verlängerten Rücken- und Afterflossen. Der gern Verstecke aufsuchende Fisch ist etwas wärmebedürftiger als seine Stammform. Sonst ist der einfach zu haltende und zu züchtende Allesfresser anspruchslos. 22–24°. Indien. – **Küssender Gurami,** *Helostoma temminckii.* Bis 30 cm, bleibt in Aquarien viel kleiner. Männchen und Weibchen schwer zu unterscheiden. An sich ist der Fisch in Gefangenschaft einfach zu halten, doch schwieriger zu züchten. Frißt alles, was klein ist, auch Pflanzen (Algen). Seiht ständig das Wasser. Fällt wegen seiner Sucht, andere Fische abzuraspeln (Putzer), oft unangenehm auf. Hinterindien, Sundainseln. 22°. – **Schokoladengurami,** *Sphaerichthys osphromenoïdes.* 6 cm. Weibchen mit angedeuteter gelblicher Längsbinde (Vorsicht!). Begehrter, nicht einfach zu haltender und schwierig zu züchtender empfindlicher Aquarienfisch. Sumatra. 24°. Dichte Bepflanzung.

Indischer Wasserfreund, *Hygrophila polysperma* (links). Gute, haltbare Wasserpflanze. – **Zwergkalmus,** *Acorus pusillus* (rechts). Als Wasserpflanze nur bedingt brauchbar. Sumpfpflanze.

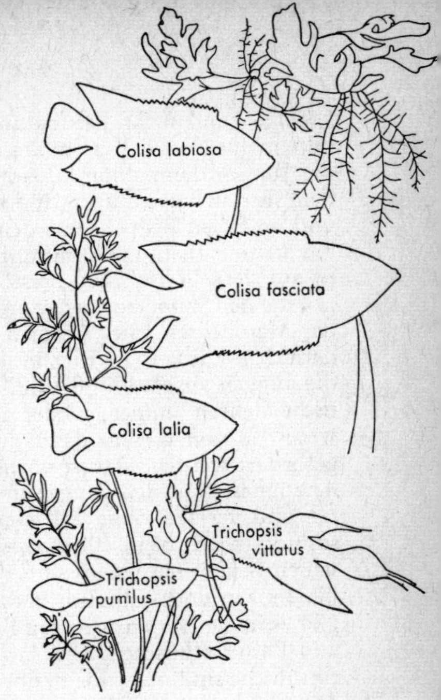

Dicklippiger Fadenfisch, *Colisa labiosa.* Nordöstl. Indien bis Birma. Männchen farbiger, Rücken- und Afterflosse erscheinen spitz. 10 cm. Trotz seiner Größe ist der Fisch ein guter Aquarienfisch, dessen Pflege empfohlen werden kann. Wie alle auf dieser Tafel abgebildeten Fische ist er Labyrinther, der seinen Sauerstoffbedarf aus der Atmosphäre decken muß. Pflege ist einfach, Zucht ebenfalls. Man sollte die Fische in besondere Behälter bringen, wenn die Männchen beginnen, Schaumblasen an der Wasseroberfläche zu sammeln. Nach dem Ablaichen entferne man das Weibchen und überlasse die Sorge um die Eier dem Männchen. Wenn die Jungen frei schwimmen, entferne man auch das Männchen. Die Aufzucht der Jungen ist nicht schwer, die Bruten sind oft sehr ergiebig. Schwimmpflanzen sind zum Nestbau wichtig. Durchlüfter abstellen. 22–24°. – **Gestreifter Fadenfisch,** *Colisa fasciata.* 12 cm. Männchen leicht an der zugespitzten After- und Rückenflosse zu erkennen. Diese Art gilt als dieselbe wie die vorige. Man nimmt an, daß sich beide Formen nur geographisch unterscheiden, also Rassen ein und derselben Art sind. Nordindien. Über Haltung und Pflege siehe andere Colisa-Arten. – **Zwergfadenfisch,** *Colisa lalia.* 5–6 cm. Männchen weitaus farbenprächtiger. Schon als Jungfisch am blauen Kiemendeckel zu erkennen. Wegen seiner Kleinheit sollte man den Fisch nicht mit robusten Arten vergesellschaften. Er fügt sich aber unter anderen friedlichen Fischen gut ein. Ist einer der schönsten Fische überhaupt. Haltung in gut bepflanzten Becken einfach. In ruhig stehenden Aquarien werden die Fische gern etwas scheu. Zucht einfach. Nördl. bis östl. Indien. 24°. Alle Colisa-Arten sind Allesfresser, denen man aber auch stets Insektenlarven geben sollte. – **Knurrender Gurami,** *Trichopsis vittatus.* Früher *Ctenops vittatus.* 7 cm. Beim Männchen sind die Rücken- und die Afterflosse etwas vergrößert und zu langen Spitzen ausgezogen. Die Fische nehmen mit kleinen Behältern vorlieb, haben es aber gern, wenn sie guten Pflanzenwuchs geboten bekommen. Während der nicht einfachen Zucht geben die Männchen oft knurrende Geräusche von sich, die laut und vernehmlich sind. Hinterindien, Sundainseln. Allesfresser, dem man nicht ausschließlich Trockenfutter reichen darf. – **Knurrender Zwerggurami,** *Trichopsis pumilus.* 4 cm. Geschlechter sind sehr schwer zu trennen. Man richtet sich nach dem Körperinhalt. Beim Männchen ist er spitz, beim Weibchen abgerundet. Wunderschöner, für kleinere Becken geeigneter Allesfresser, der dichte Bepflanzung liebt und höhere Wärmegrade benötigt. Hinterindien. 24°. Zucht nicht einfach, wenig produktiv.

Sumatrafarn, *Ceratopteris thalictroïdes.* Anspruchslose Pflanze, die mit ihrer hellen Farbe gut aussieht. Viel Licht. Mehrere Formen. Unter anderem eine Schwimmform, in deren Wurzeln viele Fische gern laichen.

Erfolg – und mehr Freude an dem Erfolg – haben. Vor allem hüte man sich, die Tiere in der Dämmerung zu beunruhigen, weil die Jungen dann schon im sicheren Nest untergebracht sind, aus dem sie durch unser ungeschicktes Suchen herausgewirbelt werden und im freien Becken ohne den Schutz der Pfleger vielen Gefahren ausgesetzt sind. Manche anfänglich erfolgversprechende Zucht ist auf diese Weise schon zerstört worden.

Eine der Sonderformen von Brutpflegern ist die große Gruppe der Maulbrüter. Hier nehmen der Vater oder die Mutter gleich nach dem Laichen die Eier in ihr Maul und behalten sie dort, bis die Jungen ausgeschlüpft sind. Auch die heranwachsenden Jungfische kehren immer wieder in des Elterntieres Maul zurück, wenn sie von diesem dazu durch bestimmte Bewegungen aufgefordert werden. Das ist vornehmlich der Fall, wenn Gefahr im Anzuge ist. Mit den Jungen im Maul wird der Gegner angegriffen und verjagt, ohne daß eines der Kleinen aus Versehen verschluckt wird. Man führe dieses Experiment aber nicht zu oft seinen Bekannten vor, weil bei dauernder vermeintlicher Gefahr die Jungen doch plötzlich verzehrt werden können. Maulbrüter gibt es in den verschiedensten Fischgruppen, so z. B. bei Cichliden und Labyrinthfischen. Die für die Aquaristik geeigneten Labyrinthfische sind meist klein, überschreiten kaum 10 cm Länge. Bei den Cichliden sind die Mehrzahl der Maulbrüter große Arten, die über 20 cm erreichen können; einige Arten bleiben aber unter 10 cm Länge und sind begehrte Aquarienfische. Hierher gehört vor allem der kleine Vielfarbige Maulbrüter *(Haplochromis multicolor)*. Gerade den maulbrütenden Tieren sollte man während der Brutpflege keine Nahrung anbieten. Sie fressen sie doch nicht. 14 Tage lang hungern sie. Ist es da nicht selbstverständlich, wenn man sie so gut als möglich schont? Aus diesem Grunde entferne man den anderen Partner, der meist keine Einsicht in die schwere Aufgabe hat, die seiner Ehehälfte obliegt. Manche Maulbrüter vertragen es sogar, wenn man das pflegende Tier vorsichtig herausfängt und sofort in ein eigenes Aquarium überführt. Nur selten werden dann die Eier gefressen. Diese Maßnahme ist aber nur anwendbar, wenn lediglich eines der Elterntiere im Maule brütet. Es gibt nämlich auch Arten, bei denen sich die Eltern in der Pflege der Brut abwechseln, so z. B. bei *Geophagus acuticeps*, einem herrlichen Fisch aus der Gruppe der Erdfresser, der leider nur etwas groß für das normale Zimmeraquarium wird, vor allem, wenn man Gesellschaftsaquarien liebt.

Die Aufzucht der Jungen ist in der Regel nicht schwierig. Bis zum Schlüpfen des Geleges hat man ohnehin keine Arbeit, weil die Eltern alles übernehmen. Sie halten das Gelege sauber, entfernen verpilzte Eier, vertreiben Gefahren usw. Die eigentliche

Arbeit des Züchters beginnt erst, wenn die Jungen geschlüpft sind. Bei Cichliden erkennt man das daran, daß die Jungen in einer Grube untergebracht oder an einem Gegenstand im Aquarium aufgehängt worden sind. In einem solchen Falle besitzen die Jungen am Kopf Klebdrüsen, mit denen sie festhaften. Liegen sie in einer Grube, wird man in den ersten Tagen nichts von ihnen sehen. Die Eltern wachen über ihnen, und schaut man in die Grube, sieht man nur ein dunkles Knäuel, das eher aussieht wie zusammengetragener Mulm. Nach einigen Tagen beginnen die Jungen immer wieder den Versuch zu unternehmen, aus der Grube aufzusteigen. Jetzt wabert es unter den Eltern. Dies ist das Zeichen, daß der Dottersack ganz oder doch sehr bald aufgezehrt ist und daß die Jungen langsam mit Futter versorgt werden müssen. Meist sind sie bereits recht groß und können schon mit Nauplius-Larven des Salinenkrebschens gefüttert werden. Bei großen Bruten – beim Perlmuttercichliden *(Herichthys cyanoguttatum)* z. B. ist eine Jungenzahl von 3000 Stück durchaus keine Seltenheit – wird diese Fütterung aber mit der Zeit sehr teuer. Deswegen verwendet man gesiebte Wasserflöhe oder Hüpferlinge. Es schadet nichts, wenn auch einmal einige größere Futtertiere mit in das Aquarium kommen. Sie werden von den Eltern gefressen. Überhaupt ist nach den ersten Tagen darauf zu achten, daß man auch den Alten zu fressen gibt. Großen Cichliden bietet man Regenwürmer an oder Tubifex und Enchyträen, kleineren Arten große Wasserflöhe, Enchyträen und Tubifex. Auch Mückenlarven werden genommen. Man gebe aber bei der Fütterung nicht zuviel auf einmal hinein, sondern reiche die einzelnen Gaben lieber mehrmals täglich.

Die Jungen von kleinen Fischarten, etwa *Jordanella floridae*, kleine Labyrinther usw., werden mit Pantoffeltierchen angefüttert oder mit Tümpelinfusorien; bald nehmen sie auch gesiebte Wasserflöhe, denn sie wachsen schnell heran.

Labyrinthfische, wenn es nicht maulbrütende Arten sind, bauen in der Regel ein Schaumnest. Es wird aus Luftblasen hergestellt, die im Maul des Männchens mit einer Speichelfolie umgeben werden. Diese Luftblasen steigen zur Wasseroberfläche. Hier sammelt sie das Männchen und formt aus ihnen, oft unter Zuhilfenahme von Wasserpflanzenteilen, einen kleinen Nesthügel, in den dann die Eier gelegt werden. Manche müssen ebenfalls mit Luftblasen umgeben werden, damit sie nicht untersinken. Immer neue Luftblasen sorgen dafür, daß die Eier in die obere Lage des Nestes gelangen. Wir müssen also darauf achten, daß die Deckscheibe einigermaßen dicht aufliegt, damit keine unterkühlte Luft Zutritt zur Wasseroberfläche hat, die das Nest und die Eier schnell zerstören kann. Die schon nach wenigen Tagen schlüpfenden

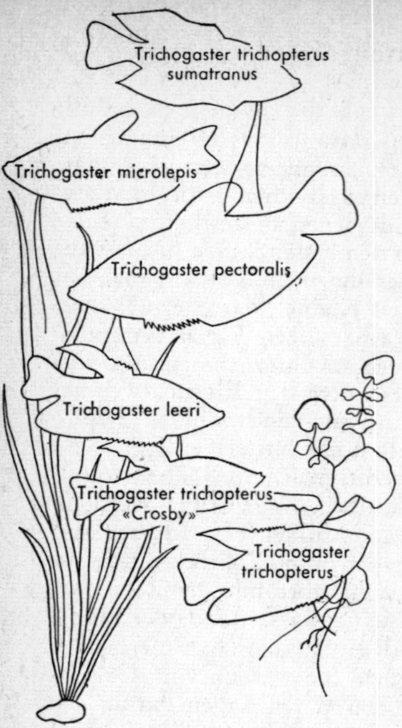

Blauer Fadenfisch, *Trichogaster trichopterus «sumatranus»*. 10 cm. Männchen leicht an der größeren Rückenflosse zu erkennen. Beliebter Aquarienfisch, der von Sumatra stammt. Da die Tiere doch recht groß werden, sollte man sie nicht in großen Mengen halten. Schon wenige Exemplare machen ein gutes Bild. Sie sind auch für Anfänger gut geeignet. In größeren, gut bepflanzten Aquarien sollten sie bei Temperaturen um 22° gehalten werden. Da sie völlig harmlos sind, kann man selbst kleine Fischarten mit ihnen vergesellschaften. Wie alle auf dieser Tafel dargestellten Fische handelt es sich hier um Labyrinther, die zum Atmen an die Wasseroberfläche müssen. Allesfresser. – **Mondschein-** oder **Seidenfadenfisch,** *Trichogaster microlepis*. 15 cm. Die Männchen erkennt man an der spitz verlaufenden größeren Rückenflosse. Zwar kann man den Fisch gut halten, doch ist seine Zucht etwas schwierig. Man benötigt größere Behälter, da das Schaumnest zu den größten gehört und fast 10 Zentimeter hoch sein kann. Allesfresser. Thailand. 24°. – **Schaufelfadenfisch,** *Trichogaster pectoralis*. 15 cm. Männchen mit spitzer ausgezogener Rückenflosse. Der Fisch wird nur selten von Liebhabern gepflegt, obwohl er sich gut halten läßt. Er ist harmlos und friedlich. Sollte aber mit nicht zu kleinen Fischen vergesellschaftet werden. Auch die Zucht ist nicht schwer, wohl können aber die Jungen sehr zahlreich sein, so daß sich der Aufzucht Futterschwierigkeiten entgegenstellen. Hinterindien. 22–24°. – **Mosaikfadenfisch,** *Trichogaster leeri*. 15 cm. Beim Männchen ist die Rückenflosse sehr viel größer als beim Weibchen, außerdem sind die hinteren Afterflossenstrahlen fädig verlängert. Wohl die schönste Fadenfisch-Art überhaupt, denn sie glänzt wie Perlmutt. Haltung nicht schwer, Zucht manchmal mit Schwierigkeiten verbunden. Benötigen größere Behälter, besonders zur Zucht. Paare extra setzen, Weibchen nach dem Ablaichen entfernen. Kann im Gesellschaftsbecken gepflegt werden. Hinterindien, einige Sundainseln. 22–24°. – **Marmorierter Fadenfisch,** *Trichogaster trichopterus*, unter dem Handelsnamen «crosby» bekannt, der keinen wissenschaftlichen Wert hat. Neueste Zuchtform, die durch ihre geschmackvolle Kombination von hellblauen und schwärzlichen Tönen besticht. Etwas wärmeempfindlicher als andere Arten. Zucht nicht schwer, ziemlich produktiv. Allesfresser. Aus den USA zu uns gekommen. 24°. – **Punktierter Fadenfisch,** *Trichogaster trichopterus*. 15 cm. Männchen an der größeren und zugespitzten Rückenflosse leicht zu erkennen. Haltung und Zucht auch für Anfänger möglich. Als Jungfisch unscheinbar, als geschlechtsreifes Tier sehr schön. Harmloser Allesfresser, der für Gesellschaftsaquarien geeignet ist. Hinterindien, Archipel. 22°.

Mittlerer Kalmus, *Acorus graminëus*. Gute Sumpfpflanze, als Aquarienform bedingt geeignet. – **Japan. Schaumkraut,** *Cardamine lyrata*. Zarte Aquarienpflanze.

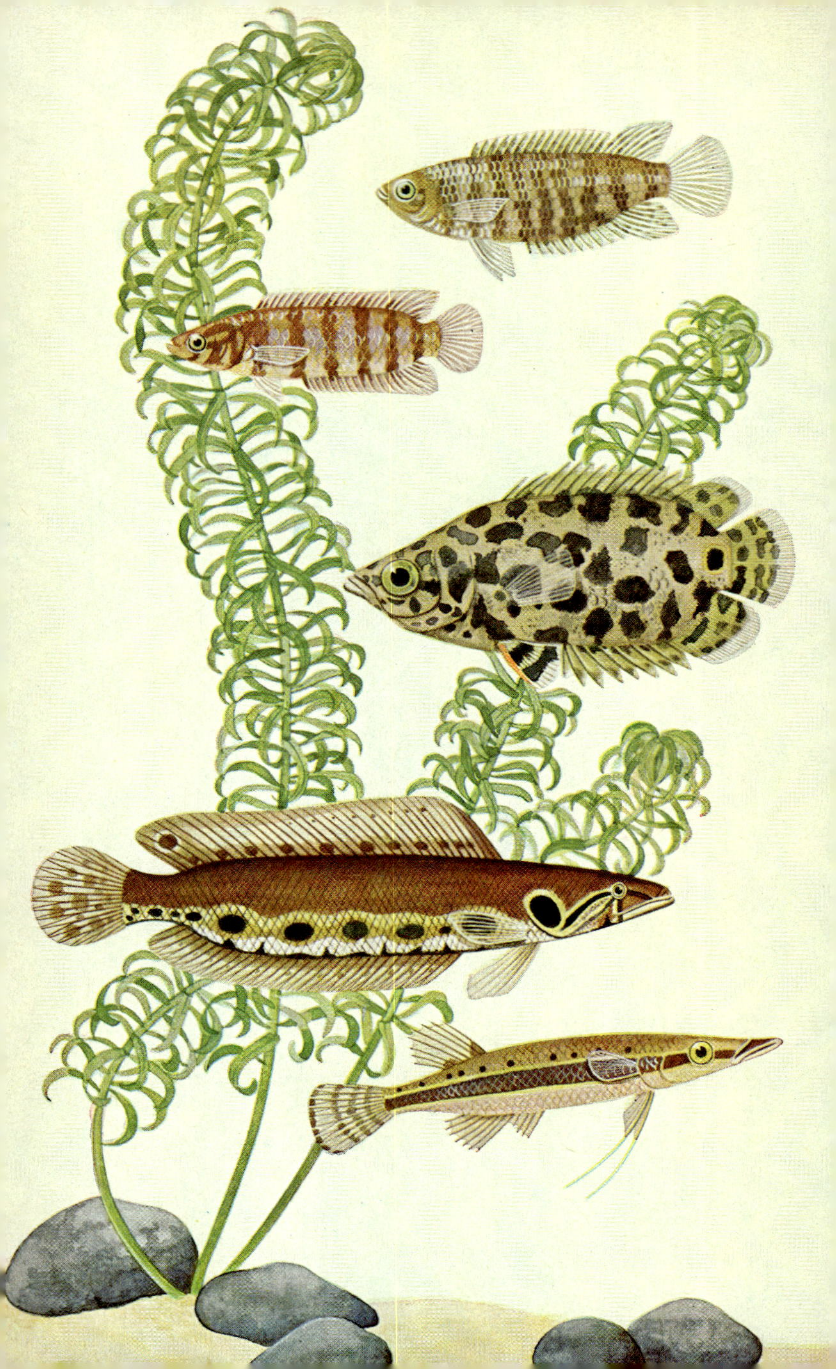

Zwergbuschfisch, *Ctenopoma nanum.* Etwa 7 cm. Männchen mit spitzer ausgezogener Rücken- und Afterflosse. Von den vielen Buschfischen ist diese Art die für den Anfänger geeignetste, weil sie trotz ihres Raubfischcharakters nicht unverträglich ist. Auch im Gesellschaftsbecken zu pflegen. Zur Zucht setze man die Tiere aber in ein anderes Becken. Sie bauen ein leicht zergehendes Schaumnest, im Gegensatz zu den meisten ihrer Verwandten. Vaterfamilie. Zwar sind die Tiere Allesfresser, doch hat man nur mit Lebendfutter seine Freude an ihnen. Kongo bis Kamerun. 22–24°. – **Rotflossiger Buschfisch,** *Ctenopoma ansorgëi.* 10 cm. Männchen etwas farbstärker und mit spitzeren Flossen. Der rötliche Flossenton dieser langgestreckten Buschfischform ist nicht immer zu sehen. Die Tiere gehen in der Regel nur an lebendes Futter und werden besonders in der Dämmerung munter. Es sind Raubfische, die manch kleinen Fisch verschwinden lassen. Haltung ist an sich auch Anfängern möglich, wenn man die Tiere allein hält oder nur mit anderen großen Formen zusammen. Über die Zucht ist nur wenig bekannt. Westafrika. 22°. – **Pfauenaugenbuschfisch,** *Ctenopoma oxyrhynchus.* 10 cm. Beim Männchen ziehen die Rücken- und die Afterflosse in eine Spitze. Kräftiger Raubfisch, der zu den Buschfischen gehört, die man besser für sich allein pflegt. In der Haltung ist er einfach, über die Zucht weiß man bisher nichts. Frißt fast ausschließlich kräftiges Lebendfutter, zu dem auch kleine Fische gehören. Dämmerungstier, dem dann mancher Mitbewohner zum Opfer fallen kann. Geräumige, gut bepflanzte Becken für alle Buschfische, damit sie Versteckplätze haben. Unteres Kongogebiet. 22–24°. Einer der schönsten Buschfische. – **Schlangenkopffisch,** *Channa obscura.* Etwa 40 cm. Geschlechtsunterschiede nicht bekannt. Manche der Arten sind Speisefische. *Ch. obscura* wird gern in großen Schauaquarien gepflegt. Für den Liebhaber eine interessante Abwechslung. Nimmt nur tierische Nahrung. Nicht mit anderen Fischen zusammen halten, wenn diese kleiner sind. Ausgesprochener Räuber. Dämmerungstier. Wie alle Fische auf dieser Tafel brauchen sie atmosphärischen Sauerstoff zum Leben. Viele Arten eingeführt, selten für Wohnzimmeraquarien. Mittelafrika 22–24°. – **Hechtkopf,** *Luciocephalus pulcher.* Etwa 15 cm. Geschlechter nicht zu unterscheiden. Dieser Fisch ist nur mit lebendem Futter zu ernähren, das aus Fischen bestehen kann. Im Gesellschaftsaquarium räumt er bald auf. Leider sehr empfindlicher Fisch. Haltung ist größeren Schauaquarien vorbehalten und fortgeschritteneren Liebhabern. Zucht unklar. Möglicherweise sind es Maulbrüter. Wärmeempfindlich. 24° und mehr. Ruhiger Fisch, den man vorsichtig behandeln sollte. Malaia, Sundainseln.

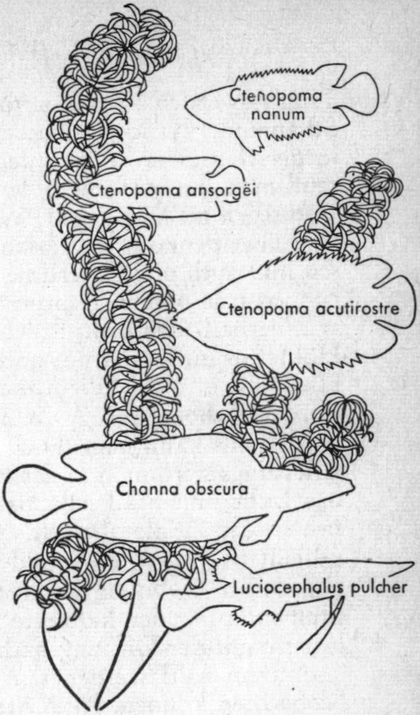

Krause Wasserpest, *Lagarosiphon muscoïdes* var. *maior.* Gute, anspruchslose Wasserpflanze. Am schönsten in Kaltwasseraquarien. Viel Licht.

Jungen werden zunächst vom Männchen immer wieder in das Schaumnest zurückgespuckt; später ist dann der Vater nicht mehr in der Lage, die kribbelnden Jungen beieinanderzuhalten. Nun muß man ihn entfernen, da er sonst in kurzer Zeit den ganzen Fischsegen im Magen hat. Vaterfamilien halten eben nicht lange, sind aber dennoch interessant zu beobachten. Die Jungen wachsen nun auch ohne elterliche Hilfe bald heran. Über die Ernährung wurde bereits gesprochen.

Innerhalb der brutpflegenden Arten gibt es solche, die ohne Höhle gar nicht oder nur unter besonderen Umständen ablaichen. Hier gibt es viele Möglichkeiten, den Erfordernissen gerecht zu werden. Schon beim Aufbau und während der Einrichtung des Aquariums kann man durch Steinaufbauten für Höhlen sorgen. Allerdings wird man in der Regel die Öffnungen so anlegen, daß das Licht hineinfällt, damit man später auch sehen kann, was sich in der Höhle abspielt. Viele Höhlenbrüter lieben aber einfallendes Licht gar nicht und verzichten deshalb darauf, die ihnen zugedachte Wohnung zu beziehen. In solchen Fällen eignen sich Blumentöpfe oder halbierte Kokosnußschalen vorzüglich. Man legt sie mit der Öffnung nach der dem Licht abgewandten Seite, und schon bald werden wir das Beziehen der neuen Wohnung beobachten können. Auch Steinplatten, die man an die Hinterscheibe stellt (aber so, daß sich die Fische nicht zwischen Scheibe und Stein festklemmen können), erfüllen ihren Zweck. Eine Fischart hat sogar ihren Namen von ihrer Eigenschaft erhalten, stets in Höhlen zu leben, der Topfgucker oder Blaubarsch *(Badis badis)*. Manche Arten bohren sich übrigens in dichten Algenpolstern ihre Höhlen selbst, wenn der Pfleger nicht genügend geeignete bereitgestellt hat.

Unter den Höhlenfischen gibt es einige Arten, die man kaum zum Ablaichen bringt, wenn man ihnen nur eine nackte Höhle ins Aquarium stellt. Sie verlangen etwas mehr, denn zu ihrem Brutablauf gehört das Graben. In solchen Fällen schüttet man die zugedachten Wohnungen mit Kies voll, der bald ausgegraben sein wird. Zu diesen Fischarten gehören z. B. *Nannochromis, Steatocranus, Teleogramma.* Sie sind in der Regel nicht ganz einfach zu vermehren.

Von den brutpflegenden Fischen nannten wir schon die Cichliden. Bei den Labyrinthern sind es die Gattungen *Colisa, Trichogaster, Macropodus, Betta, Trichopsis* (früher *Ctenops*), die Brutpflege betreiben. Andere Gattungen dieser Fischfamilie tun dies nicht, oder es ist bisher noch nicht beobachtet worden, obwohl diese Fische auch im Aquarium bereits gezüchtet worden sind. Dazu gehören die Buschfische aus den afrikanischen Gewässern *(Ctenopoma)*. Von ihnen sind zwar viele Arten eingeführt worden, doch haben sie nicht die Bedeutung erreicht wie ihre asiatischen Vettern, obwohl sie attraktiv und zum Teil ausgesprochene Leckerbissen für einen fortgeschritteneren oder spezialisierten Liebhaber darstellen.

Ctenopoma-Arten legen ihre Eier an der Wasseroberfläche ab; dort treiben diese, und die Elterntiere kümmern sich nicht weiter um ihre Produkte. Wer also Buschfische pflegen und züchten will, der halte die Tiere, die Längen von 10 cm oder gar darüber erreichen, am besten in einem geräumigen Becken, dem Versteckmöglichkeiten nicht fehlen dürfen, da einige Arten gegeneinander recht rauhbeinig sind. Im übrigen dürfen sie nicht mit allzu kleinen Fischarten vergesellschaftet werden, denn es handelt sich um Räuber mit gesundem Appetit. Eine Ausnahme gibt es unter den Buschfischen; das ist der Zwerg-Buschfisch *(Ctenopoma nanum)*, der auch in kleineren Aquarien und mit friedlichen Fischen zusammen gehalten werden kann. Er vermehrt sich übrigens nicht in der seinen Verwandten eigenen primitiven Form, sondern hält sich mehr an das den Labyrinthfischen angestammte Nestbauverhalten. Viele Aquarianer werden den Namen Buschfische nicht kennen, denn sie sind lange Jahre als «Kletterfische» bekannt gewesen. Leider können sie aber gar nicht klettern wie ihr großer Verwandter, der Kletterfisch *(Anabas testudinëus)*, der allerdings kein besonders angenehmer Aquarienfisch ist, besonders nicht für normale Zimmeraquarien. Dagegen sind alle anderen Labyrinther zumindest in größeren Aquarien ohne besondere Mühe zu pflegen.

Zu den brutpflegenden Fischen gehören auch Welse. Es gibt Arten, die sogar maulbrütend sind, in der Aquaristik aber keine Rolle spielen. Beliebter und von Kennern geachtet und begehrt sind die Harnischwelse, die *Loricariidae*. Sie stammen samt und sonders aus Südamerika und bewohnen dort in den meisten Arten die schnellströmenden Gebirgsbäche und sogar deren Quellregionen. Man muß sich also bei ihrer Pflege auf Sauerstoffversorgung einrichten, vor allem, wenn die Fische aus Importen stammen. Nachzuchttiere verlieren das besondere Sauerstoffbedürfnis etwas. Sie besitzen ein unterständiges Saugmaul, mit dessen Hilfe sie sich an allen möglichen Gegenständen im Aquarium festsaugen. Außerdem lieben manche Arten feineren Bodengrund, in den sie sich mit schnellen Körperbewegungen einrütteln. Ihre Eier legen sie vorzugsweise in Röhren ab, die man ihnen in Form von Bambus- oder dunklen Glasröhren geben kann, wobei der Durchmesser der Röhre etwa der Körperdicke zweier Tiere entsprechen soll, damit der Laichakt ohne Komplikationen verlaufen kann. Das Männchen bewacht die Brut in den ersten Tagen, doch bald kümmert es sich nicht mehr darum, denn für diese recht unbeholfenen Fische ist ein Jungenschwarm genauso schwierig zu überwachen wie für den Menschen der berühmte Sack voller Flöhe. Da die Harnischwelse auch in der freien Natur vornehmlich Pflanzenfresser sind, darf man bei der Aufzucht der Jungen nicht vergessen, pflanzliche Beikost in Form überbrühten Salates zu reichen. Man kann den Salat auch ohne Überbrühen in das Becken geben; er wird dann nach einigen Tagen glasig und damit für die Fische genießbar. Pflanzenbeikost ist überhaupt für die meisten Fische wichtiger als man glaubt. Junge Harnischwelse müssen aber auch in ihrem tierischen Futter abwechslungsreich gehalten werden, da sie nach entsprechenden Erfahrungen der Züchter sonst leicht zugrunde gehen.

Zu den in Aquarien bereits gezüchteten Arten der Harnischwelse gehören z. B. die kleineren ein oder zwei Formen der Gattung *Loricaria,* die unter dem Namen *parva* gehandelt und in der Fachliteratur auch beschrieben werden, deren Namen aber sicher anders lauten muß – doch ist dies im Augenblick noch nicht feststellbar. Weiterhin ist der Blaue Antennenwels *Xenocara dolichoptera* gezüchtet. Im Laufe der Zeit werden es noch andere sein, doch immer wird die Zucht mit einem kleinen Geheimnis verbunden sein, weil die Tiere ihre Eier in Röhren zu verstecken suchen.

Brutpflege betreiben auch der Panzerwels *(Callichthys callichthys)* und seine mehr oder minder nahen Verwandten aus der Gattung *Hoplosternum.* Sie bauen Schaumnester, in die sie Pflanzenteile mit einflechten. Auch hier ist die Aufzucht nicht schwierig, wenn die Jungen erst einmal geschlüpft sind.

Aus der großen Gruppe der Eierlegenden Zahnkarpfen oder *Cyprinodontinae* kommt für uns Aquarianer eine Art in Frage, der Floridakärpfling *(Jordanella floridae).* Das Männchen bewacht den Laich, der an Gegenständen oder Pflanzen im Aquarium angeheftet wird. Allerdings ist die Neigung zur Brutpflege nicht besonders heftig, denn oft verläßt das Alttier seine Eier oder die gerade ausgeschlüpften Jungen, ohne wiederzukommen. Die Pflege dieses farblich schönen Fisches ist einfach, die Vermehrung ebenfalls. Leider kennen nur wenige Aquarianer den Fisch, wohl weil ihm der Ruf vorausgeht, er sei unverträglich. Das stimmt aber nur in einigen Ausnahmefällen. Besonders für Aquarianer, die noch nicht so große Erfahrungen mit den oft ziemlich heiklen Eierlegenden Zahnkarpfen gemacht haben, empfiehlt sich dieser Fisch ganz besonders. Doch muß man darauf achten, keine Einzelgänger im Aquarium zu behalten, denn sie werden oft ziemlich ruppig. Übrigens ist diese Art die einzige bisher bekannte aus der Familie der Eierlegenden Zahnkarpfen, die Brutpflege treibt.

Auch unter den Salmlern gibt es eine Gruppe, deren Vertreter ihre Gelege und auch noch eine kurze Zeit die Jungen bewachen. Es handelt sich um die torpedoförmig gebauten *Pyrrhulininae*, zu denen unter anderem der Spritzsalmler gehört, dessen Name von der Art und Weise herrührt, in der er seine Eier außerhalb des Wassers betreut. Er steht unter dem Gelege, daß in unseren Aquarien in der Regel an der Deckscheibe angeheftet wird, und spritzt mit seinem Schwanz von Zeit zu Zeit Wasser nach oben, damit die Eier nicht vertrocknen. Beim Laichakt springen Männchen und Weibchen an die Deckscheibe; das Weibchen heftet die Eier an, das Männchen besamt sie, dann fallen die Fische ins Wasser zurück. Wer einen größeren Schwarm pflegt, kann auch beobachten, daß die Spritzsalmler versuchen, zu dritt zu springen. Für die Aufzucht der Jungen kann man das Männchen bis zum Schlüpfen beim Gelege lassen, dann entferne man es ebenfalls; man kann die Eier aber auch ohne das Vatertier aufziehen.

Von den anderen Angehörigen der Pyrrhulininen baut der Forellensalmler *(Copeïna guttata)* eine flache Grube im Bodengrund. Das hat er gemeinsam mit dem bei Zimmertemperatur zu pflegenden Scheibenbarsch *(Mesogonistius chaetodon)*, einem beliebten Vertreter der Sonnenbarsche *(Centrarchidae)* aus Nordamerika. Die Grube wird mit dem Schwanz ausgewedelt. Das Männchen bewacht auch hier die Eier und die Jungen.

Aus der Gattung *Pyrrhulina* pflegen wir in den letzten Jahren nur noch *Pyrrhulina vittata*. Bei dieser Art putzt das Männchen ein Blatt, zu dem es ein Weibchen lockt und mit ihm unter kreisförmigen Bewegungen laicht. Die Eier und später die geschlüpften Embryonen werden vom Männchen aufopferungsvoll gepflegt und bewacht.

Alle diese genannten brutpflegenden Salmler sollte man für sich in einem besonderen Aquarium pflegen. Sie sind im Gesellschaftsbecken verhältnismäßig scheu, ja sie fühlen sich gar nicht wohl, wenn sie zusammen mit robusten Arten gehalten werden. Sonst sind sie anspruchslos, mögen aber kein großes Futter, da ihre Mäuler sehr klein geraten sind. Guter Pflanzenwuchs, der geeignet ist, als Versteck zu dienen, ist ihnen Bedürfnis.

Unter unseren einheimischen Fischen, die jederzeit im Aquarium gehalten werden können, sind es drei Arten, die wir in ihrer Brutfürsorge gut und leicht beobachten können. Einmal sind es die bereits erwähnten Stichlinge, von denen es in unserer Heimat zwei verschiedene Arten gibt, den Dreistacheligen *(Gasterostëus aculeatus)* und den Neun- bis Elfstacheligen *(G. pungitius)*. Der erste baut sein Nest am Boden mit Hilfe von allerlei Pflanzenmaterial und einem klebenden Körpersekret, der andere, *G. pungitius*, legt sein Nest einige Zentimeter über dem Bodengrund zwischen Pflanzen an. Die Brutpflege der Männchen ist aufopfernd und wirklich sehenswert. Jeder Aquarianer sollte wenigstens einmal in seiner Laufbahn diese Fische gepflegt und gezüchtet haben.

Die dritte einheimische Fischart, deren Pflege und Zucht in Aquarien möglich ist, ist das Moderlieschen *(Leucaspius)*. Das Weibchen legt seine Eier an einen Pflanzenstengel oder auch an ein Blatt, das Männchen bewacht das Gelege und stößt ab und zu den eiertragenden Pflanzenteil an, damit die Eier mit Sauerstoff versorgt werden. Nach dem Schlüpfen der Jungen verliert sich der kleine Schwarm schnell. Die Aufzucht der Jungen ist nicht ganz einfach. Dennoch bietet diese Zucht viel Interessantes.

Eine indirekte Brutpflege betreibt der Bitterling *(Rhodëus amarus)*, dessen Lebensweise in allen Schulbüchern zur Genüge behandelt wird. Er braucht zur Vermehrung Malermuscheln, die im gleichen Becken mitgepflegt werden. Durch eine lange Laichröhre, die dem Weibchen eigen ist, werden die Eier in die Atemöffnung der Muschel gebracht und vom Männchen befruchtet. In den Kiemen der Muscheln entwickeln sich die Jungen, die ausgestoßen werden, wenn sie schwimmen können. Die Aufzucht ist nicht schwer. Man bepflanze die Zuchtaquarien nicht zu dicht, denn die Muscheln wühlen die Pflanzen aus dem Bodengrund.

Fische, die im Wasser ersticken

Ein Uneingeweihter wird diese Überschrift sicherlich für aquaristisches Jägerlatein halten. Fische sind doch Wasserbewohner und atmen durch Kiemen! Wie also könnten sie im Wasser ersticken? Und doch gibt es eine stattliche Anzahl Fische, die zumindest einen Teil des zum Leben notwendigen Sauerstoffs aus der Luft aufnehmen. Viele Arten besitzen noch Kiemen, andere nur im «larvalen» Jungfischstadium. Für die Aquaristik ist eine große Familie wichtig geworden, die viele schöne und beliebte Aquarienfische gestellt hat. Gemeint sind die Labyrinthfische *(Anabantidae)* und ihre größeren Verwandten, die Schlangenkopffische *(Ophiocephalidae)* und Hechtkopffische *(Luciocephalidae)*. Durch das Einatmen des aus der Atmosphäre entnommenen Sauerstoffes sind diese Fischarten in die Lage versetzt, Lebensräume zu besiedeln, die anderen Arten verschlossen bleiben. Hierzu gehören Überschwemmungsflächen, in denen das Wasser nur zeitweilig vorhanden ist, schlammige und dadurch sehr sauerstoffarme Gewässer usw. Diesen Wohnräumen sind manche Arten noch mit anderen Körperumbildungen angepaßt, so daß man nur staunen kann, welche Wege die Natur beschreitet, um alle zur Verfügung stehenden Lebensstätten besiedeln zu können.

Wenden wir uns also zuerst den Labyrinthfischen zu, die ihren Namen von einem gefältelten und gewundenen Organ unter den Kiemendeckeln erhalten haben, das dazu dient, den aus der Luft entnommenen Sauerstoff zu veratmen. Die Tiere *müssen* von Zeit zu Zeit an die Wasseroberfläche, um Luft zu schnappen. Verwehrt man ihnen das, so «ertrinken» sie. Je nach Erregungszustand, Größe der Art und Wassertemperatur sind die Zwischenräume der einzelnen Luftholperioden kürzer oder länger. Immerhin vermögen auch die Labyrinthfische im Wasser zu atmen, wodurch die Zeit bis zum Ersticken sehr verschieden lang sein kann. Das Labyrinth entwickelt sich bei den Jungen erst nach einigen Wochen. Deshalb ist die Durchlüftung bei den oft sehr großen Jungfischzahlen durchaus zu empfehlen. Später wird dies entbehrlich. In kühlen Zimmern, in denen auch im Winter die Außenluft weit unter der Temperatur des Aquarienwassers liegt, sollte die Deckscheibe gut schließen, damit die Fische keine Erkältungen erleiden. In ihrer Heimat lagert über dem Wasser ja in der Regel eine warme, feuchte Luft. Es soll hier aber auch darauf hingewiesen werden, daß es sogar in Sibirien Schlangenkopffische gibt, die man in kleineren Exemplaren in der Stube pflegen kann.

Alle Labyrinthfischarten sind – von wenigen Ausnahmen abgesehen – brutpflegend, so daß auf das Kapitel «Brutpflegende Fische» verwiesen sei, in dem das Wichtige über die Zucht gesagt ist. Zu den bekanntesten Arten zählen die Makropoden mit zwei großen Arten, dem Gestreiften, auch Paradiesfisch genannt *(Macropodus opercularis)*, und dem Schwarzen *(M. concolor)*. Dieser Fisch hat den ersten großen Aufschwung in der Aquaristik gebracht, denn seinerzeit war er eine Sensation. Leider sieht man wirklich hervorragende Tiere heute nur noch sehr selten; meist gibt es recht billige Massenware, bei der weder auf die herrliche Färbung noch auf die schönen großen Flossen Wert gelegt wird. Immer wieder werden die kleineren Vettern der großen Makropoden eingeführt und gepflegt, der Spitzschwanzmakropode *(M. cupanus)* und Zwergmakropode *(M. cupanus dayi)*. Sollte man bei der Pflege der großen Arten etwas vorsichtig mit der Vergesellschaftung mit kleineren Fischarten sein, so kann man die kleinen unbedenklich in jedem Aquarium pflegen. Der Rundschwanzmakropode *(M. chinensis)* erfreut sich keiner großen Beliebtheit, ist er doch recht unscheinbar.

Wirklich schöne Tiere gehören der Gattung *Colisa* an, die wir in der Literatur als Fadenfische oder Guramis bezeichnet finden. Die schönste Art und zugleich eine der schönsten Zierfische über-

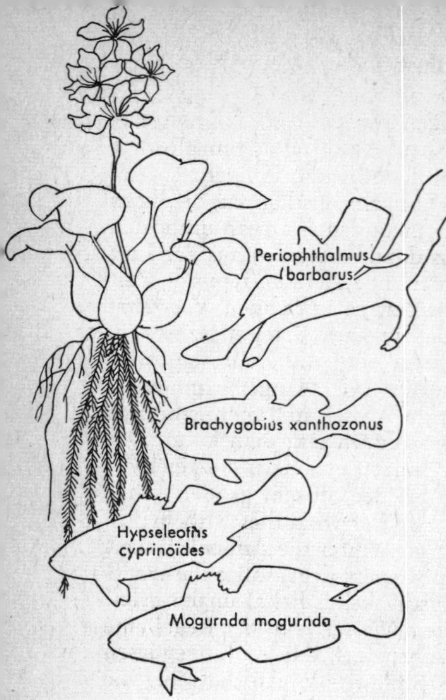

Schlammspringer, *Periophthalmus barbarus* (mitunter auch *P. koelreuteri*). 20 cm. Geschlechter sind nicht zu unterscheiden. Wer diesen Fisch pflegen möchte, muß sich auf einige Schwierigkeiten gefaßt machen. Die meiste Zeit ihres Lebens befinden sich diese Fische nämlich auf dem Land. In der Aquaristik bedeutet das den Aufbau eines Aqua-Terrariums. Der größere Landteil braucht nicht mit Pflanzen besetzt zu sein, doch wirkt er bepflanzt dekorativer. Wichtig ist ein kleiner Wasserteil und eine gut schließende Deckscheibe, damit die Luft stets mit Feuchtigkeit gesättigt ist. Man halte die Fische für sich allein. Oft sind sie etwas streitsüchtig, besonders große Exemplare. Sie fressen alles Lebende, ziehen aber Würmer und Insekten vor. Das Leben dieser Tiere ist sehr interessant. Nur für fortgeschrittenere Aquarianer. Westafrika bis nach Australien. 24°. – **Goldringelgrundel,** *Brachygobius xanthozona.* 4,5 cm. Geschlechter nur während der Laichzeit sicher zu unterscheiden, wenn das Weibchen stärker gerundet ist. Schon in kleinen Aquarien kann man die Fische pflegen, muß aber auf Versteckplätze achten, die sie auch außerhalb der Laichzeit beziehen. Etwas Salzzusatz tut ihnen gut, denn sie stammen aus Brackwassergebieten, wie die vorige Art auch. Haltung und Zucht sind nicht einfach, doch Fortgeschrittenen durchaus möglich. Fressen nur lebendes Futter. Vaterfamilie. Hinterindien, Sundainseln. 24°. Ähnlich sind andere Brachygobius-Arten, die aber alle den gleichen Pflege- und Zuchtbedingungen unterliegen. – **Kärpflingsgrundel,** *Hypseleotris cyprinoides.* 8 cm. Hübscher, wenn auch seltener Aquarienfisch, bei dem die Männchen etwas farbenfreudiger sind. Besonders an den Rückenflossen sieht man das. Weibchen oft sehr dick. Pflege einfach, Zucht nicht. Die Fische lieben dicht bepflanzte Aquarien, weil sie etwas scheu sind. Harmlose Tiere, die man in Gesellschaftsaquarien pflegen kann. Lebendfutter. Kommt auf den Philippinen und Sumatra vor. 22–24°. – **Tüpfelgrundel,** *Mogurnda mogurnda.* Etwa 20 cm, bleibt in Gefangenschaft viel kleiner und züchtet bereits mit 5–6 cm. Die Weibchen sind stärker gebaut. Dieser aus Australien stammende Fisch ist auch für den Anfänger geeignet. Er benötigt Höhlen, die er auch außerhalb der Laichzeit aufsucht. Tiere laichen in Verstecken, das Männchen bewacht die Brut. Eier gestielt. Raubfische, die in größeren Exemplaren auch kleine Fische ohne Mühe verspeisen. Kräftige Nahrung. Der auf den Augen liegende milchige Schein ist natürlich. Ruhiger Fisch, den man auch gut mit größeren Arten zusammen halten kann. Viele andere Grundeln verhalten sich ähnlich. Doch stets etwas vorsichtig sein, wenn man kleine Fische mitpflegt. 22–24°.

Wasserhyazinthe, *Eichhornia crassipes.* Wunderbare Schwimmpflanze, in deren Wurzeln gern Fische laichen. Keine Deckscheibe.

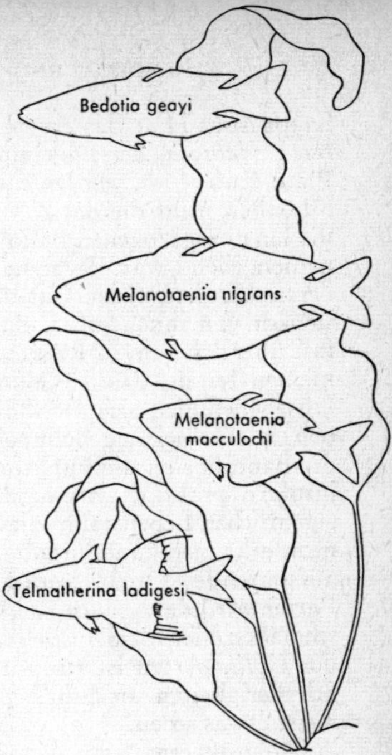

Rotgeschwänzter Ährenfisch, *Bedotia geayi.* 8 cm. Männchen leicht an der zugespitzten After- und Rückenflosse zu erkennen. Etwas farbiger. Der Fisch ist erst kurze Zeit in unseren Aquarien, dennoch scheint er sich bereits einen ständigen Platz gesichert zu haben, ist seine Farbigkeit doch wirklich überraschend. Dazu kommt, daß sich das Tier leicht pflegen läßt, und auch die Zucht bereitet keine Schwierigkeiten. Zur Pflege verwende man größere, gut bepflanzte Aquarien, in denen Schwimmraum frei bleibt. Hier halten sich die bei seitlich einfallendem Licht goldglänzenden Fische gern auf. Madagaskar. Fressen alles, was sie bewältigen können, ziehen aber lebendes Futter vor. Die Aufzucht der oft zahlreichen Jungen ist nicht schwer. 22–24°. – **Großer Regenbogenfisch,** *Melanotaenia nigrans.* 10 bis 12 cm. Männchen an den spitz ausgezogenen After- und Rückenflossen gut zu erkennen. Der aus Australien stammende Fisch gehört zu den schönsten Fischarten unserer Aquarien, wenn er auch nicht besonders bekannt ist. Er hat einen Nachteil, denn er verträgt das Umsetzen in Frischwasser nicht. Stets abgestandenes verwenden! Haltung in größeren Becken leicht, Zucht oft sehr ergiebig, aber nicht ganz einfach. Tiere fressen alles und können mit allen Fischen zusammen gehalten werden. 22–24°. – **Zwerg-Regenbogenfisch,** *Melanotaenia macculochi.* 6–7 cm. Geschlechter an der zugespitzten After- und Rückenflosse des Männchens einfach zu unterscheiden. Dieser australische Fisch eignet sich selbst für Anfänger, weil er keine Ansprüche stellt. Neben einem einigermaßen eingerichteten Becken sollte man ihnen aber viel Sonne geben, in der sie gern spielen. Hier kommen auch die herrlichen Farben gut zur Geltung. Wie alle Fische dieser Farbtafel gehören die Regenbogenfische zu den Ährenfischen, einer den Barschen verwandten Gruppe. Die Zucht des Zwerg-Regenbogenfisches ist einfach und auch Anfängern möglich. Sie fressen alles und können gut in Gesellschaftsbecken mitgepflegt werden, weil sie gute Schwimmer sind. 22–24°. – **Celebes-Segelfisch,** Sonnenstrahlfisch, *Telmatherina ladigesi.* Männchen bis 8 cm, Weibchen etwa 6 cm. Die Geschlechter sind an der verschiedenen Flossengestalt sofort zu unterscheiden. Beim Männchen sind die Flossenstrahlen lang ausgezogen, beim unscheinbareren Weibchen nicht. Haltung in harten (!) Wässern am besten möglich. Für Anfänger ist der wunderschöne, fast durchsichtige Fisch nicht besonders geeignet. Nur hin und wieder findet man den Fisch in Fachgeschäften. Frißt alles, zieht aber Lebendfutter, das er elegant erhascht, vor. Auch Insektenlarven. Guter Springer. Zur Haltung gebe man dem von Celebes stammenden Fisch 22–24° warmes Wasser.

Aponogeton undulatus. Die aus Asien stammende, groß werdende, gute Wasserpflanze eignet sich auch für Sandböden. Vermehrung durch Samen.

haupt ist *C. lalia*, der Zwergfadenfisch. Seine größeren Verwandten *C. labiosa*, der Dicklippige Fadenfisch und *C. fasciata*, der Blaue Fadenfisch, werden ebenfalls oft gepflegt, doch erreicht ihre Schönheit nicht die des Zwergfadenfisches. Charakteristisch sind die lang ausgezogenen Bauchflossen, deren fadenartiges Aussehen namengebend war. Zwar teilen sie dieses Merkmal mit den größeren Vertretern der Gattung *Trichogaster*, doch unterscheiden sie sich von ihnen sofort durch die Rückenflosse, die bei *Colisa* fast über den ganzen Rücken zieht und bei *Trichogaster* nur einen kleinen Teil des Rückens einnimmt. In den fadenförmigen Bauchflossen befinden sich Geschmackszellen (und nicht Gefühlsknospen, wie immer angenommen wird) – man kann fast sagen, daß die Bauchflossen die Funktion einer Zunge übernehmen. Dies ist insofern praktisch, als in den verschlammten Gewässern, dem eigentlichen Lebensraum dieser Fische, das Auge die Nahrung oft nicht erkennen kann und die Fische auf ein anderes, die Nahrung aufspürendes Organ zurückgreifen können. Alles unbekannte Futter wird daher auch zuerst mit den Fäden betastet, deren Geschmackszellen dem Fisch sagen, ob es genießbar ist. Die Pflege der *Colisa*-Arten ist einfach und bietet selbst Anfängern keine Schwierigkeiten. In dicht bepflanzten Aquarien werden die Tiere meist etwas scheu.

Die größeren Arten der Gattung *Trichogaster* sollte man nur in entsprechend großen Aquarien pflegen, denn es ist keine Art darunter, die unter 10 cm Länge bleibt. Allerdings sind die Tiere trotz ihrer Größe friedlich und zum Teil berühmte Vertilger der als unerwünschte Kostgänger sehr wenig beliebten *Hydra*-Süßwasserpolypen. Besonders drei Arten (in vier Formen) werden in Aquarianerkreisen gepflegt, der Punktierte Fadenfisch *(Trichogaster trichopterus)* und, als eine Unterart, der Blaue Fadenfisch *(T. t. «sumatranus»)*, der Mosaikfadenfisch *(T. leeri)*, der wohl die schönste Art darstellen dürfte, und der Schaufelfadenfisch *(T. pectoralis)*. Neuerdings hat sich, aus Amerika stammend, eine neue Farbspielart des Blauen Fadenfisches eingestellt, der Marmorierte Fadenfisch, dessen Handelsname «T. crosby» lautet. Dieser Name hat aber keinen wissenschaftlichen Wert. Hin und wieder wird noch der Mondschein- oder Seidenfadenfisch *(T. microlepis)* gepflegt; er baut das größte Schaumnest, das etwa 12 cm hoch sein kann. Seine Zucht ist zwar gelungen, doch nur in großen Aquarien. Der Größe dieser Arten entsprechend muß die Nahrung beschaffen sein; gern werden auch kleine Regenwürmer genommen. Wer es gut mit den Tieren meint, reicht ihnen von Zeit zu Zeit Pflanzennahrung.

Zu den häufigsten Aquarienfischen gehören die Kampffische. Sie werden so genannt, weil sich die Männchen heftig bekämpfen, meist so heftig, daß eines auf der Strecke bleibt. Die Siamesen haben diese Eigenschaft der in ihren Gewässern lebenden Tiere dazu ausgenutzt, sie in regelrechten Turnieren gegeneinander kämpfen zu lassen, wobei hohe Wetten auf die voraussichtlichen Sieger abgeschlossen werden. Es ist daher auch nicht verwunderlich, daß man diese Fische in Hinterindien schon seit langer Zeit in Gefangenschaft züchtet. Meist handelt es sich um den Kleinen Kampffisch *(Betta splendens)*, dessen Naturform zwar immer wieder einmal eingeführt wird, die aber stets bald verschwindet, weil sie trotz aller Schönheit nicht an die Farbenpracht und Flossengröße der Zuchtform, des Schleierkampffisches, heranreicht. Es werden ganze Stämme dieses Fisches in Einzelgläsern aufgezogen und für teures Geld verkauft. Nur die Männchen zeigen die imposanten Flossen. Wer die Fische pflegen will, tue dies in kleinen Aquarien, die gut bepflanzt sein können. Wichtig ist nämlich, daß die Fische wenig Raum zum Schwimmen haben; dann entwickeln sich die Flossen stärker. Die Zucht ist einfach und oft sehr erfolgreich. Dennoch sind wirklich erstklassige Schautiere nicht gerade häufig. Andere Kampffischarten werden in den Aquarien nur selten gepflegt. Sie werden alle größer und erreichen in manchen Arten Längen von 15 cm. Hierher gehören die maulbrütenden Arten *(Betta picta* und *B. taeniata)* sowie die Schaumnestbauer *(Betta fasciata* und *B. bellica)*. Alle diese Arten sollte man in mittleren Aquarien für sich allein pflegen, wobei man noch darauf achten muß, daß den Tieren Versteckmöglichkeiten geboten werden, denn auch untereinander sind ihre Sitten oft sehr rauh.

Daß Fische auch Laute von sich geben können, erfahren wir bei der Pflege der Knurrenden Guramis. Der Knurrende Gurami *(Trichopsis vittatus)* und der Knurrende Zwerg-Gurami *(T. pumilus)* sind harmlose und interessante Pfleglinge, denen man nur etwas höhere Temperaturen geben sollte. Sie vertragen sich im Gesellschaftsaquarium ausgezeichnet, vor allem, wenn ihnen Verstecke zur Verfügung stehen, die sie bei vermeintlicher Gefahr aufsuchen können. Hochstrebende Pflanzen eignen sich dafür besonders. Früher hießen die Fische *Ctenops;* unter diesem Namen werden sie auch heute noch gehandelt.

Zu den Kostbarkeiten unserer Aquarien gehört der Schokoladengurami *(Sphaerichthys osphromenoïdes)*, dessen Zucht insofern interessant ist, als es bei ihm anscheinend sowohl Schaumnestbauer als auch Maulbrüter gibt. Die Zuchtberichte zuverlässiger Beobachter haben diese Merkwürdigkeit ergeben. Zur Pflege sind dicht bepflanzte Aquarien angebracht, zur Vergesellschaftung Fischarten, die nicht zu stürmisch und robust sind.

Planktonfresser, wenn auch nicht ausschließlich, ist der Küs-

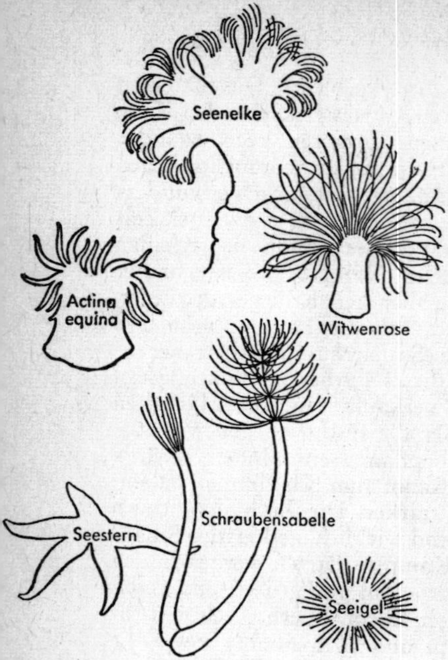

Zu den ersten und besten Pfleglingen des Meeresaquariums gehören die Aktinien oder Blumentiere. In allen Meeren kommen sie vor und sind meist anspruchslos. Auf dieser Tafel sind einige der gut ausdauernden und auch für den Anfänger ohne große Schwierigkeiten haltbaren Tiere gezeigt. Ihre Formenfülle ist oft überraschend. Auch in der Ostsee bis etwa zur Gegend von Stralsund kommt die **Seenelke,** *Metridium senile*, vor. Verbreiteter ist sie allerdings in unseren größeren nördlichen Meeren. Ihre Pflege ist nicht schwer, doch muß man wissen, daß sie möglichst kleines Futter vorzieht. Stammt sie aus der Nordsee, sollten die Pflegetemperaturen nicht über 18° hinausgehen. Das ist leicht gesagt, denn tiefe Temperaturen zu halten, wie sie von Nordsee-Tieren verlangt werden, ist nicht einfach. Man kann Seenelken mit Wasserflöhen füttern, muß aber danach die abgestorbenen sofort entfernen. Seenelken vermehren sich auch, indem sie Junge «ausspucken», die dann als kleine winzige Aktinien in der Nähe der Mutter sitzen. Es gibt sehr viel Farbabstufungen dieser Tiere, so daß ein Aquarium mit ihnen eine Augenweide sein kann. – Die **Pferderose,** auch **Purpurrose** genannt, *Actina equina*, zeigt je nach Fundort verschiedene Farben. So variiert sie vom schmutzigen Graugrün bis zum leuchtenden Rot. Ihre Pflege ist eigentlich noch einfacher als die der Seenelke, doch verlangt auch sie tiefe Temperaturen, wenn sie aus der Nordsee stammt. Exemplare aus dem Mittelmeer sind für den Anfänger besser zu pflegen, da sie erstens farbenfreudiger sind, zum anderen aber auch höhere Wärmegrade vertragen. Auch sie vermehrt sich in Gefangenschaft, indem sie Junge «ausspuckt» oder aber von der Fußscheibe abschnürt. Mit Muschelfleisch oder rohem mageren geschabten Fleisch sind sie gut zu ernähren. Auch anderes Futter wird genommen. Etwas empfindlicher ist die **Witwenrose** (*Actinothoë clavata*), die man richtiger Schlangenhaarrose nennen sollte, was aber kein Mensch macht. Mit ihren dünnen Armen nimmt sie das angebotene Futter und überwältigt auch gelegentlich einen kleinen schwachen Fisch. Ihre Pflege ist nicht schwer. Obwohl sie in größeren Tiefen leben kann, verträgt sie etwas höhere Temperaturen. Auf der Tafel S. 182 ist noch die **Wachsrose,** *Anemonia sulcata*, dargestellt, deren Pflege in größeren Aquarien leicht ist. Von ihr gibt es wunderschöne Farbformen. Sie kommt vom Kanal bis ins Mittelmeer vor. Zu den Würmern gehört die **Schraubensabelle,** *Spirographis spallanzanii*, die sich bei kleinem Futter ganz gut hält. Manche Tiere verlieren die bunte Krone, regenerieren sie aber bald wieder. Die Stachelhäuter **Seeigel** und **Seestern** sind zwar recht attraktiv, doch nicht immer sehr einfach zu halten. Der Seestern ist Muschelfresser, der Seeigel frißt hauptsächlich Pflanzen (Algen).

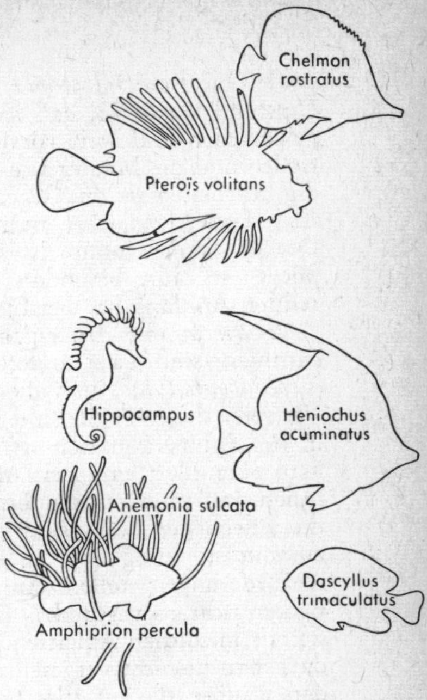

Pinzettfisch, *Chelmon rostratus.* 12 cm. Geschlechtsunterschiede sind unbekannt. Der zu den Chaetodonten, den Schmetterlingsfischen der Korallenriffe, gehörende Fisch ist nicht einfach zu halten. Frißt wegen seines kleinen Maules nur kleinste Nahrung. In der freien Natur sucht er Korallenstöcke nach Genießbarem ab und gelangt dabei mit seiner langen Schnauze in feinste Ritzen. Auch die verwandten Chaetodon sind nicht einfach in der Pflege. Dennoch gehören sie zu den schönsten und auch begehrtesten Korallenfischen. Indopazifisches Gebiet. 24°. – **Rotfeuerfisch,** *Pteroïs volitans.* 30 cm. Geschlechtsunterschiede bisher unbekannt. Der in allen Aquarien leicht zum Mittelpunkt werdende Fisch ist von den Bewohnern tropischer Korallenriffe noch mit am leichtesten zu pflegen. Er ist ein großer Räuber, den man nicht mit den kleineren Fischen vergesellschaften darf. Geht auch an totes Fleisch. Vorsicht! Der Fisch sticht mit den vorderen Rückenflossenstacheln, aus denen ein Gift fließt, das dem der Kobra entsprechen soll! Rotes Meer, Indischer Ozean, Pazifik. 24°. – **Seepferdchen.** Es gibt mehrere Gattungen. Männchen besitzen am Bauch eine Bruttasche, in der sie die Eier aufnehmen und bis zum Schlüpfen der Jungen tragen. Diese Fische besitzen ein röhrenartiges Maul, durch das sie die Nahrung einsaugen. Daher darf sie nur klein sein. Ruhige Fische, die ihren Greifschwanz meist um irgendwelche Gegenstände wickeln, z. B. Korallen, und dort aufrecht verharren. Die Zucht der Tiere ist bereits gelungen, an manchen Stellen (Berliner Aquarium) in mehreren Generationen. In allen Meeren. Je nach Herkommen die Temperatur zwischen 18 und 26°. – **Wimpelfisch,** *Heniochus acuminatus.* 12 cm. Geschlechter nicht zu unterscheiden. Rückenflossen brechen leicht ab, werden aber regeneriert. Herrlicher, attraktiver Fisch, der gut zu halten ist. Frißt alle lebende Nahrung, wenn er ans Futter geht, was bei Korallenfischen immer eine heikle Angelegenheit ist. Ein Schwarm dieser Tiere macht das Aquarium zu einem Anziehungspunkt. Rotes Meer. Indo-Pazifik. 24°. – **Dreipunkt-Korallenbarsch,** *Dascyllus trimaculatus.* 12 cm. Geschlechter nicht zu unterscheiden. Dieser Fisch eignet sich vorzüglich für Anfänger in der Korallenaquaristik, ist aber dennoch schwerer zu pflegen als Süßwasserfische. Man biete ihm Versteckmöglichkeiten, die er immer wieder aufsucht. Frißt eingewöhnt fast alles. Rotes Meer, Indo-Pazifik. 24°. – **Clownfisch,** *Amphiprion percula.* 8 cm. Geschlechter nicht zu unterscheiden. Dieser farbenprächtige Fisch wird immer gern als Anfängerfisch genannt. Er ist es nicht. Lebt mit Seerosen in Lebensgemeinschaft, bevorzugt *Stoichactis*-Arten. Frißt eingewöhnt fast alles. Auch seine Verwandten sind herrlich gefärbt. Weit verbreitet. 24°.

Wachsrose, *Anemonia sulcata.* Herrlich gefärbte Seerosen, deren dekorative Wirkung unbestritten ist. Pflege nicht schwierig. Fleischfutter.

sende Gurami *(Helostoma temminckii),* der seinen Namen dem Umstand verdankt, daß sich die Tiere mit ihren breiten, aufgeworfenen und weit vorstülpbaren Lippen oft gegenüber aufstellen und die Mäuler wie zum Kusse aneinanderpressen. Ständig bearbeiten sie die Gegenstände des Aquariums und befreien sie so von Algen, aber auch das Wasser wird von ihnen geseiht. Der Küssende Gurami ist schon gezüchtet worden; seine Brutpflege ist nicht besonders ausgeprägt. Leider hat er niemals rechten Anklang bei den Liebhabern finden können.

Verwandt mit den eigentlichen Labyrinthfischen, den Anabantiden, sind zwei andere Familien, die Schlangenkopffische *(Ophiocephalidae)* und die Hechtköpfe *(Luciocephalidae).* Die Vertreter dieser Fische sind in der Regel sehr groß, werden aber in für Zimmeraquarien erträglichen Größen eingeführt, so daß man zumindest eine Zeitlang seine Freude an diesen absonderlichen und interessanten Fischen haben kann. Recht einfach ist die Pflege der Schlangenkopffische, die weder an die Wasserzusammensetzung noch an die Einrichtung des Behälters große Anforderungen stellen. Am schönsten sehen sie aus, wenn das Becken richtig «verdreckt» ist. Das bedeutet aber nicht, daß man sie nur in solchen Aquarien pflegen sollte. Mit kleineren Fischen darf man sie nicht vergesellschaften, denn sie sind samt und sonders Räuber, die auf alles Jagd machen, was sie bewältigen können. Dementsprechend ist auch die Fütterung. Neben kleinen lebenden Fischen nehmen sie Fleisch, Regenwürmer und auch tote Fische, wenn sie einmal an diese Nahrung gewöhnt sind. Die meisten Arten werden knapp 1 m lang oder gar noch länger. Für Schlangenkopffische eignen sich flache Behälter mit Verstecken, da die Tiere fast ausschließlich auf dem Boden liegen; doch muß man gut abdecken!

Der Hechtkopf *(Luciocephalus pulcher)* ist der einzige Vertreter seiner Gattung und wird hin und wieder eingeführt. Leider sind die Tiere recht anfällig und in unseren Aquarien nicht ausdauernd. Es gibt aber auch Ausnahmen, vor allem, wenn man die Tiere in größeren Aquarien pflegt und sie reichlich mit lebenden Fischen versorgt. Ihnen sollte man gut bepflanzte Becken bieten, in denen sie nur mit großen Fischarten vergesellschaftet werden können. Ab und zu hat der Fisch in Gefangenschaft schon Nachzuchten gebracht, doch waren es mehr Zufallserfolge. Man weiß bis heute nicht, ob er maulbrütend oder lebendgebärend ist.

Auch unter Fischgruppen, die nicht mit den Labyrinthfischen verwandt sind, gibt es Arten, die einen Teil des zum Leben notwendigen Sauerstoffes aus der Atmosphäre entnehmen. Hierzu gehört aus unserer einheimischen Fauna der Schlammpeitzger *(Misgurnus fossilis).* Seine Pflege ist einfach, da er keine Ansprüche stellt. Er nimmt die Luft auf und veratmet sie in seinem Darm. Man spricht in solchen Fällen von einer Darmatmung. Auch die Schmerle *(Noemacheilus barbatulus)* holt vor allem in der ersten Zeit Luft von oben. Fische aus langsam fließenden Gewässern sind leichter zu pflegen.

Unter den tropischen Fischen kommt dann vor allem die Gruppe der Panzerwelse in Betracht. Von ihnen werden viele Arten gepflegt, die meist als sogenannte Gesundheitspolizei in unseren Becken für das Verzehren der Sinkstoffe verwendet werden. Leider fühlen sich manche Aquarianer dadurch nicht verpflichtet, den Tieren auch anderweitig Nahrung zukommen zu lassen, so daß sie mit ihren Panzerwelsen oft kein Glück haben. Diese Tiere sind aber äußerst zählebig, wenn man ihren Wünschen Rechnung trägt. Dazu gehört ein mit Versteckplätzen eingerichtetes Aquarium, das einigermaßen flach sein sollte, damit den Fischen der Weg zur Oberfläche nicht zu schwer gemacht wird. Die häufigste Art ist der Gefleckte oder Punktierte Panzerwels *(Corydoras paleatus)*, der sogar noch Temperaturen um 15° verträgt, doch besser bei Wärmegraden um 22° gepflegt werden sollte. Die meisten anderen Arten verlangen diese Temperaturen ohnehin, da sie in dieser Hinsicht empfindlich sind. Es gibt wunderschöne Arten, deren Pflege gar nicht so uninteressant ist, wie die meisten Aquarianer auf Grund des behäbigen Verhaltens dieser Fische annehmen. Für alle trifft aber zu, daß sie möglichst im Schwarm gepflegt werden wollen, wobei es durchaus nicht darauf ankommt, daß eine Mulmschicht im Becken lagert. Man versuche, sich stets mehr Männchen anzuschaffen als Weibchen, da die Zucht dann erfolgversprechender und leichter ist. Die Weibchen werden nämlich von den Männchen mit den starken Brustflossenstacheln unter den Barteln erfaßt, an die Körperseite des Männchens gedrückt und festgehalten. Dann stößt das Männchen einen Spermastrom aus. Gleichzeitig treten einige Eier aus, die vom Weibchen in einer Tasche, die aus den Bauchflossen gefaltet wird, aufgefangen werden. Nun läßt das Männchen los, und das Weibchen schwimmt durch die Spermawolke zu der Stelle, an der die Eier angeheftet werden. Damit ist auch die Befruchtung vollzogen. Früher glaubte man, daß das Weibchen sich an der Afteröffnung des Männchens ansauge und das Sperma absauge. Diese Ansicht basiert auf einem Beobachtungsfehler, der erst in den letzten Jahren berichtigt werden konnte. Um die Eier kümmern sich die Tiere nicht mehr. Die ausschlüpfenden Jungen verschwinden im Mulm oder im Bodengrund und erscheinen erst nach einigen Tagen, müssen dann aber gefüttert werden. Nach bisher vorliegenden Beobachtungen gehen die Alttiere nicht an ihre Jungen, doch dürfte sich ein Entfernen der Eltern empfehlen, besonders bei seltenen, bisher noch nicht nachgezüchteten Arten. Ein wundervoller Anblick ist es, wenn die Jungen im Schwarm durch das Becken ziehen, gleich einer kleinen Wolke. Die kleinste Panzerwelsart *(C. hastatus)* ist gleichzeitig die empfindlichste. Sie erscheint im ersten Augenblick gar nicht wie ein Wels, da die Tiere stets im freien Wasser schwimmen und eher an einen Salmlerschwarm erinnern. Auch hier ist die Zucht nicht schwer, wohl aber wenig ertragreich.

Von den größeren Gattungen *Callichthys* und *Hoplosternum* sind ebenfalls Zuchterfolge gemeldet worden, doch kommen die Arten nicht recht in den Handel, weil die Nachfrage gering ist, werden die Fische doch über 10 cm lang und sind gegenüber den kleineren Panzerwelsarten recht unauffällig und träge. Aber auch ihre Pflege ist einfach und entspricht der von *Corydoras*. Zur Fortpflanzung bauen sie ein Schaumnest, in das sie verrottete Pflanzenteile einbauen, zudem aber auch frischere Blätter. Wer bemerken sollte, daß seine großen Panzerwelse bauen wollen, der gebe altes Buchenlaub ins Becken. Das Männchen bewacht die Jungen zunächst, verliert aber bald die Übersicht.

Luft aus der Atmosphäre nehmen auch die großen und mit einem ausgezeichneten Gebiß gesegneten Afrikanischen Lungenfische der Gattung *Protopterus*. Sie sind nur in kleinen, noch larvalen Stadien für das gewöhnliche Zimmeraquarium geeignet und auch dann nur, wenn sie möglichst allein gehalten werden. Die Lungenfische vermögen durch ihre Atmung Trockenzeiten ihrer Heimat in einer selbstgefertigten Kapsel zu überdauern. Sie fallen in eine Art Trockenschlaf. Zu dieser Zeit werden sie auch gern verschickt, indem man einfach die Erdkapsel ausgräbt und versendet. Die Fische kommen heraus, wenn das Wasser – in der Heimat die einsetzende Regenzeit – die Kapsel aufweicht. Als ob nichts gewesen wäre, gehen sie alsbald auf Beutefang und sorgen auch für die Erhaltung der Art. Ihre Pflege ist höchst einfach, stellen sie doch weder an das Wasser noch an die Einrichtung des Behälters Anforderungen. Leider wachsen die kleinen Exemplare, die zunächst noch mit äußeren Kiemen versehen sind, recht schnell heran und werden dann sehr bald zu groß. Kräftige Nahrung ist ihnen die liebste. Wer sich von den Aquarianern für diese Fischarten interessiert, dem sei noch gesagt, daß man die Tiere nur pflegen sollte, wenn man über einige Erfahrungen verfügt und außerdem ruhige Fische liebt, deren Eigenleben zwar interessant, aber wenig aufregend ist. Sonst ist der nicht geringe Preis, den man für Lungenfische zahlen muß, zum Fenster hinausgeworfen. Lungenfische – andere, für den Aquarianer jedoch nicht in Frage kommende Formen leben in Südamerika und Australien – müssen bei Temperaturen um oder über 24° gehalten werden. Ausgewachsene Exemplare können sogar der menschlichen Hand gefährlich werden. Es sind ausgesprochene Bodenfische, deren Flossen nur wurmförmige Fäden sind.

Als noch kein menschliches Wesen die Erde bevölkerte, gab es schon die Flösselhechte *(Polypterus)*. Sie kommen aus Afrika und zeichnen sich durch eine Vielzahl kleiner Flossen auf dem Rükken aus. Vor allem die Liebhaber seltener Fischarten pflegen sie hin und wieder, wenn auch in gesonderten Behältern. Es ist gar nicht so schwer, sie zu halten, wenn man sie mit kräftigem Futter versorgt. Einige Arten sind wunderhübsch gezeichnet. Alle sehen sie «vorsintflutlich» aus. Eine langgestreckte Form ist *Calamoïchthys calabaricus*, der mehr aalförmig erscheint. Seine Pflege entspricht der von *Polypterus*.

Zu den bemerkenswertesten Fischarten des tropischen Lebensraumes gehört ohne Zweifel der Schlammspringer *(Periophthalmus barbarus)*. Immer wieder ist er Gegenstand wissenschaftlicher Untersuchungen gewesen, so daß der Wunsch sehr bald wach wurde, die Tiere in Gefangenschaft zu pflegen. Leider scheiterte das lange Zeit, ist der Schlammspringer doch ein Bewohner der Mangrovensümpfe, einer Region also, die bekannt ist durch ihre feuchtigkeitsgesättigte Luft. In der freien Natur bevölkert der Schlammspringer kaum das Wasser, sondern klettert auf dem Land umher und geht sogar auf die Stelzwurzeln der Mangroven. Er besitzt zwar Kiemen, die nicht antrocknen dürfen, er ist aber dem Aufenthalt auf dem Lande trefflich angepaßt, schließen seine Kiemendeckel doch so dicht, daß die darin enthaltene Feuchtigkeit nur von Zeit zu Zeit erneuert werden muß. Ein guter Kenner dieser Fische hat einmal gesagt, daß sie so schnell seien wie Mäuse. Will man sie fangen, muß man schon geschickt und wendig sein, denn die Schlammspringer können auch auf der Wasseroberfläche «laufen» oder unvorstellbare Sätze machen, die sie immer wieder aus der Gefahrenzone herausbringen. Sie bewohnen selbstgegrabene Röhren im festen Schlamm. Ihre Ernährung besteht meist aus Insekten und anderem kleinen Getier des von ihnen bewohnten Schlammes. Im Wasser fressen sie nur ungern, sondern nehmen fast ausschließlich ihre Nahrung auf dem Lande zu sich.

Heute kann man Schlammspringer, die zu den Grundeln mit Saugflossen gehören, ab und zu bei Importfirmen erhalten. Zur Pflege richte man ein Aquarium ein mit mehr Land- als Wasserteil. Dennoch sollte der kleinere Wasserteil nicht zu flach sein, sondern zum Lande hin ansteigen. Zusätzlich lege man einen Baumstamm in das Becken, auf dem sich die Tiere aufhalten können. Die Deckscheibe des Pflegebehälters muß wirklich gut schließen, damit die hohe Dampfspannung der Luft erhalten bleibt. Die Tiere fressen alles, was sie bewältigen können, und gehen nach der Eingewöhnung sogar an Fleisch. Sie werden so zutraulich, daß man sie mit der Pinzette füttern kann.

Zur Behältereinrichtung aller atmosphärische Luft atmenden Fischarten sei noch gesagt, daß sie sich in flacheren Behältern wohler fühlen als in hohen. Außer bei den großen Raubformen ist für eine gute Bepflanzung zu sorgen. Zwar können die Fische auch in unansehnlichen Aquarien gepflegt werden, aber man hat viel mehr Freude an ihnen, wenn sie in klaren, sauberen Becken schwimmen. Da die Tiere beim Nestbau oft Pflanzenteile verwenden, ist an eine Oberflächen-Pflanzendecke zu denken, die besonders aus *Riccia*, Schwimmfarn *(Ceratopteris)* usw. bestehen sollte. Auf eines muß aber noch hingewiesen werden. Labyrinthfische mit fadenförmigen Flossen darf man nicht mit Arten vergesellschaften, die gern diese Flossen abfressen. Dazu gehören eine Reihe Lebendgebärende Zahnkarpfen und auch z. B. die Sumatrabarbe. Wer seine Tiere gut beobachtet, wird bald für den richtigen Besatz sorgen können, der zum Zusammenleben auf engstem Raum am zweckdienlichsten ist.

Revierbesitzende Fische

Die meisten der in diese Kategorie gehörenden Fischarten werden wir auch in den anderen Kapiteln wiederfinden, doch soll hier auf jene besondere Eigenschaft dieser Tiere eingegangen werden, durch die sie in unseren Aquarien unliebsam auffallen: durch das Aussuchen eines Lebensbezirkes, den sie oft erbittert und hartnäckig verteidigen. Man darf den Fischen diese Eigenart aber nicht verübeln, gehört sie doch zu den ureigensten Lebensäußerungen dieser Arten. Die meisten revierbesitzenden oder -beanspruchenden Arten sind außerhalb ihrer Laichzeit gesellig und leben mehr oder minder friedlich zusammen. Wenn aber die Laichzeit naht, dann sondern sie sich ab, besetzen ein Revier, säubern einen Laichplatz und dulden darin keine Rivalen. Andere wieder beziehen auch außerhalb der Laichzeit einen bevorzugten Standort, den sie verteidigen, besonders hartnäckig aber wiederum zur Fortpflanzungszeit. Hierzu gehören z. B. die Buntbarsche oder Cichliden, aber auch Welse, Salmler, Labyrinther, überhaupt manche großen Räuber. Sogar der Glasbarsch *(Ambassis lala)*, dessen Äußeres alles andere ist als furchterregend, bezieht gern einen festen Standplatz. Wegen seiner Zartheit sollte man ihn in gut bepflanzten Gesellschaftsaquarien nur mit weniger robusten Fischen vergesellschaften.

Ihm gilt dieses Kapitel auch nicht, sondern den großen, oft sehr kräftigen Arten unter den Cichliden, die auch untereinander erbitterte Händel austragen, wenn sie sich ins Gehege geraten. Sagt ihnen im Aquarium die Bepflanzung nicht zu, weil sie ihren Gesichtskreis einengt, so daß sie Gefahren nicht rechtzeitig zu erkennen vermögen, gehen sie den Pflanzen oft rücksichtslos zu Leibe und rupfen sie aus oder beißen sie ab. Cichliden-Aquarien sind ja berüchtigt dafür, daß sie oft zu trüben Behältern werden, weil man den Fischen nichts recht machen kann. Ich darf aber hier sagen, daß das nicht sein muß, wenn man mit etwas Überlegung und Einfühlungsvermögen zu Werke geht. Auch Cichliden-Aquarien können schön sein, ebenso wie die Becken anderer revierbesitzender Fischarten.

Wichtig für die Einrichtung des Aquariums ist, daß man es von vornherein für revierbesitzende Arten plant. Will man Buntbarsche pflegen, dann muß das Becken für die größeren Arten, die man nicht unter dem Begriff Zwergcichliden zusammenfaßt, so groß als irgend möglich gewählt werden. Unter 1 m Länge sollte man gar nicht erst anfangen, denn große Fische beanspruchen auch große Reviere. Als Einrichtungsgegenstände sind einige größere Steine, nach Möglichkeit Schieferplatten oder andere flache Steine, zur Raumunterteilung nötig. Das vor allem dann, wenn man mehrere Tiere oder Arten pflegen will. Der Bodengrund muß gut gewaschen sein, da viele Buntbarsche wühlen. Manche Arten vertragen keine Abdichtmasse, die bitumenhaltig ist; ihnen fallen sonst die Flossen förmlich ab. Am besten verwendet man solche Dichtmassen erst gar nicht. Zur Bepflanzung des Beckens eignen sich besonders die harten und hochstrebenden Pflanzen, z. B. Riesenvallisnerien, Sagittarien, Cryptocorynen. Dagegen sind feinfiedrige Pflanzen ungeeignet, verdrecken sie doch sehr rasch und gehen danach ein. Da man den Fischen viel freien Raum um ihre Reviere bieten muß, werden die Pflanzen so eingesetzt, daß sie den Gesichtskreis der Tiere nicht stören. Das ist vor allem an der Hinterseite des Aquariums der Fall sowie in den Ecken. Ein vorzügliches Beispiel für eine Beckengestaltung, die sich gut bewährt, sei hier angeführt: Man benötigt dazu unter Umständen einen dickeren Baumstamm, der halbiert wird. Frisches Holz ist ungeeignet, man verwendet solches, das schon lange unter Wasser gelegen hat und nicht mehr schwimmt. Dieser halbierte Stamm oder eine Reihe großer Steine werden an der Rückseite des Aquariums so eingesetzt, daß sie mit dem Beckenboden feste Berührung haben und etwa 5 cm von der Rückscheibe abstehen. Dann kommt der Bodengrund hinein, möglichst in einer solchen Menge, daß er an der schwächsten Stelle nicht unter 5 cm hoch liegt. Auch der Zwischenraum von Rückscheibe und Dekorationsreihe wird mit Sand aufgefüllt. Flachere Steine, die sich zum Unterteilen des Beckens eignen, werden senkrecht oder schräg zur Rückwand aufgestellt. Es wird zwar immer wieder empfohlen, in Cichliden-Aquarien die Pflanzen in Kulturschalen einzusetzen, doch habe ich bisher keine guten Erfahrungen damit gemacht. Steht nämlich die Pflanze oder die ganze Gruppe den Fischen im Wege, dann versuchen sie, diese zu entfernen. Einzeln eingesetzte Pflanzen kann man mit einer kräftigen, schiebenden Handbewegung im Bodengrund verrücken, mit Pflanzenschalen ist das schwieriger und macht oft viel Schmutz. Der Raum zwischen Rückscheibe und Dekoration wird mit aufstrebenden Pflanzen dicht besetzt. Auch in die vorderen Ecken kommen Pflanzenbüsche. Hierzu eignen sich Ludwigien, *Heterandria, Hygrophila* usw. Wer noch ein übriges tun will, kann den freien Raum mit Ästen oder Holzstücken auslegen. Diese müssen aber ebenfalls gut verankert werden, damit die wühlenden Arten sie nicht losreißen können. Vor die rückseitige Dekoration pflanzt man kleinere Pflanzenarten oder Cryptocorynen. Der Gesamteindruck eines solchen Aquariums ist schön. Eingebrachte Buntbarsche werden bald ein Revier besetzen, und man kann in den nächsten Tagen feststellen, ob diese oder jene Pflanze für die Bewohner ungünstig steht. Die Fische versuchen dann nämlich, die Pflanze zunächst wegzuschieben. Erst etwas später beißen sie diese ab. Schieben also die Cichliden an Pflanzen herum, verrückt man sie etwas. Manchmal genügen schon wenige Zentimeter.

Selbstverständlich ist dieses Beispiel nur eines von vielen. Ein Cichlidenpfleger wird bald erkennen, wie er seinen gepflegten Tieren schöne Aquarien bieten kann. Unter den Buntbarschen gibt es aber auch Individuen, die weder an Pflanzen noch an andere Dekorationsgegenstände gehen. Sie sind friedlich. Hierzu gehören in erster Linie die Vertreter der Gattung *Aequidens* – von dieser besonders die Arten *A. maronii* und *A. curviceps* –, einige kleinere *Cichlasoma*-Arten, *Pelmatochromis* und andere. Doch sollte man dem Frieden nicht zu sehr trauen, denn Cichliden bleiben Cichliden. Das wird besonders dann augenfällig, wenn die Tiere an die Fortpflanzung denken.

Jeder Aquarianer wird einmal mit den Buntbarschen Freundschaft schließen, eine Freundschaft, die meist ein ganzes Leben anhält, auch wenn man später andere Arten pflegt oder aus räumlichen Gründen zu pflegen gezwungen ist. Wer einmal die rührende und aufopfernde Brutpflege der Cichliden erlebt hat, wer die «Intelligenz» dieser Tiere kennenlernte, wird den Fischen all das nachsehen, was sie bei jenen Aquarianern unbeliebt gemacht hat, die ihre Fische nur nach der Farbwirkung oder Seltenheit einkaufen und nichts von interessanten und lehrreichen Arten wissen wollen, wie sie «Rauhbeine» oder «Wühler» sind. In der Farbigkeit stehen die meisten Arten der Buntbarsche den anderen Fischen nicht nach, übertreffen sie sogar zu einem nicht geringen Teil, und was die «Intelligenz» der Cichliden anbetrifft, so gibt es nur wenige andere Fische, die ihnen das Wasser reichen können.

Für die Pflege im Gesellschaftsbecken eignen sich solche Cichliden-Arten, die man schlechthin als Zwergcichliden bezeichnet. Allerdings beanspruchen auch sie, zumindest zur Fortpflanzungszeit, ein Revier, das aber wegen der Kleinheit der Tiere viel weniger Gelände einnimmt. Den meisten Zwergcichliden kann man mit Höhlen gute Lebensbedingungen schaffen, die gern als bevorzugte Aufenthaltsorte benutzt werden. Oft genügen ihnen nur wenige Zentimeter davon als zusätzliches Revier. Die Vermehrung ist bei den meisten Arten einfach, doch sollte man die Fische zur Laichzeit lieber in ein kleineres separates Aquarium setzen, in dem sie von anderen Arten nicht gestört werden.

Auch die Labyrinther beanspruchen sozusagen eine Bannmeile um ihr Nest, wenn sie laichen und gelaicht haben. Große Arten, die im Gesellschaftsbecken ohne Rücksicht auf die übrigen Insassen des Beckens laichen, werden dann den kleinsten Fischarten gern zum Verhängnis, wenn das Aquarium so klein ist, daß die Mitbewohner immer wieder in das selbstgewählte Revier eindringen müssen. Daher mache man sich zur Regel: Zur Laichzeit Revierfische für sich halten!

Elektrische Fische

Schon in der Schule haben wir erfahren, daß es Fische gibt, die in der Lage sind, empfindliche elektrische Stromstöße auszuteilen. Als Beispiele wurden uns damals Zitteraal, Zitterwels und Zitterrochen genannt. Zwei dieser Arten, der Zitteraal *(Electrophorus electricus)* und der Zitterwels *(Malapterurus electricus)* werden auch in Aquarien gehalten, wobei die erstgenannte Art in der Regel nur für größere Schauaquarien in Frage kommt, während man den Zitterwels auch in Liebhaberaquarien pflegen kann. Besonders kleine Exemplare unter 10 cm Länge werden hin und wieder angeboten. An sich ist die Haltung nicht schwer, doch sollte man sich hüten, zwei oder mehr Exemplare in einem gewöhnlichen Zimmeraquarium zu vergesellschaften, weil es, meist schon auf dem Transport, eines Tages unweigerlich zu tödlichen Ausfällen unter den Tieren kommt. Ein einzelnes Tier kann man getrost in einem Becken für sich halten. Es ist anspruchslos, frißt vorwiegend kleine Fische und sollte Versteckplätze zur Verfügung haben. Beobachtet man den Beutefang der Tiere, wird man bald feststellen, daß die Welse ihre Opfer sehr gut anpeilen können, obwohl sie sehr kleine Augen haben, die zum Sehen kaum taugen. Die Nahrungsfische verhalten sich bald nach dem Einsetzen recht merkwürdig. Das ist darauf zurückzuführen, daß der Wels kleine Stromstöße aussendet, deren elektromagnetische Wellen von den Beutetieren reflektiert werden. Der Wels empfängt sie; befindet sich die Beute in der «richtigen» Entfernung, betäubt oder tötet er sie mit einem stärkeren Stromstoß und frißt sie. Das elektrische Organ, daß aus Muskelplatten aufgebaut ist, gilt also weniger dem Angriff oder der Verteidigung als dem Auffinden und Bewältigen der Beute. Es sind Fische mit «Radargeräten». Die Stromstöße des Zitterwelses sind nicht besonders stark, man merkt sie aber doch, wenn man die Tiere anfassen will: Die Hand zuckt ganz hübsch zurück. Leider werden die Tiere ziemlich groß, so daß man sie bald abgeben muß. Ihre Haltung ist aber einfach.

In den letzten Jahren hat es sich nun herausgestellt, daß die genannten Fischarten nicht die einzigen sind, die elektrische Ströme erzeugen können. Unter den afrikanischen Mormyriden, Angehörigen einer urweltlich anmutenden, den Heringsfischen verwandten Fischfamilie, gibt es einige Arten, die ebenfalls mit elektrischen Impulsen arbeiten. Auch sie besitzen also ein «Radargerät». Wie weit diese Eigenschaft im Fischreich noch verbreitet ist, wird sich erst herausstellen, wenn weitere Untersuchungen vorliegen. Von den vielen Vertretern der Mormyriden oder Nilhechten sind einige für die Zimmeraquaristik gut geeignet und bei Kennern begehrte Pflegeobjekte. Ihre Pflege ist nicht sonderlich schwer. Man sollte die Fische für sich halten oder aber mit größeren Arten zusammen. Kleinere Arten werden leicht ein Opfer der Mormyriden, selbst wenn sie nicht gefressen werden. Die häufige Ausstrahlung elektrischer Ströme beunruhigt die im Bekken mitgepflegten Arten auf die Dauer so, daß sie erst deutliche Zeichen des Unwohlseins zeigen und später eingehen. Meist halten sich die Mitbewohner in den den Mormyriden entfernt liegenden Ecken auf. Wer Gelegenheit hat, diese Fische pflegen zu können, sollte es tun. Es gibt Arten, deren rüsselartig verlängertes Maul oder die Unterlippe bizarr genug erscheinen, einen Versuch zu wagen, auch wenn die Preise für die Tiere nicht ganz niedrig sind. Arten mit verlängerten Kopfgebilden, wie Tapir-

oder Elefantenfisch *(Mormyrus kannumae* bzw. *Gnathonemus curvirostris)*, benötigen weicheren Bodengrund, den sie mit ihren Kopfanhängen durchforschen. Sie fressen lebendes Futter und gehen nur in Ausnahmefällen an trockenes. Da sie scheu und untereinander oft unverträglich sind, muß man für viele Versteckplätze sorgen. Dichter Pflanzenwuchs aus langblätterigen, aufstrebenden Pflanzenarten ist ebenfalls angebracht. Das Aquarium sollte so aufgestellt werden, daß die Tiere nicht zu großer Helligkeit ausgesetzt sind, die sie nicht besonders lieben. Man kann sonst die Erfahrung machen, daß sich die Fische in den Boden oder die Schlammschicht eingraben und erst in der Dämmerung zum Vorschein kommen.

Saisonfische

Unter den Eierlegenden Zahnkarpfen findet man Gattungen, deren Angehörige auch in der Gefangenschaft nur ungefähr ein Jahr alt werden. Einige Arten erreichen noch nicht einmal dieses Alter. Sie leben in ihrer Heimat (Südamerika) in Gewässern, die nur in der Regenzeit und eine kurze Zeit danach existieren. In diesen wenigen Wochen müssen aus den Eiern die Jungen geschlüpft sein, die Fische geschlechtsreif werden und neue Eier legen, damit die Art nicht ausstirbt. Die Fische tauchen an Stellen auf, an denen sie vorher nie beobachtet werden konnten. Man nimmt an, daß sie durch Wasservögel verbreitet werden, an deren Füßen die Eier mit dem Schlamm hängenbleiben und in einem neuen Wasserloch abgestreift werden. Die Gattungen *Cynolebias* und *Pterolebias* sind die Hauptvertreter. Ihre Angehörigen sind zum Teil prächtig gefärbt und bleiben trotz der geringen Lebensdauer beliebte und begehrte Aquarienfische. Die Haltung ist nicht schwer, dagegen erfordert die Zucht einige Kenntnisse, ist also nichts für Anfänger.

Aus der Gattung *Cynolebias* pflegen wir hauptsächlich die Arten *C. bellotti*, den Blauen Fächerfisch, und *C. nigripinnis*, den Schwarzen Fächerfisch. Sie können in den Sommermonaten ohne Heizung in der prallen Sonne gehalten werden, ohne daß die Tiere die Temperaturunterschiede, die naturgemäß zwischen Tag und Nacht auftreten, übelnehmen. Ihre Behälter brauchen nicht besonders eingerichtet zu werden, sondern bedürfen nur eines Bodengrundes, in den die Fische ihre Eier legen können. Dazu verwendet man am zweckmäßigsten Fasertorf in dichter und dicker Lage. Ein Algenknäuel oder Wurzeln von Weiden oder

Erlen sollte man außerdem noch hinzugeben, damit sich die kleineren Weibchen vor den fast ständig treibenden und oft recht robusten Männchen verstecken können. Auch Wasserpflanzen, die man in Kulturschalen eingesetzt hat, eignen sich gut, müssen unter Umständen aber öfter erneuert werden, wenn sie schlecht aussehen.

Das Laichen der Tiere geschieht in der Weise, daß sich Männchen und Weibchen in den Torfgrund einwühlen, was übrigens blitzschnell geht. Das Weibchen legt das Ei, das Männchen befruchtet es. Dann erscheinen beide Tiere wieder und verschwinden nach kurzer Balz abermals im Boden. Die Eier werden entweder beim Schein einer Lampe abgesucht und in eine besondere Aufzuchtschale überführt, oder man richtet sich mehrere Zuchtaquarien ein, in die man die ausgelaichten Tiere umsetzt. Der Torf mit den Eiern wird halbfeucht aufbewahrt. Die Eier müssen so mindestens 6 Wochen trocken liegen, ehe man sie wieder ins Wasser geben kann. Schlüpfen die Jungen zu zeitig, erhält man vorwiegend «Bauchrutscher», also Tiere, die sich kaum vom Bodengrund erheben können und in der Regel eingehen. Wer ständig für Eier sorgt, braucht seine Fächerfische nicht zu missen, denn man kann dann immer für den nötigen Nachschub sorgen.

Die Jungen wachsen schnell zu großen Fressern heran. Auch die geschlechtsreifen Tiere müssen mit kräftiger Nahrung versorgt werden, vor allem, wenn man auf Zuchterfolge Wert legt. In Gesellschaftsaquarien hat man an den rauhbeinigen Burschen keine rechte Freude, in separaten Becken sehen sie vorzüglich aus.

Verwandt mit den *Cynolebias*-Arten sind die *Pterolebias*, deren Vertreter erst nach dem zweiten Weltkrieg bei uns besser bekannt geworden sind. Für ihre Pflege gilt das gleiche. Auch in der Zucht unterscheiden sie sich kaum. Sie werden sehr groß; ausgewachsene Männchen der Art *P. longipinnis* erreichen immerhin 12 cm und können auch in Gesellschaftsbecken gepflegt werden, doch tut man gut daran, sie in besonders für sie eingerichteten Aquarien zu halten.

Hierher gehört auch die Gattung *Cynopoecilus*, deren Angehörige je nach Auffassung der verschiedenen über diese Gruppe arbeitenden Wissenschaftler als Arten einer eigenen Gattung oder als zur Gattung *Cynolebias* gehörig angesehen werden; das Laichverhalten von *Cynopoecilus* ist jedenfalls unterschiedlich. Auch im äußerlichen Bild unterscheiden sie sich gut. Die Pflege aller dieser Arten ist interessant, jeder Aquarianer sollte sich einmal an derartigen Fischen versucht haben.

Sind schon die revierbesitzenden Fischarten in gewissem Sinne Einzelgänger – manche Arten allerdings erst oder besonders zur Fortpflanzungszeit –, so pflegen wir in unseren Aquarien hin und wieder auch Arten, die man stets nur in Einzelexemplaren pflegen kann oder doch sollte. Es handelt sich bei diesen Formen in der Regel um Räuber, die recht groß und infolgedessen anderen Fischarten gefährlich werden. Manchmal sind es aber auch harmlose Fische, die nur wegen ihrer für unsere Räumlichkeiten oft enormen Größe einzeln gehalten werden müssen. In den meisten Fällen sind es biologisch sehr interessante Tiere, deren Pflege man einmal versucht haben sollte. Bei den großen Fischen dieser Gruppe wird man besonders geräumige Aquarien voraussetzen müssen, bei kleineren Arten genügen oft schon große Vollglasbecken.

Zu den großen Fischarten gehören zum Beispiel die großen Cichliden, wie verschiedene *Tilapia*-Arten, *Geophagus*, manche *Cichlasoma, Astronotus, Herichthys, Hemichromis*, aber auch der Diskus *(Symphysodon discus)*. Sie sollte man stets für sich pflegen. Außer beim Diskus wird man mit einer besonderen Einrichtung ihrer Aquarien kein Glück haben. Sie wühlen stark, räumen die Aquarien nach ihrem Gutdünken ein und um und sind meist so ungesellig, daß sie selbst Artgenossen gegenüber oft unverträgliche Beißer sind. Grober Bodengrund, dessen Kiesel ruhig Daumennagelgröße haben können, und einige große Steine zur Dekoration stellen in der Regel die ganzen Einrichtungsgegenstände dar. Da auch die Zuchten oft sehr ergiebig sind, wird man sich von Zeit zu Zeit von einer bis dahin gepflegten Art abwenden und andere halten, so daß man mit der Zeit einen guten Überblick über diese Fischarten erhält.

Die sehr beliebten und trotzdem immer noch recht sagenhaften Diskus sollten dagegen im gut bepflanzten Aquarium gepflegt werden, dessen Wasser einen pH-Wert um 6 und eine Härte um 1 bis 3° DH aufweist. In der letzten Zeit sind in Deutschland viele Nachzuchten geglückt, so daß die Hoffnung besteht, daß auch die Diskus mit der Zeit immer besser an die Gefangenschaftsbedingungen angepaßt werden, wie es ähnlich ja auch vor Jahren mit den heute in jedem Wasser zu haltenden Skalaren der Fall war. Versteckmöglichkeiten brauchen die Diskus wegen ihrer Schreckhaftigkeit und Scheu, die zwar mit der Zeit dem Pfleger gegenüber nachläßt, so daß die Tiere sogar handzahm werden; auf unbekannte Personen aber reagieren sie oft mit starkem Schreck. Dann jagen sie in die Verstecke und wagen sich erst langsam wieder hervor. Den meisten Exemplaren bekommt es daher besser, wenn sie von klein auf in einem belebten Zimmer gehalten werden, in dem immer etwas los ist. Solche Exemplare reagieren in der Regel bei weitem nicht so schreckhaft wie solche, die in der «guten Stube» stehen, in die selten jemand hineinkommt. Baut man aus Steinen Verstecke für die Diskus auf, dann dürfen die Kanten der Platten nicht scharf sein, denn bei Schreck flüchten die sonst so gravitätischen Fische völlig kopflos. Schon mancher Verlust eines der kostbaren Tiere ist auf diese Weise zustande gekommen. Den Diskus geht der Ruf voraus, sie seien im Futter sehr heikel und nehmen nicht alles an. Füttert man sie aber abwechslungsreich, und das ist eine Vorbedingung, wird man solche Erfahrungen nicht machen. Viele Tubifex, die sich im Bodengrund verkrochen haben, machen mit der Zeit das Wasser auch für die Diskus unerträglich sauer. Dann fressen sie nicht mehr! Bei nichtfressenden Diskus sollte man also zuerst das Wasser auf seine Werte hin untersuchen, ehe man nach anderen Ursachen forscht. Da Diskus sehr ruhige Fische sind, die wenig Energien verbrauchen, darf das Futter nicht zu fett sein. Die Folgen sind sonst, daß die Tiere verfetten und nicht geschlechtsreif werden. Temperaturen um 26° C und darüber sind wichtig. Zur Paarung kommen die Tiere noch verhältnismäßig oft, doch scheitert des Liebhabers Können an der Aufzucht, die nur dann glückt, wenn die Eltern ein milchiges Aussehen annehmen. Die Schleimschicht, die von Hautdrüsen produziert wird, enthält die erste Nahrung der Jungfische. Alle Mühe ist vergebens, wenn die Fische diese Schicht nicht bilden. Eine künstliche Aufzucht ist nicht möglich; jedenfalls sind alle Versuche in dieser Richtung bisher gescheitert. Sonderbarerweise scheinen die Tiere von dieser Schleimschicht zu «wissen» (sie wird sich selbstverständlich im Sekretions- und Hormonhaushalt der Fische auswirken). Ist nämlich bei jüngeren Eltern noch kein Schleimbelag vorhanden, fressen sie die Eier oder die geschlüpften Jungen auf. Das kann zu des Liebhabers Leid ein dutzendmal oder noch öfter geschehen, so daß man schließlich verzweifelt. Wenn die Partner aber zusammenpassen, die Nahrung nicht zu fett ist und die Wasserwerte etwa den Erfordernissen entsprechen, wird sich bestimmt eines Tages auch der Erfolg einstellen. Das hört sich sicher gut und tröstlich an, aber wir haben nun einmal die Erfahrung gemacht, daß allmählich manche Fischart, die zunächst lange Zeit bei diesem oder jenem Liebhaber nicht hat züchten wollen, es dann schließlich doch getan hat. Warum sollte es ausgerechnet beim Diskus anders sein, dessen Zucht schon recht oft geglückt ist? Da die Zuchten unter manchmal geradezu gegensätzlichen Voraussetzungen geglückt sind, soll hier nicht weiter darauf eingegangen werden, gibt es doch inzwischen genügend Spezialliteratur, in der man nachlesen kann und sollte, wenn man sich mit der Pflege dieses heiklen, scheuen, anspruchsvollen und teuren Fisches befassen will.

In die Verwandtschaft der Buntbarsche gehören die räuberischen Nanderbarsche, von denen wir den Blaubarsch *(Badis badis)* im Kapitel «Brutpflegende Fische» schon besprochen haben. Diese Art kann man in Gesellschaftsaquarien pflegen, doch empfiehlt sich auch bei ihr eine separate Haltung, zumal die Tiere nur lebendes Futter annehmen, das vor allem in Form von Wasserflöhen gegeben werden sollte. Andere Nanderbarsche werden größer und sind ausgesprochene Räuber, deren Farbkleid wenig bunte Farben aufweist. Der Vielstachler *(Polycentrus schomburgki)* verschlingt im ausgewachsenen Zustand ein Guppymännchen ohne große Mühe. Verstecke sind für ihn ebenso wichtig wie kräftige Nahrung. Nicht anders verhält man sich bei den verwandten Arten, von denen eine besonders bemerkenswerte Form, der Blattfisch *(Monocirrhus polyacanthus)*, aus kleinen fließenden Gewässern Südamerikas stammt, wo er sich mit der Strömung treiben läßt wie ein fortgespültes Blatt. Sein Äußeres ähnelt abgestorbenen Blättern, und zwar nicht nur in der Farbe. Die Lippen sind weit vorstülpbar. Kommt der Fisch in die Nähe eines kleineren Beutetieres, dann schnellt sein Maul plötzlich weit vor, und das Futter ist verschlungen. Immer wieder wird diese Art importiert, trotzdem ist sie relativ selten. Zuchterfolge sind erzielt worden, doch wurden genaue Einzelheiten bisher nicht veröffentlicht. Dem Blattfisch geselle man nur kleine Fische bei, wenn er sie fressen darf, sonst halte man ihn in separaten Aquarien oder in Gesellschaft größerer Arten.

Unter den Fischarten, die ihren Sauerstoffbedarf aus der atmosphärischen Luft decken, sind es vor allem die Schlangenkopffische, die Hechtköpfe und der Schlammspringer, die entweder wegen ihrer ausgesprochen räuberischen Lebensweise, ihrer Größe oder ihres Landaufenthaltes in eigenen Aquarien gepflegt werden sollten, obwohl sie selbstverständlich auch mit großen Fischarten zu vergesellschaften gehen. Über die Pflege der Tiere und ihre Ansprüche lese man im Kapitel «Fische, die im Wasser ersticken» nach.

Aus der großen Ordnung der Heringsfische, der *Isospondyli*, kommt ab und zu der Gabelbart *(Osteoglossum)* zu uns, der in kleinen Exemplaren ein interessanter Aquarienfisch ist. Leider wird er sehr groß und muß von den meisten Aquarianern sicher bald abgegeben werden. Sein Maul ist gewaltig. Öffnet es sich, hat man den Eindruck, ein offenes Scheunentor vor sich zu sehen. Deshalb kann die Nahrung dieses Räubers recht groß sein. Einzelhaltung ist dringend zu empfehlen.

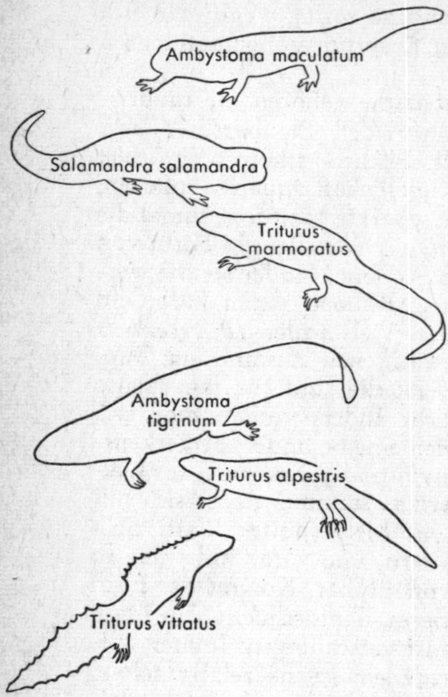

Fleckensalamander *(Ambystoma maculatum)*, fast 20 cm lang. Osten der USA. Verwandelt sich regelmäßig in die Landform. – **Gestreifter Feuersalamander** *(Salamandra salamandra terrestris)*, bis 22 cm lang. Vom westl. Deutschland bis Frankreich; außerdem etwa 8 weitere Unterarten. Landbewohner in feuchteren Laubwäldern. – **Marmormolch** *(Triturus marmoratus marmoratus)*, etwa 16 cm lang. Vom mittleren Frankreich bis zur Pyrenäenhalbinsel, dort im Süden eine zweite Rasse. In stehenden Gewässern. – **Tigersalamander-Larve** *(Ambystoma tigrinum)*, über 20 cm lang. Die Jungen einiger Formen dieses Rassenkreises können sich im Larvenzustand fortpflanzen. – **Bergmolch** *(Triturus alpestris alpestris)*, Weibchen bis 11 cm. Mittleres und südliches Europa; im Osten noch 6 andere Unterarten. In ruhigen Gewässern, vornehmlich in höheren Lagen. – **Bandmolch** *(Triturus vittatus vittatus)*, etwa 11 cm lang. Syrien; weitere Rassen im südwestlichen Asien und im Kaukasusgebiet. Liebt gut bewachsenes, sauberes und kühles Wasser; temperaturempfindlich.

Ebenso sollten die elektrischen Fische in besonderen Aquarien gepflegt werden, wirken ihre elektrischen Ströme doch auf die Mitbewohner meist tödlich. Hierüber lese man im Kapitel «Elektrische Fische» nach.

Obwohl nicht eigentliche Einzelgänger, sind die beiden folgenden Fischgruppen besser für sich zu pflegen. Unter der nötigen Vorsicht können sie aber auch in Gesellschaftsbecken gehalten werden. Kugelfische *(Tetraodon)* sind den meisten Aquarianern zumindest vom Erzählen her bekannt. Ihre charakteristische Eigenschaft ist das Vermögen, den Körper mit Luft oder Wasser aufzupumpen, so daß schließlich eine runde Kugel vor uns liegt oder treibt. In der Natur ist das eine Art Schutzmaßnahme, werden sie doch auf diese Weise für manche Raubfische fast unangreifbar. Manche Arten haben auch einen dornigen Körperbezug, der sich beim Aufblasen abspreizt und empfindlich pieken kann. Am weitesten ist dies bei den Igelfischen entwickelt, die aber ausschließlich Meeresbewohner sind. Die Haltung der Süßwasserformen der Kugelfische ist nicht schwer, sind sie doch in den

Erdkröte (*Bufo bufo bufo*), Weibchen bis 13 cm lang. Ganz Europa und gemäßigtes Asien; andere Unterarten im Süden, Südosten und Osten. Liebt feuchte, dunkle Verstecke. – **Wechselkröte** (*Bufo viridis viridis*), ca. 9 cm lang. Von N-Afrika und über das gemäßigte Europa ostwärts bis Mittel-Asien; dort weitere Rassen. Lebensweise etwa wie die Erdkröte. – **Rotbauch-Unke** (*Bombina bombina*), 5 cm lang. Gemäßigtes Europa bis zum Kaukasus. In dicht bewachsenen kleinen, stehenden Gewässern des Tieflands. – **Krallenfrosch** (*Xenopus laevis laevis*), bis etwa 8 cm lang. Südafrika; weiter nördlich 5 andere Unterarten. Nur im Wasser (Zimmertemperatur). Frißt gierig Kleintiere und Fleischstücke. – **Sechszehen-Frosch** (*Rana hexadactyla*), bis 12,5 cm lang. Südliches Vorderindien und Ceylon. In stark bewachsenem, tiefem Wasser. Jungtiere auffällig gestreift. – **Teichfrosch** (*Rana esculenta*), 10 cm oder größer. Fast ganz Europa, ostwärts bis zur Ukraine. In fast allen Gewässerarten. – **Wabenkröte** (*Pipa pipa*), bis 20 cm lang. Nördliches und mittleres Südamerika. Verläßt nie das Wasser (25° C). Frißt kleine Fische, Würmer und Fleischstücke.
Als Größe ist der Abstand von der Schnauzenspitze bis zum After angegeben.

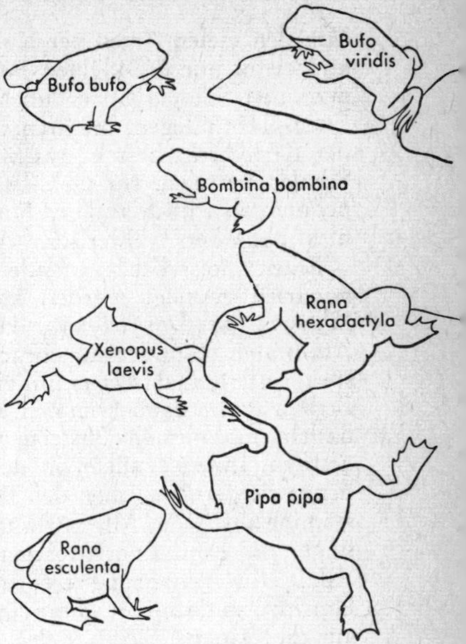

meisten Fällen recht robuste Tiere. Allerdings sollte man vorsichtig beim Pflegen mehrerer Arten sein, die sich untereinander oft bis zum Tode des «Gegners» bekämpfen. Auch innerhalb einer Art kommt das nicht selten vor, besonders in zu kleinen Aquarien, in denen die auf Reviere achtenden Tiere sich immer wieder ins Gehege kommen. Versteckmöglichkeiten müssen daher vorhanden sein, sowohl in Form von Unterständen aus Steinen oder Holz als auch als Pflanzendickichte, die meist von den unterlegenen Exemplaren aufgesucht werden. Die Zucht der Kugelfische ist wiederholt gelungen, jedoch nicht ganz einfach. Die Männchen beißen sich an der Bauchseite der Weibchen fest und lassen sich mitschleppen. Darunter leiden die Weibchen unter Umständen erheblich. Eine Brutpflege wird betrieben, die allerdings nicht lange vorhält. Den reinen Süßwasserformen braucht man nur Leitungswasser zu bieten, den Tieren aber, die zeitweilig in brackigen Gewässern oder gar im reinen Seewasser vorkommen, sollte ein Salzzusatz ins Aquarium gegeben werden.

Von den vielen Arten der Kugelfische kommen für die Zimmeraquaristik nur die kleinen Formen in Frage; die größeren muß man den Schauaquarien überlassen, oder man darf nur kleine Exemplare pflegen, die man später abgibt. Die Vorzugsnahrung der Kugelfische besteht aus Schnecken, die sie geschickt von den Schalen befreien. Ihr Gebiß ist dazu besonders eingerichtet. Sie nehmen aber auch anderes Futter an und sind in dieser Hinsicht nicht besonders wählerisch.

Eine weitere brutpflegende Gruppe, die auch in Gesellschaftsaquarien gepflegt werden kann, stellen die Süßwassernadeln *(Syngnathus, Doryichthys)* dar. Eigene Aquarien sind für diese Arten aber besonders angebracht. Ihr Nahrungsbedürfnis ist recht spezialisiert, so daß es in mit vielen verschiedenen Arten besetzten Becken leicht dazu kommen kann, daß die für die Süßwassernadeln bestimmten Futtertiere von anderen Fischen gefressen werden. Ihnen genügen in der Regel schon kleinere Becken, in denen sie gern zwischen den Pflanzen stehen oder sich an Baumstämme anlehnen. Alle Süßwassernadeln sind empfindliche Pfleglinge, die erfahreneren Aquarianern vorbehalten sein sollten. Allein die Ernährung erfordert sehr viel Mühe, Arbeit und Umsicht, so daß man schon einige Routine haben muß, will man auf die Dauer Glück mit den Fischen haben. Und auch dann ist die Erfahrung bei diesen Tieren noch keine Gewähr dafür, daß einem das Glück hold bleibt. Wer aber glaubt, es auf Grund seiner Erfolge mit anderen, heikleren Arten versuchen zu dürfen, sollte sich nicht davon abhalten lassen. Denn auch solche Aquarianer, die zur Zeit noch nicht an den Erwerb dieser interessanten Fische denken können, werden dank der Erfolge erfahrener Liebhaber gern zu einer Gelegenheit kommen, akklimatisierte und seit Generationen in Gefangenschaft vermehrte Süßwassernadeln in ihren Aquarien pflegen zu können. Das ist zwar ein Wunschtraum, aber dank dem vereinten Bemühen vieler Liebhaber ist es schon oft möglich gewesen, zunächst heikle Fischarten der Allgemeinheit zugänglich zu machen. Wer allerdings ein bißchen Verantwortungsgefühl hat, wird sich trotz der Eigenart einer Fischart nicht dazu hinreißen lassen, sein Gewissen zu beschwichtigen und die Tiere trotz mangelnder Erfahrung zu erwerben. Damit leistet man den Tieren und sich selbst einen Bärendienst.

Ein weit verbreiteter Irrtum ist, daß die Haltung und Pflege von Tieren des Meeres besondere Voraussetzungen verlange oder besonders schwierig sei. Wer bereits mit Süßwasseraquarien einige Erfahrungen gesammelt hat, dem wird die Umstellung zur Meerwasser-Aquarienkunde nicht schwerfallen. Allerdings muß man auf eines von vornherein achten. Alle Fehler in der Pflege machen sich hier stärker bemerkbar als bei Süßwasseraquarien. Deshalb sei grundsätzlich festgestellt, daß Korallenfische nicht eher gepflegt werden sollten, bis mit einfacher zu haltenden Tieren erste Erfahrungen gesammelt wurden. Das hört sich vielleicht schwieriger an, als es tatsächlich ist, aber wir wollen doch bedenken, daß wir auch mit normalen Süßwasseraquarien erst einige Übung erlangen müssen, ehe wir uns an schwierige Aufgaben heranwagen. Jeder Fehler, den wir machen, kommt uns teuer zu stehen, denn Meerestiere sind im Vergleich zu den üblichen Aquarienfischen sehr viel teurer. Aus diesem Grunde seien hier einige Grundzüge der Seewasseraquaristik aufgeführt, die allerdings nicht Anspruch auf Vollständigkeit erheben, denn das Gesamtgebiet ist genauso umfangreich wie das der Süßwasseraquaristik.

Wasser und Behälter

Das benötigte Seewasser können wir uns in Korbflaschen z. B. von Helgoland schicken lassen oder es uns mit Salzen selbst bereiten. Diese Seesalze gibt es im Fachhandel zu kaufen. Man kann sie sich auch von einer Apotheke nach dem Rezept von Wiedemann zusammenstellen lassen. Für 100 Liter Meerwasser benötigen wir: 2765 g Natriumchlorid ($NaCl$), 692 g Magnesiumsulfat krist. ($MgSO_4 + 7\,H_2O$), 551 g Magnesiumchlorid krist. ($MgCl_2 + 6\,H_2O$), 145 g Kalziumchlorid krist. ($CaCl_2 + 6\,H_2O$), 65 g Kaliumchlorid (KCl), 25 g Natriumbikarbonat ($NaHCO_3$), 10 g Natriumnitrat ($NaNO_3$), 10 g Natriumbromid ($NaBr$), 5 g Natriumphosphat (Na_2HPO_4), 0,5 g Kaliumjodid (KJ), 1,5 g Strontiumchlorid ($SrCl_2$). Manche Seesalzhersteller weichen von diesem Rezept ab. Das Kalziumchlorid wird als letztes in aufgelöstem Zustand der gelösten Salzmischung zugesetzt. Zubereitete Kunstwässer sollten ein paar Tage stehen, ehe sie verwendet werden.

Anfängern sei empfohlen, im Gegensatz zur Süßwasseraquaristik mit kleinen Aquarien zu beginnen. Grundsätzlich ist bei der Auswahl des Behälters darauf zu achten, daß Metallteile möglichst nicht mit dem Seewasser in Berührung kommen, da

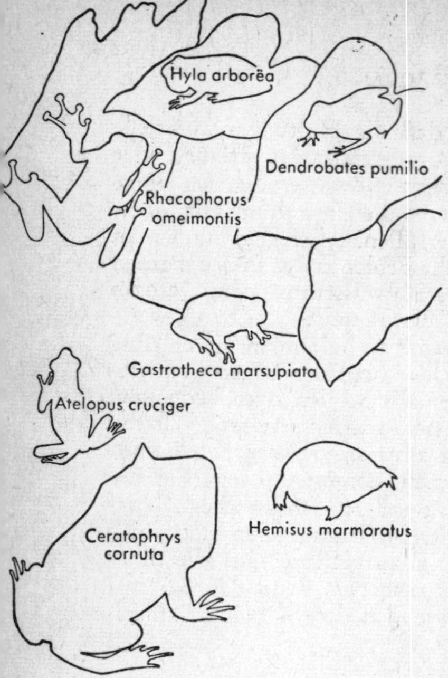

Laubfrosch (*Hyla arborea arborea*), etwa 5 cm lang. Von N-Spanien sowie Mittel- und S-Europa ostwärts bis zum Ural; im Süden und Osten zahlreiche andere Rassen. Baumbewohner an Gewässern. – **Erdbeerfröschchen** (*Dendrobates pumilio*), kaum länger als 2 cm. Mittelamerika. Baumbewohner mit hochgiftigem Hautsekret. Nicht mit anderen Terrarientieren vergesellschaften! – **Omei-Ruderfrosch** (*Rhacophorus omeimontis*), 7,5 cm lang. Westliches China. Baumbewohner. – **Beutelfrosch** (*Gastrotheca marsupiata*), etwa 7 cm lang. Ecuador, Peru. Baumfrosch. Brutpflege in der Rückentasche des Weibchens. – **Stummelfuß** (*Atelopus cruciger*), etwa 7,5 cm lang. Panama. Bodenfrosch mit zarter, empfindlicher Haut. – **Ferkelfrosch** (*Hemisus marmoratus*), kaum mehr als 3 cm lang. Tropisches Afrika. Ameisen- und termitenfressender, grabender Bodenbewohner; kaum haltbar. – **Zipfel-Hornfrosch** (*Ceratophrys cornuta*), bis 16 cm lang. Guayana und N-Brasilien. Haust in Schlammlöchern, frißt gierig Frösche und andere kleine Wirbeltiere.

Als Größe ist der Abstand von der Schnauzenspitze bis zum After angegeben.

---

dieses viel schneller zu Zersetzungserscheinungen führt und leicht giftige Salze entstehen läßt, die den Tod der Tiere bedeuten. Große Vollglasbecken eignen sich für den Anfang ausgezeichnet. Entscheidet man sich für Gestellaquarien, dann verwende man möglichst solche, deren oberer Rahmen keinen Winkel nach innen besitzt, sondern nach außen gebogen ist. Ausgezeichnet sind Bekken, die oben überhaupt keinen Rahmen haben. Allerdings kann man dann nur verhältnismäßig flache Aquarien benutzen, damit die Scheiben nicht platzen.

Richtet man ein Aquarium mit normalem Gestell für die Seewasseraquaristik her, muß man die Innenwinkel mit seewasserbeständiger Dichtmasse vergießen, damit so wenig wie möglich Berührungspunkte zwischen Metall und Wasser entstehen.

Als Bodenscheibe verwende man nach Möglichkeit ein dickes Glas, da man für die meisten zu pflegenden Tiere Steinaufbauten benötigt. Metallböden dürfen nicht verwendet werden. Auch hier müssen die Seitenränder vergossen werden.

Diademschildkröte (*Hardella thurjii*), Weibchen bis 50 cm. Pakistan bis nördliches Hinterindien. Fast nur im Wasser (25° C); vorwiegend Pflanzennahrung. – **Zierschildkröte** (*Chrysemys picta picta*), etwa 18 cm. SO-Kanada und östliche USA; 3 weitere Unterarten im übrigen Nordamerika. Wasser: 21-23° C. – **Europäische Sumpfschildkröte** (*Emys orbicularis*), fast 30 cm. NW-Afrika, Mittel- und S-Europa, W-Asien. Frißt auch Grünzeug! Haltung bei Zimmertemperatur möglich. – **Kaspische Wasserschildkröte** (*Clemmys caspica caspica*), fast 25 cm. Kaukasus-Länder und Vorderasien; je eine weitere Rasse im westlichen und östlichen Mittelmeerraum. Haltung bei Zimmertemperatur oder wenig höherer Wärme. – **Südamerikanische Erdschildkröte** (*Geoëmyda punctularia punctularia*), etwa 20 cm. Nördliches Südamerika; in den angrenzenden Gebieten 4 andere Rassen. Liebt größeren Landteil. Temperatur um 25° C. – **Echte Landkarten-Höckerschildkröte** (*Graptemys geographica*), ca. 27 cm lang. Von S-Kanada bis O-Kansas und NW-Georgia. Haltung bei 23° C. – **Indische Dachschildkröte** (*Kachuga tecta tecta*), etwa 23 cm. Lebensweise und Verbreitung wie Diademschildkröte; eine zweite Rasse im mittleren Vorderindien. – **Tropfenschildkröte** (*Clemmys guttata*), kaum über 12 cm. Nordöstliche und östliche USA, südwärts bis Georgia. Haltung bei 23° C. – Die Größenangaben beziehen sich bei allen Schildkröten auf die Länge des Rückenpanzers (Stockmaß!).

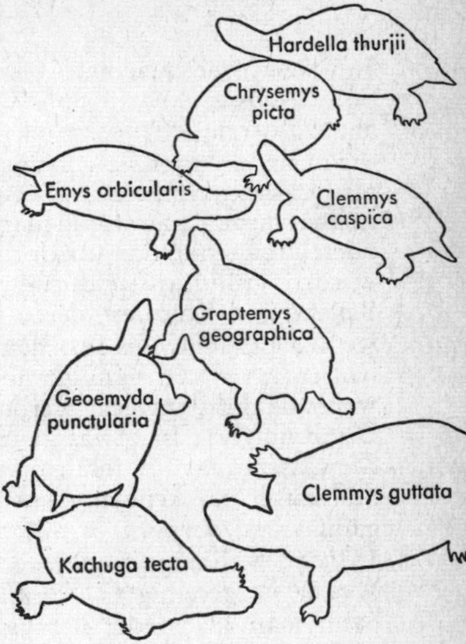

Hinsichtlich des Aufstellens unterscheidet sich das Seewasseraquarium im Grunde genommen nicht vom Süßwasseraquarium, doch muß man sich von Anfang an darüber im klaren sein, aus welchen Zonen man Tiere pflegen will. Entscheidet man sich für die Bewohner nördlicher Meere, stelle man das Becken möglichst kühl auf, denn viele dieser Tiere vertragen nur Temperaturen von höchstens 18 bis 20°. Solche Aquarien eignen sich also für Nordzimmer, die schattig und kühler sind. Überhaupt empfiehlt sich bei Meeresaquarien eine schattige Aufstellung, damit man den stets erwünschten Algenwuchs unter Kontrolle halten kann. Dies läßt sich mit künstlichem Licht leichter bewerkstelligen als mit hellem Sonnenlicht. Außerdem steigen die Temperaturen in sonnendurchfluteten Becken gerne über das zuträgliche Maß an.

Einrichtung

Im Seewasseraquarium stehen nicht die vielen Pflanzen des Süßwassers zur Verfügung. Wir sind auf wenige, an einer Hand abzuzählende Pflanzenarten angewiesen, die auch nicht immer die in sie gesetzten Erwartungen erfüllen. So kommt es, daß man als Dekorationsmittel im Seewasser vor allem auf Steine zurückgreifen muß. Dazu wähle man möglichst rundgeschliffene Tiefen- oder Urgesteine, damit sich die Tiere nicht verletzen. Die Steine werden gründlich geschrubbt, damit sie wirklich sauber sind. Beliebt sind Korallen, deren Reinigung unumgänglich ist, selbst wenn sie blütenweiß aussehen sollten. Die abgestorbenen Korallentierchen sitzen nämlich noch in ihren Löchern und würden, wenn sie nicht entfernt werden, sehr bald das Wasser verpesten. Die Reinigung ist etwas zeitraubend, doch braucht man in der Seewasseraquaristik ohnehin viel mehr Zeit, als wir das vom Süßwasser her kennen. Man nehme ein Plastikgefäß – Metallgefäße sind verpönt! – fülle auf etwa 10 Liter Wasser 1 Liter 15%ige Kalilauge und lege in dieses Gemisch die schon mit Wasser vorgereinigten Korallen. Nach etwa 10 bis 14 Tagen kann man sie wieder herausnehmen und prüfen, ob sie schon gebrauchsfertig sind. Dazu legt man sie in Seewasser, aber noch nicht in das vorgesehene Aquarium. Bleibt das Wasser klar, ist alles in Ordnung, wird es trübe, muß man die Koralle erneut in Kalilauge legen.

Befestigt werden Korallen mit Hilfe von Zementsockeln. Dazu drückt man die Koralle in angerührten, noch weichen Zement, so daß man einen Fuß erhält. Selbstverständlich braucht man dies nicht, wenn die Koralle so gebaut ist, daß sie selbst fest genug auf dem Boden aufliegt. Auch der Zementsockel muß kräftig und gewissenhaft behandelt werden, ehe er in das vorgesehene Aquarium kommt!

Über den Bodengrund gehen die Meinungen sehr stark auseinander; die einen schwören auf feinen Strandsand, wie man ihn an den Meeresküsten findet, die anderen auf groben Kies. Vielleicht läßt sich die Verschiedenheit unter dem Vorzeichen zusammenbringen, daß sehr feiner Sand nur in einer dünnen Schicht, gröberer in dickerer verwendet werden sollte. Wichtig bleibt aber, daß man den verwendeten Kies ausbrühen, noch besser aber ausglühen sollte, damit man ihn soweit als möglich steril macht.

An technischen Hilfsmitteln benötigt man in der Meeresaquaristik unbedingt einen leistungsfähigen Durchlüfter und einen Filter. Der Filter muß groß sein. Wer es möglich machen kann, wähle ihn so, daß er etwa einem Drittel des Beckeninhaltes entspricht. Hat man also ein 90-Liter-Aquarium, sollte der Filter etwa 30 Liter fassen. Mit kleinen Innenfiltern kommt man in der Meeresaquaristik auf keinen grünen Zweig. Der innere Aufbau der Filter entspricht dem der Süßwasserfilter, nur muß hier, als ausreichend große mittlere Schicht, Aktivkohle verwendet werden. Dennoch schafft man es auch hier auf die Dauer nicht, die Bakterien und Abfallprodukte auszufiltern. Korallenfische z. B. sind aber gegen Bakterien sehr empfindlich, da sie nicht genügend Abwehrstoffe in ihrem Körper mobilisieren können. Deshalb gehen die meisten Arten auch an bakteriellen Erkrankungen ein.

In den letzten Jahren ist ein besonderer Aquarientyp propagiert worden, bei dem ein sogenannter photischer Filter eingebaut ist. Im Prinzip bedeutet das, daß ein Teil des Pflegeaquariums als Filterkammer abgetrennt wird, in der mit Hilfe von starkem Licht für guten Algenwuchs gesorgt wird, der unter anderem für eine biologische Klärung des Wassers sorgen soll. Dieser Beckentyp ist noch sehr umstritten, obwohl nachweislich gute Erfolge damit erzielt worden sind. Feststeht aber, daß auch er kein Allheilmittel darstellt. Wie sich der einzelne zukünftige Seewasseraquarianer entscheidet, sei also ihm überlassen.

Auch ein Außenfilter, wie beschrieben, sollte von oben mit einer möglichst starken Lampe bestrahlt werden, damit sich genügend Algen entwickeln können, die hier die Aufgabe übernehmen sollen, die im Süßwasser die Pflanzen haben. Natürlich muß dann dafür gesorgt werden, daß sich das Wasser nicht mehr erwärmt, als den Fischen zuträglich ist.

Es ist selbstverständlich, daß sämtliche Leitungssysteme im Seewasserbecken nicht aus Metall bestehen dürfen. Glas und Kunststoffe bieten uns Auswahl genug. Schwierig ist es mit Gummi, das sich im Seewasser langsam zersetzt; für Thermometerhalter wähle man daher ebenfalls Kunststoff. Schließlich ist darauf zu achten, daß durch Verdunsten des Wassers die Salzkonzentration im Becken nicht zu hoch wird. Also immer rechtzeitig nachfüllen.

Aktinien

In der Regel wird der Meeresaquarianer mit Hohltieren beginnen, die in den meisten Arten anspruchslos sind und die Erfahrungen vermitteln, die für spezialisierte Pfleglinge notwendig sind. Hat man es mit Nordseetieren zu tun, dann halte man die Temperaturen niedrig; etwa 18 Grad dürfen als oberste Grenze angesehen werden. Wir dürfen uns aber über das Niedrighalten der Temperatur nicht täuschen. Es ist viel leichter, eine höhere Temperatur zu erreichen, als eine tiefe zu halten. Deshalb empfiehlt es sich eben, Nordseeaquarien in kühlen Zimmern aufzustellen. Völlig anspruchslos in ihrer Pflege sind Seenelken *(Metridium senile)*, Pferde- oder Erdbeerrose *(Actinia equina)*, Schlangenhaar- oder Witwenrose *(Actinothoë clavata)* und andere. Sie kann man leicht züchten, d. h., die Rosen vermehren sich ohne Zutun des Pflegers entweder dadurch, daß sie von ihrer Fußscheibe Stücke abschnüren oder daß sie Junge gleichsam ausspucken, die dann in der Nähe des Muttertieres sitzen.

Zu ernähren sind alle Aktinien leicht, es gibt nur einige wenige Ausnahmen aus tropischen Gebieten. Man nimmt dazu Muschelfleisch oder anderes rohes mageres Fleisch, ja selbst Wasserflöhe und Mückenlarven kann man verwenden. Stets werden kleine frische Stückchen gereicht. Bevor dem Tier weiteres Futter gegeben wird, muß das alte verschwunden sein. Man füttert Aktinien sparsam und nicht jeden Tag. In der Regel genügen zwei Fütterungen in der Woche. Je feiner die Tentakel sind, desto feiner muß auch das Futter sein. (Auch hier gibt es Ausnahmen, z. B. die tropischen *Stoichactis*-Arten!)

Etwa eine halbe Stunde nach der Fütterung muß man das Becken auf die von den Tieren unverdaut ausgestoßenen Nahrungsreste absuchen, die sofort entfernt werden, denn sonst verderben sie mit Sicherheit das Wasser in kurzer Zeit. Die Fütterung ist überhaupt das zeitraubendste Geschäft der ganzen Meeresaquaristik!

Krebse

Die für den Besucher der Meeresküsten auffälligsten Lebewesen sind unzweifelhaft die Krabben, rundliche Krebse, denen der lange Schwanz scheinbar fehlt – er ist unter den Körper geschlagen. Sicher wird mancher Seeaquarianer den Wunsch verspüren, diese Tiere pflegen zu wollen. Der Wunsch ist verständlich, doch sollte man ihn unterdrücken, besonders wenn nur ein Seeaquarium zur Verfügung steht. Strandkrabben sind die Gassenjungen unter den Seetieren, die mit ihren Scheren an allem herumfummeln, was sich ihnen anbietet. So leiden in der Regel die übrigen Mitbewohner des Aquariums. Kann man die Krabben aber für sich pflegen, erweisen sie sich als interessante und spaßhafte Tiere, abgesehen davon, daß sie jeden noch so kleinen Spalt in der Aquarienabdeckung dazu benutzen, die menschlichen Wohngemächer zu inspizieren. Ihre Ernährung ist einfach, sie nehmen mit allem Freßbaren vorlieb. Der Behälter braucht nur mit wenig Wasser gefüllt zu sein, sollte aber einen Landteil mit Kletterpartien enthalten, der sehr gern benutzt wird.

Andere bekannte Arten, die immer wieder in Meeresaquarien gepflegt werden, sind die Einsiedlerkrebse, so genannt, weil sie ihren ungepanzerten Hinterleib in Schneckenhäusern verbergen, die sie daher ständig mit sich herumschleppen. Auch ihre Ernährung ist einfach zu bewerkstelligen, doch muß man darauf achten, daß sie den Aktinien nicht zu nahe kommen, denen auch sie gern etwas am Zeuge flicken. Weniger die Nordsee-Einsiedler als viel mehr die Mittelmeerformen werden gepflegt, sind sie doch zum Teil recht farbenprächtig. Das gelegentliche Ansiedeln von Aktinien, besonders die Schmarotzerrose *(Sagartia)*, wird als Symbiose gedeutet, ist aber vielleicht doch keine. Einsiedler kann man in kleinen Exemplaren durchaus in Gesellschaftsaquarien mitpflegen, doch muß man dafür sorgen, daß verschiedene Schneckenhausgrößen vorhanden sind, wenn man am Wachstum und am Umziehen der Tiere aus einem zu klein gewordenen in ein passendes Schneckenhaus Freude haben will.

Recht ansprechende und auch haltbare Pfleglinge sind die Garnelen, die in verschiedenen Arten außerdem sehr farbenprächtig sein können. Sie sorgen auch dafür, daß anfallende Nahrungsreste vertilgt werden, doch darf man sie nicht überfordern.

Mit den Seewassertieren und Tangen bekommt man hin und wieder kleine weiße Seepocken, merkwürdig umgewandelte Krebstiere, die sich zunächst sehr dekorativ ausnehmen, wenn sie mit ihren Fangfüßchen im Wasser wedeln, um sich Nahrung heranzustrudeln. Da aber meist nicht genügend Mikrolebewesen vorhanden sind, öffnen sie eines Tages ihre Deckel nicht mehr und gehen zugrunde. Das hat dann zur Folge, daß das Wasser schnell verdirbt. Deshalb sind Seepocken mit Vorsicht zu behandeln, und man sollte sie nur pflegen, wenn man sie ernähren kann. Als Ersatz für Plankton kann man etwas in Wasser zerriebenes Muschelfleisch reichen, sogenannte Muschelmilch, aber man muß mit dieser Fütterung sehr vorsichtig sein, weil das Wasser schnell trübe wird.

Von den übrigen zahllosen Krebsen sind beliebte Pfleglinge noch die Seespinnen, wahre Meister in der Kunst des Tarnens, doch auch bei ihnen empfiehlt sich eine Separatpflege.

Würmer

Unter den vielen Würmern des Meeres sind nur zwei Gruppen beliebtere Pfleglinge, die Seemaus und die Sabellen. Die farbenprächtig schillernde Seemaus *(Aphrodite aculeata)* lebt im Schlamm von allerlei Abfallstoffen, ist aber in der Regel für normale Zimmeraquarien nicht recht geeignet, obwohl ihre Pflege nicht schwer ist. Dagegen finden wir häufiger die in allen Meeren vorkommenden Sabellen *(Sabellidae)*, Röhrenwürmer, die in selbstgebauten, fest verankerten Gehäusen leben. Der prächtig gefärbte Kiemenkranz wird ins freie Wasser gestreckt, so daß die Würmer eher wie schöne Blumen aussehen. Bei ihrer Pflege ist darauf zu achten, daß den Tieren genügend Kleinlebewesen zur Verfügung stehen. Sonst kümmern sie und gehen schließlich ein. Muschelmilch ist auch hier ein recht guter Ersatz.

Stachelhäuter

Zu dieser Tiergruppe werden die See-, Schlangen-, Haarsterne, die Seeigel und Seegurken zusammengefaßt. Sie sind an sich nicht schwer zu pflegen, doch sollte der Liebhaber dieser Tiere bereits über einige Erfahrungen verfügen, stellen manche Arten doch besondere Bedingungen. Seesterne sind in der Regel recht wanderfreudige Bewohner des salzigen Elementes, deren Ernährung kaum Schwierigkeiten macht, denn sie nehmen neben ganzen Muscheln auch Fleisch an. Sie besitzen eine ausgezeichnete Witterung, die sie sofort in Bewegung kommen läßt, wenn Futter ins Becken gebracht wird. Allerdings kann man sie nicht mit Muscheln oder Schnecken in einem Aquarium pflegen, denn diese Tiere dienen ihnen auch in der freien Natur als Nahrung. Schlangensterne bewohnen bevorzugt den Bodengrund. Man sieht sie selten. Deswegen sind es auch nicht sonderlich beliebte Pfleglinge.

Haarsterne erfolgreich zu pflegen, stößt auf fast unüberbrückbare Hindernisse, besonders bei normalen Zimmeraquarien. Sie fressen Plankton, sind sehr empfindlich und grazil und können mit robusten Mitinsassen nicht vergesellschaftet werden.

Seeigel sind einfacher zu pflegen, obwohl auch ihre Haltung nicht immer eitel Freude ist. Die üblichen Arten verlangen relativ viel Algennahrung, die nicht jeder Aquarianer in ausreichender Menge beschaffen kann. Zwar nehmen sie auch etwas Muschelfleisch, manche Arten auch kleine Krebse, aber die Pflanzenkost spielt doch die Hauptrolle. Außerdem haben manche Stachelhäuter die unangenehme Eigenschaft, Aktinien anzufressen, deshalb sollte man vor dem Erwerb dieser Tiere zunächst die Möglichkeiten prüfen, die einem gegeben sind.

Muscheln und Schnecken

Im Süßwasseraquarium übernimmt die Schnecke oft die Rolle des Beckenreinigers. Seewasserschnecken könnten das auch, aber leider sind es zu gute Nahrungslieferanten, als daß man sich an ihrem Verhalten erfreuen könnte. Außerdem darf man sich von den schönen Farben der Schneckengehäuse auf Großmutters Vertiko nicht täuschen lassen, fehlt diesen Schalen doch die sie überziehende Haut, deren Aussehen alles andere als farbenprächtig oder gar schön ist. Manchmal schleppt man sich mit Transporten kleine und unscheinbare Schnecklein ein, die einige Zeit leben, aber bald wieder ohne jeden erkennbaren Grund verschwinden.

Muscheln filtern ebenfalls das Wasser, doch sind sie andererseits auch außerordentlich große Sauerstoffverzehrer, so daß ihre Pflege nicht unbedingt empfohlen werden kann. Anfänger mit nur kleinen Becken sollten sich vor ihnen hüten. Erfahrene Liebhaber werden aber manchen interessanten Aquarienbewohner unter ihnen kennenlernen.

Fische

Unter den vielen, vielen Fischen der Weltmeere gibt es nur recht wenige Arten, die sich vorbehaltlos in gewöhnlichen Zimmer-Seeaquarien pflegen lassen, aber selbst bei diesen stößt man mitunter auf recht arge Schwierigkeiten, so daß jedem Liebhaber zu raten ist, sich seine Sporen als Seewasseraquarianer zunächst mit einfacher zu pflegenden Meeresbewohnern zu verdienen. Fische aus nördlichen Meeren verlangen nicht zu hohe Temperaturen, wie auch die anderen Bewohner dieser Gebiete. Mittelmeerbewohner sind in der Regel einfacher zu pflegen; unter diesen nehmen die Lippfische einen breiten Raum ein. Ebenso sind die meisten Brassen und Plattfische geeignete Pfleglinge. Sonderbar geformt sind die Seepferdchen und Seenadeln, und wer sich mit Meeresaquarien befaßt, wird bald den Wunsch haben, gerade diese Fische zu pflegen. Man hüte sich aber vor übereilten Käufen: die Tiere wollen kleine Nahrung, sind ihre Mäuler doch röhrenförmig, so daß sie wirklich nur sehr kleine Brocken einsaugen können. Andererseits sind sie unter guten Pflegebedingungen selbst in kleinen Aquarien gut haltbar und vermehren sich sogar.

Korallenfische

Besondere Anziehungspunkte der großen Schauaquarien sind die phantastischen Fische aus südlichen Meeren, deren Farbenpracht so unvorstellbar ist, daß man meint, Schöneres gebe es nicht in der Natur. Nur zu schnell wird man aber von seinem Wunsch geheilt, die Tiere im Zimmeraquarium pflegen zu wollen, denn die Verluste sind oft auch für den nicht gar zu schmalen Geldbeutel un-

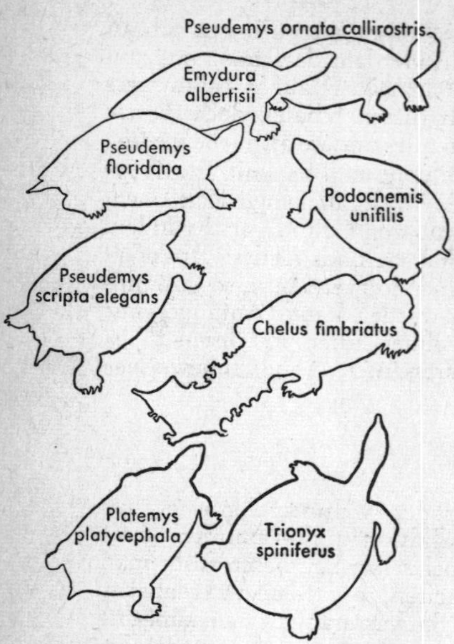

Kinnfleckige Pfauenaugen-Schmuckschildkröte (*Pseudemys ornata callirostris*), bis 35 cm lang. Von Kolumbien bis Venezuela; andere Unterarten in Mittelamerika und Mexiko. Wassertemperatur: etwa 25° C. – **Rotbäuchige Spitzkopf-Schildkröte** (*Emydura albertisii*), bis 16 cm. Neuguinea. Eine der wenigen bunten Schlangenhalsschildkröten. Rein aquatil; frißt auch Grünzeug. Temperatur: bis 25° C. – **Florida-Schmuckschildkröte** (*Pseudemys floridana floridana*), bis 40 cm. Südöstliche USA; westlich und südlich davon zwei andere Rassen. 23–25° C. – **Rotwangen-Schmuckschildkröte** (*Pseudemys scripta elegans*), fast 30 cm. Mittlere USA bis nordöstliches Mexiko. Die am häufigsten importierte Schmuckschildkröte. Haltung bei 23° C; frißt auch Pflanzen. – **Terekay-Schienenschildkröte** (*Podocnemis unifilis*), bis 45 cm lang. Nördliches Südamerika. Frißt vorwiegend Pflanzen. Haltung bei 23–25° C. – **Fransenschildkröte** oder Matamatá (*Chelus fimbriatus*), bis 40 cm. Nördliches und mittleres Südamerika. Rein aquatil; nimmt durch «Saugschnappen» Fischstücke von der Pinzette ab. Bis 25° C. – **Rotkopf-Plattschildkröte** (*Platemys platycephala*), kaum 20 cm. Nördliches und mittleres Südamerika. Ungewöhnlich bunte, flache Schlangenhalsschildkröte; reiner (Fisch-) Fleischfresser. Temperatur: bis 25° C. Bissig! – **Dornrand-Weichschildkröte** (*Trionyx spiniferus spiniferus*), bis über 40 cm. S-Kanada und östliche USA; dazu 3 weitere Unterarten im gesamten Gebiet der USA östlich der Kordilleren und im nördlichen Mexiko. Ausschließlich aquatiler Fisch- und Fleischfresser; benötigt weichen Bodengrund und ca. 23–25° C.

---

tragbar. Deshalb fange man mit einfacheren Arten an, zu denen zwar die Abudefduf, *Monodactylus*, *Platax*, einige *Amphiprion*, Kugelfische, auch Doktorfische (*Acanthurus*-Arten), eventuell noch Rotfeuerfisch und *Pascyllus* gehören, aber keinesfalls der recht billig zu erhaltende Clownfisch (*Amphiprion percula*), den man immer wieder als «Anfängerfisch» angepriesen bekommt. Über jede der zur Zeit eingeführten Arten ließe sich Besonderes sagen, denn die meisten Formen sind ihrer Eigenart nach so, daß man sie überhaupt nicht unter einen Hut bekommt. Deshalb seien diese vorstehenden Worte als Mahnung gedacht. Wer Korallenfische halten will, gehe bei wirklichen Kennern in die Lehre und studiere das. Wertvolle Helfer ist eine Fachzeitschrift,

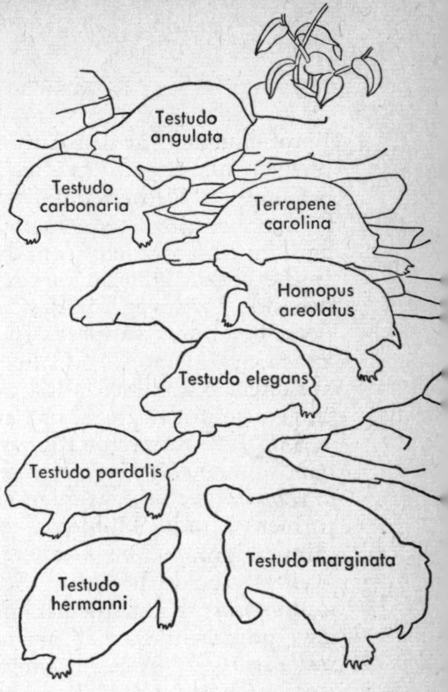

Afrikanische Schnabelbrust-Schildkröte (*Testudo angulata*), etwa 25 cm. SW- und S-Afrika. Nur ein einziges, unpaares, schnabelartig vorspringendes Kehlschild am Vorderrand des Bauchpanzers. In trockenem Steppenland. – **Köhlerschildkröte** (*Testudo carbonaria*), bis 50 cm. Tropisches Südamerika. Urwaldbewohner. – **Dreizehige Carolina-Dosenschildkröte** (*Terrapene carolina triunguis*), wenig über 15 cm. Mittlere und südliche USA; außerdem 3 weitere Unterarten im Gebiet der Vereinigten Staaten. Eine landbewohnende, gemischtfressende Form der Sumpfschildkröten; benötigt nicht zu trockenes Terrarium mit flachem Wasserteil, im Sommer möglichst Pflege im Freiland. Vorsicht, vergreift sich an anderen Terrarientieren! – **Areolen-Flachschildkröte** (*Homopus areolatus*), kaum größer als 10 cm. S-Afrika. Steppenbewohner, frißt auch trockenes Gras und Wurzelwerk. – **Sternschildkröte** (*Testudo elegans*), über 25 cm. Vorderindien und Ceylon. Lebt in nicht zu trockenem Grasland der Ebenen. – **Griechische Landschildkröte** (*Testudo hermanni hermanni*), etwa 20 cm. S- und SO-Europa; im Südwesten als weitere Unterart die Robert-Mertens-Schildkröte. Im Sommer möglichst Pflege im Freiland, im Winter ein Ruhestadium. – **Pantherschildkröte** (*Testudo pardalis babcocki*), über 65 cm; hier ein Jungtier. Mittel- und S-Afrika; die typische Unterart nur im äußersten Südwesten. In tropischen und subtropischen Trockengebieten. – **Breitrand-Schildkröte** (*Testudo marginata*), etwa 35 cm. Griechenland südlich des Olymp. Frißt nur pflanzliche Nahrung. Haltung wie Griechische Landschildkröte.

---

in der immer wieder über die einzelnen Arten berichtet wird. Grundsätzlich sei abschließend noch gesagt, daß den Korallenfischen ein möglichst nitratfreies Wasser geboten werden muß und daß Fäulnisbakterien keine Nahrung finden dürfen, denn den Korallenfischen, die in den Riffen gleichsam in einem Schlaraffenland leben, fehlen die natürlichen Abwehrkräfte gegen diese Bakterien. Auch geringfügige Verletzungen führen in nicht einwandfreien Aquarien fast stets zum Tode der Fische. Lehrgeld muß zwar überall gezahlt werden, aber wir wollen doch hoffen, daß kluges Maßhalten und vorherige Information über den beabsichtigten Pflegling verhindern, daß der Liebhaber eines Tages die Lust an der schönen Meeresaquaristik verliert.

Empfehlungen für den Anfänger, die ihm sagen, welche Fische er pflegen soll, haben das Ziel, den Liebhaber von vornherein mit bestimmten Fischzusammenstellungen vertraut zu machen. Sie haben aber alle eines gemeinsam: Der Anfänger richtet sich nicht nach ihnen. Trotzdem sei auch in diesem Buch ein Versuch gemacht, Fische vorzustellen, die es dem Anfänger leicht machen. Sie eignen sich durchweg für das Gesellschaftsbecken, wenn nichts anderes besonders vermerkt ist. Für alle sollten die Temperaturen zwischen 22 und 24° C liegen, aber niemals unter 18 bis 20° absinken. Sie fressen alles, auch Trockenfutter. Als Wasser vertragen sie in der Regel das aus der Leitung.

Salmler: Roter von Rio, *Hyphessobrycon flammëus;* Schwarzbandsalmler, *Hyphessobrycon scholzëi;* Neonsalmler, *Hyphessobrycon innesi;* Serpasalmler, *Hyphessobrycon callistus,* und Zuchtformen; Blinder Höhlensalmler, *Anoptichthys jordani;* Kupfersalmler, *Hasemania marginata;* Laternenträger, *Hemigrammus ocellifer* (beide Formen); Schwanzstrichsalmler, *Hemigrammus unilineatus;* Rautenflecksalmler, *Hemigrammus caudovittatus;* Zwergdrachenflosser, *Corynopoma riisëi;* Wasserstieglitz, *Pristella riddlëi;* Trauermantelsalmler, *Gymnocorymbus ternetzi;* Rotflossensalmler, *Aphyocharax rubropinnis;* Talerfisch, *Ctenobrycon spilurus.*

Barben: Kardinalfisch, *Tanichthys albonubes;* Messingbarbe, *Puntius semifasciolatus;* Zwergbarbe, *Puntius phutunio;* Purpurkopfbarbe, *Puntius nigrofasciatus;* Ceylonbarbe, *Puntius cumingii;* Brokatbarbe, *Puntius «schuberti»;* Prachtbarbe, *Puntius conchonius;* Zebrabärbling, *Danio rerio;* Schillerbärbling, *Danio albolineatus.* Die anderen Arten sind nur bedingt geeignet.

Panzerwelse: Alle dunkel gefleckten Arten. Vorsicht bei Arten mit hellem Grundton! Andere Welsfamilien nicht geeignet.

Eierlegende Zahnkarpfen: Für sie besser eigene Becken oder nur eine Art als Oberflächenfisch. Es sind große Räuber darunter, deshalb darf man keine kleinen Fische mitpflegen; Floridakärpfling, *Jordanella floridae;* Streifenhechtling, *Aplocheilus lineatus;* Querbandhechtling, *Epiplatys chaperi;* Tüpfelhechtling, *Pachypanchax playfairi.*

Lebendgebärende Zahnkarpfen: Alle in den zoologischen Handlungen geführten Arten, wenn sie nicht importiert sind.

Labyrinthfische: Dicklippiger Fadenfisch, *Colisa labiosa;* Blauer Gurami, *Trichogaster trichopterus,* und Zuchtformen; alle Makropoden; Kampffisch, *Betta splendens.*

Buntbarsche: Glänzender Zwergbuntbarsch, *Nannacara anomala;* Kleiner Maulbrüter, *Haplochromis multicolor.*

Schwanzlurche

Molche und Salamander, wie wir die Angehörigen dieser Gruppe zu nennen pflegen, bilden eine recht unscheinbare, träge und mitunter sogar mimosenhafte Gesellschaft, können aber bei sachgemäßer Pflege lange in der Gefangenschaft ausdauern. Sie wünschen eine möglichst gleichmäßige Temperatur, die bei den einheimischen Arten nicht viel über + 23° hinausgehen darf, während die Bewohner kalter Gebirgswässer schon eine Wärme über + 15° übelnehmen können. Da sie außerdem ein ausreichendes Maß an Feuchtigkeit brauchen, darf ihr Behälter niemals in der prallen Sonne stehen. Für die Wasserformen genügt ein gewöhnliches Aquarium mit nicht zu tiefem Wasserstand, einigen Pflanzen und einer Insel aus einem befestigten Stück Zierkork, auf der sich die Tiere ausruhen. Für die amphibischen Arten, die sich im Wasser nur zu verpaaren pflegen, eignet sich am besten ein Ufer-Terrarium, dessen Wasserteil mit Hilfe abgestuft übereinanderliegender flacher, mit Zement wasserdicht verkitteter Natursteine gegen das Land abgetrennt ist. Dies hat den Vorteil, daß die Tiere das Wasser ganz nach Belieben aufsuchen und mühelos wieder verlassen können.

Alle Schwanzlurche lieben es nicht, gestört zu werden, und können sogar in kurzer Zeit eingehen, wenn man sie in die Hand nimmt. Eben so empfindlich sind sie gegen Unreinlichkeiten. Kot und Nahrungsreste sind daher stets sorgfältig zu entfernen, und das Wasser sollte möglichst oft gewechselt werden. Andernfalls stellen sich Hautkrankheiten ein, die der Pfleger unter dem Begriff «Molchpest» zusammenfaßt und die sich schon durch einen eigenartigen Geruch im Innern des Behälters bemerkbar machen. Hier hilft nur das radikale Abschneiden der befallenen Körperteile (keine Angst – sie wachsen nach!) und das Bestäuben der erkrankten Hautstellen mit einem Penicillinpuder. Für unsere Feuersalamander, auf deren Rücken oft große Geschwüre auftreten, wird ein Quarantäne-Terrarium mit feuchtem, sauberem Lehmboden oder auch flachen Kieseln empfohlen. In einigen Fällen soll es tatsächlich geholfen haben. Viel besser aber ist es, durch einwandfrei hygienische Verhältnisse im Behälter die Krankheiten gar nicht erst aufkommen zu lassen.

Trotz ihrer sonstigen Unbeholfenheit vollbringen die Schwanzlurche die gewandtesten Kunststücke, um aus ihrem Behälter zu entweichen, wenn man diesen nicht durch einen gut schließenden

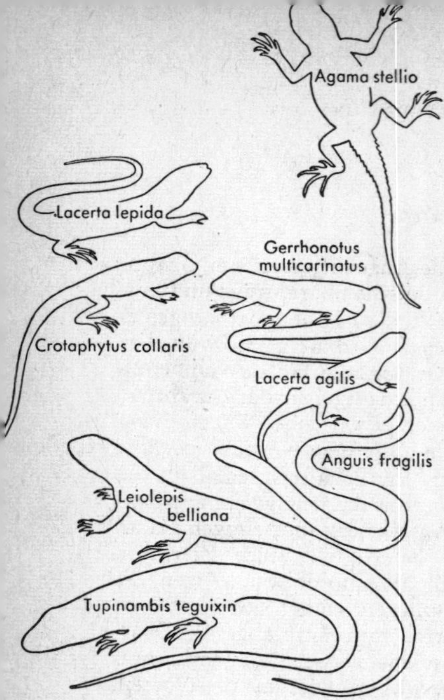

Hardun (*Agama stellio stellio*), etwa 30 cm. Von SO-Europa über Kleinasien bis NO-Afrika; eine weitere Rasse im westlichen Asien. An sonnigem, trockenem Gestein und Gemäuer; nimmt auch süße, weiche Früchte. – **Perleidechse** (*Lacerta lepida lepida*), bis über 60 cm lang. Südwestliches Europa; ein oder zwei weitere Rassen im Nordwesten von Afrika. Ein Bodenbewohner im offenen Gelände. Frißt auch kleinere Wirbeltiere, daher nicht mit anderen Echsen vergesellschaften! – **Halsbandleguan** (*Crotaphytus collaris collaris*), fast 12 cm. Südliche USA und äußerster Nordosten von Mexiko; westlich davon eine zweite Rasse. In offenen, steinigen und trockenen Gegenden; klettert kaum. Bissig; nimmt gelegentlich auch Blüten und Blätter. – **Rotrückige Krokodilschleiche** (*Gerrhonotus multicarinatus multicarinatus*), etwa 14 cm lang. Mittleres Kalifornien; nördlich und südöstlich davon je eine weitere Unterart. In sonnigem, steinigem, busch- oder waldbestandenem Gelände. Nimmt auch junge Mäuse. – **Zauneidechse** (*Lacerta agilis agilis*), über 20 cm. Mittleres Europa bis W-Rußland; weitere Unterarten im Südosten und Osten. Offene Landschaften, auch in der Nähe des Menschen. – **Schmetterlingsagame** (*Leiolepis belliana belliana*), etwa 45 cm. SO-Asien und Sumatra; eine zweite Rasse in Annam. Grabender Bodenbewohner, frißt auch pflanzliche Nahrung. – **Blindschleiche** (*Anguis fragilis fragilis*), fast 50 cm. NW-Afrika und ganz Europa bis zu den Karpathen; im Südosten und Osten je eine weitere Unterart. Gräbt gern in nicht zu trockenem, gras- oder moosbewachsenem Boden. Nahrung: nur Regenwürmer und Nacktschnecken. – **Großer Teju, Solompenter** (*Tupinambis teguïxin*), etwa 1 m. Nördliches und mittleres Südamerika. In trockenem Buschgelände. Frißt Würmer, kleine Wirbeltiere (selbst Hühner) und Eier. Wehrhaft und bissig.

Deckel aus luftdurchlässiger Gaze sichert. Ist trotz aller Vorsicht doch ein Molch entwischt, kann man ihn manchmal mit Hilfe eines feuchten Lappens wieder einfangen, den man als Köder auf den Fußboden legt. Die Tiere besitzen ein feines Empfinden für Feuchtigkeit und orientieren sich danach.

Die Ernährung der Molche und Salamander macht keine besonderen Schwierigkeiten. Die kleineren, wasserbewohnenden Arten fressen Hüpferlinge, Wasserflöhe, Enchyträen, Rote Mückenlarven oder Taufliegen, die man auf die Wasseroberfläche bläst, die größeren nehmen Regenwürmer oder Stücken davon,

Riesengürtelschweif (*Cordylus gigantëus*), fast 40 cm lang. S-Afrika. Bewohner steinigen, trockenen Geländes. Frißt auch kleine Wirbeltiere. – **Apothekerskink** (*Scincus scincus*), bis etwa 20 cm. Nordafrikanisches Wüstengebiet. Vergräbt sich meist im Sand. Kleintierfresser. – **Gila-Krustenechse** (*Heloderma suspectum suspectum*), bis 60 cm. Südwestliches Nordamerika; eine zweite Unterart im Südwesten der USA. Nächtlich aktiver Wüstenbewohner; frißt in der Gefangenschaft Schabefleisch mit rohem Ei. Vorsicht, sehr giftig! – **Wüstenwaran** (*Varanus grisëus grisëus*), etwa 1,25 m lang. N-Afrika; je eine weitere Rasse in SW-Asien und Pakistan. Wüstenbewohner, frißt kleine Wirbeltiere. – **Dornschwanz-Agame** (*Uromastyx acanthinurus*), über 50 cm. N-Afrika, im trockenen, heißen Wüstengebiet; frißt fast ausschließlich (abwechslungsreiche!) Pflanzenkost. – **Dornteufel** (*Moloch horridus*), etwas über 20 cm. Südliches und westliches Australien. Wüstenbewohner und spezialisierter Termitenfresser, daher nicht haltbar. – **Stutzechse** oder Tannenzapfen-Skink (*Trachydosaurus rugosus*), etwa 35 cm lang. Australien, in trockeneren Landschaften. Gemischtfresser.

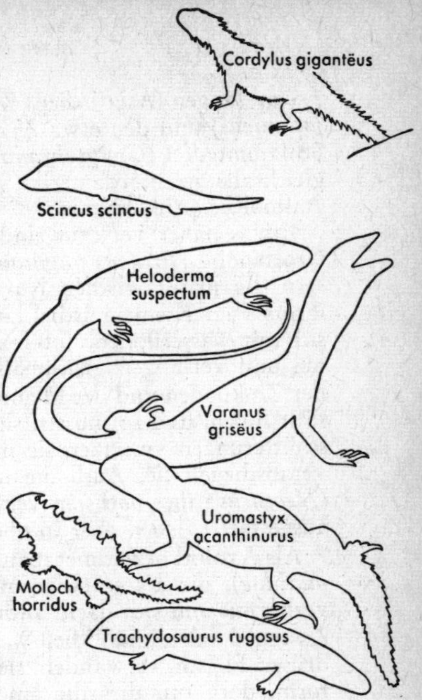

---

größere Insekten, Nacktschnecken oder auch einmal ein Stückchen Fleisch.

Wenn wir uns an diese Grundregeln halten und uns an Hand der Fachbücher eingehend über die Herkunft und Lebensgewohnheiten der verschiedenen Arten orientiert haben, werden wir viel Freude an der Pflege der Schwanzlurche finden. Gerade durch ihre verhältnismäßig unkomplizierte Haltung und ihre zumeist geringe Größe sind diese Tiere so recht für den Anfänger geeignet, zumal er hier gleich mit den wichtigsten Tugenden der Tierpflege vertraut gemacht wird: nicht mit den Tieren herumspielen, sondern ihre Lebensansprüche korrekt und regelmäßig erfüllen! Als Belohnung dafür erhält er einen Einblick in viele bemerkenswerte biologische Geschehnisse, die sich ganz besonders bei der Fortpflanzung dieser Tiere offenbaren.

Wenige Schwanzlurche leben ausschließlich im Wasser. Gerade diese Arten kommen für den Liebhaber kaum in Frage, weil sie entweder zu groß werden oder zu selten zu uns gelangen. Das gilt besonders für die Ungetüme dieser Amphibiengruppe, die bis

1,6 m langen Asiatischen Riesensalamander *(Megalobatrachus japonicus)* und den etwa 75 cm messenden, nordamerikanischen Schlammteufel *(Cryptobranchus alleganiënsis)*, wie auch für die gleichfalls in Nordamerika heimischen Arm- *(Sirenidae)* und Aalmolche *(Amphiumidae)*.

Etwas näher vertraut sind wir mit dem etwa 30 cm langen Grottenolm *(Proteus anguinus)* aus den dunklen Höhlengewässern des jugoslawischen Karst-Gebirges. Diese blaßrosa, durch ihre 3 Paar Kiemenbüschel larvenähnlich wirkenden Tiere lassen sich mit Wasserflöhen, Tubifex und Fischstücken am Leben erhalten und verlangen gleichmäßig kühles, sauberes Wasser. Selbst der Zinkboden und der Mennigekitt eines Gestellaquariums mißfällt ihnen, und so müssen sie im Vollglas-Aquarium leben. Erschütterungen versetzen sie in panischen Schrecken, helles Licht verabscheuen sie. Auch die nordamerikanischen Furchenmolche *(Necturus)*, ihre nächsten Verwandten, sind mit äußeren Kiemen ausgestattet, leben aber in oberirdischen Bächen.

Als Axolotl bezeichnet man einige Querzahnmolche *(Ambystomatidae)*, die als ständige Wasserbewohner im Larvenzustand verharren und sich darin auch fortpflanzen. Nur unter äußerem Zwang, durch allmählichen Wasserentzug oder Füttern mit Schilddrüsen-Fleisch, verwandeln sie sich in die zumeist gefleckte Landform, doch tun dies die amerikanischen Axolotl, die man als Landform Tigersalamander *(Ambystoma* – nicht *Amblystoma – tigrinum)* nennt, gelegentlich auch freiwillig. Wir halten diese Dauerlarven im gut bepflanzten Aquarium und geben ihnen vor allem Regenwürmer und kleine Fleischstückchen. Sobald aber ihre Haut die Fleckenzeichnung der Landform anzunehmen beginnt, die Kiemen schrumpfen und somit die Verwandlung einsetzt, überführen wir die Tiere in ein Uferterrarium, damit sie sich rechtzeitig an Land begeben können.

Ein großer Teil der Schwanzlurche hält sich nur zur Paarung im Wasser auf und verbringt die übrige Zeit auf dem Land. Geradezu als Schulbeispiel für die durchschnittliche Gestalt und Verhaltensweise der Schwanzlurche können die einheimischen Molche und Salamander gelten. Es sollte sich überhaupt keiner «Terrarianer» nennen, der nicht seine Laufbahn mit ihrer Pflege erfolgreich begonnen hat.

Als größte der einheimischen Arten wird der Kammolch *(Triturus cristatus)* bis 20 cm lang. Zur Fortpflanzungszeit trägt das Männchen einen hohen, unregelmäßig gezackten, über der Schwanzwurzel unterbrochenen Hautkamm. Beim kleineren, braunen Teichmolch *(T. vulgaris)* ist der Rückenkamm oben gewellt und nicht unterbrochen, beim farbenprächtigen Bergmolch *(T. alpestris)* bleibt er niedriger und glattrandig; beim

Fadenmolch *(T. helveticus)* tritt er nur auf dem Schwanz hervor, der dann einen fadenförmigen Anhang trägt. Von den übrigen europäischen Wassermolchen sei der grüne Marmormolch *(T. marmoratus)* aus dem Südwesten und der vorwiegend südwestasiatische Bandmolch *(T. vittatus)* erwähnt. Die zuletzt genannte Art lebt in kalten Gebirgsbächen und ist leider so temperaturempfindlich, daß sie oft den Transport zu uns nicht übersteht. Dagegen hält sich der ostasiatische Feuerbauchmolch *(Cynops pyrrhogaster)* viel leichter und läßt sich sogar nachzüchten, doch vertragen seine Larven weder Sonne noch Wärme. Andere, eng verwandte Arten, leben in Nordamerika, wie der Kalifornische Gelbbauchmolch *(Taricha torosa)* und der Grünliche Wassermolch *(Diëmictylus viridescens)*. Nicht selten taucht im Tierhandel der Spanische Rippenmolch *(Pleurodeles waltl)* auf, ebenfalls ein dankbarer Pflegling, dem eigenartigerweise die Rippenenden durch die Flanken spießen. Die Gebirgsmolche *(Euproctus)* aus dem südwestlichen Europa leben in eisigen Schmelzwassern der Gebirge und lassen sich daher kaum im Terrarium halten.

Eine eigene, hauptsächlich in Nordamerika vertretene Familie bilden die Lungenlosen Molche *(Plethodontidae)*, die nur durch die Haut atmen. Unter ihnen führen viele, wie der Rote Quellenmolch *(Pseudotriton ruber)* und der Zweistreifenmolch *(Eurycea bislineata)*, eine ähnliche Lebensweise wie unsere einheimischen Arten. Ausschließlich auf Asien ist die Familie der Winkelzahnmolche *(Hynobiidae)* beschränkt, so genannt nach der Anordnung ihrer Gaumenzähne. Von ihnen sei der sehr temperaturempfindliche, scheue Sibirische Winkelzahnmolch *(Hynobius keyserlingii)* angeführt, der stellenweise sogar den europäischen Raum berührt, und der Japanische Krallenmolch *(Onychodactylus japonicus)*, dessen Finger und Zehen mit scharfen Krallen enden.

Die nachfolgenden, hauptsächlich oder gar ausschließlich landbewohnenden Schwanzlurche, deren Schwanz oft im Querschnitt rundlich erscheint, nennen wir im allgemeinen Sprachgebrauch Salamander, ohne jedoch damit eine zoologische Verwandtschaftsgruppe bezeichnen zu wollen. Für ihre Pflege genügt ein feucht zu haltendes Terrarium mit einer großen Wasserschale, die von den Tieren hauptsächlich nur zur Fortpflanzung aufgesucht wird. Eingelegte Steine sollen ihnen das Aufsuchen und Verlassen des Wasserteiles erleichtern.

Eine der auffallendsten der hier zu behandelnden Arten ist zweifellos der Feuersalamander *(Salamandra salamandra)*, dem wir in unseren Laubwäldern am Morgen, insbesondere nach einem Regen, bei der Suche nach Regenwürmern, Asseln und anderem Kleingetier begegnen. Er paart sich auf dem Lande und setzt seine weit entwickelten Jungen im Wasser ab. Der schwarze Alpensalamander *(S. atra)* bringt nach zweijähriger Trächtigkeit zwei vollständig entwickelte Junge auf dem Lande zur Welt; leider läßt er sich seiner Temperaturempfindlichkeit wegen ebenso schwer in der Gefangenschaft halten, wie der feuersalamanderähnlich gefärbte, aber viel schlankere und längere Kaukasus-Salamander *(Mertensiëlla caucasica)*, ein sehr flinker, versteckt lebender Molch. Sein Schwanzende bricht leicht ab, was auch beim Goldstreifensalamander *(Chioglossa lusitanica)* von der Pyrenäen-Halbinsel vorkommt, auf dessen Rücken ein doppeltes, goldfarbenes Band auf dunklem Grunde schimmert. Der italienische Brillensalamander *(Salamandrina terdigitata)*, kenntlich an einer orangefarbenen Brillenzeichnung zwischen den Augen, lebt am Rande kleiner Rinnsale und legt dort seine Eier ab; aus ihnen purzeln die Jungen unmittelbar in das Wasser.

Von den Lungenlosen Molchen *(Plethodontidae)* lebt nur der Europäische (oder Braune) Höhlensalamander *(Hydromantes genëi)* im italienischen Raum (bis ins südöstliche Frankreich) außerhalb des eigentlichen, nordamerikanischen Verbreitungsgebietes; er bewohnt feuchte Gesteinsritzen und Höhlen, in denen er mit seiner Schleuderzunge Insekten fängt. Wer es wagen will, diese kältebedürftigen, heiklen Tiere zu pflegen, muß ihnen wenigstens einen dunklen Unterschlupf aus Zierkork bieten. Eine ähnliche Lebensweise finden wir bei verschiedenen seiner amerikanischen Verwandten wieder, den Amerikanischen Höhlensalamandern *(Eurycea lucifuga)*; andere, wie der Alligatorsalamander *(Anëides lugubris)*, leben in den Asthöhlen der Bäume. Die meisten Arten aber bewohnen feuchten Bodengrund, wie der orangefleckige Gelbfleckensalamander *(Ensatina croceater)* und der braune Oregon-Salamander *(E. eschscholtzii)*. Fast schlangenähnlich gestreckt und mit verkürzten Beinen, führt der Schleichensalamander *(Batrachoseps attenuatus)* im pazifischen Küstengebiet der USA ein phlegmatisches Dasein unter Steinen und Holz. Schließlich bleiben noch die Landbewohner unter den Querzahnmolchen zu nennen, deren Dauerlarven wir bereits unter dem Namen Axolotl kennengelernt haben; als Beispiele mögen der Ringelsalamander *(Ambystoma annulatum)* und der südlicher verbreitete Tigersalamander *(A. tigrinum)* gelten, die beide äußerlich unserem Feuersalamander ähneln.

Froschlurche

Im Vergleich zu den unauffälligen Molchen und Salamandern herrscht bei den Froschlurchen ein weit größerer Formen- und Farbenreichtum. Diese Tiere sind auch nicht ganz so empfindlich. Nicht zuletzt dank ihrer meist geringen Größe sind sie ideale Terrarientiere, sofern man sie sauber und genügend feucht hält und mit ihnen vertraut ist. Freilich soll man ihre Behälter nicht übervölkern, damit sie sich nicht mit ihrem giftigen Hautsekret gegenseitig behelligen. Als Nahrung dienen wiederum allerlei Kleintiere, vor allem Insekten, für die größeren Arten aber auch junge Mäuse oder andere Frösche.

Der ungeeignetste Behälter für ihre Pflege ist das «Laubfroschglas». Die hier eingesperrten, bemitleidenswerten Bewohner erklettern nicht ihre Leiter, um Schönwetter anzusagen, sondern um der auf dem Boden lagernden Schicht verbrauchter Luft zu entrinnen, die sich mangels ausreichender Ventilation nicht wieder mit Sauerstoff sättigen kann. Es kommt daher für unsere Pfleglinge nur ein richtiges Terrarium in Frage, das man für Frösche und Unken als Uferlandschaft einrichtet, für die mehr auf dem Lande lebenden Kröten und anderen Arten mit einem zementierten Sumpfloch und Versteckplätzen versieht und für Laubfrösche und andere Baumbewohner mit einem bromelienbesetzten, mit Schlingpflanzen umrankten Kletterbaum aus Zierkork ausstattet. Für die tropischen Formen kommt man nicht ohne Boden- und Raumheizung aus, muß dann aber für zugfreie Frischluft sorgen, damit sich die warme Luft im Inneren nicht zu stark mit Wasserdampf sättigen kann.

Einige primitive Froschlurche, so die zungenlosen südamerikanischen Wabenkröten *(Pipa)* sowie die afrikanischen Krallen- *(Xenopus)* und Zwergkrallenfrösche *(Hymenochirus)*, leben nur im Wasser und können daher getrost in einem bepflanzten, mäßig beheizten Aquarium ohne Landteil gehalten werden. Allerdings darf das Wasser nur so tief sein, daß die meist schräg darin schwebenden Tiere mit den Zehen den Boden berühren, wenn sie ihren Kopf zum Atmen über die Oberfläche strecken.

Eine Anzahl von Froschlurchen wechselt ständig zwischen dem Aufenthalt im Wasser und auf dem Lande hin und her, z. B. der einheimische grüne Teichfrosch *(Rana esculenta)*, der weit größere Seefrosch *(R. ridibunda)*, der braune Grasfrosch *(R. temporaria)* und der ihm zum Verwechseln ähnliche, aber mehr spitzschnauzige und am Bauch nicht gefleckte Moorfrosch *(R. arvalis)*. Ihr auch im südlichen Deutschland heimischer Verwandter, der langbeinige, braune Springfrosch *(R. dalmatina)*, ist allerdings zum Landbewohner geworden und sucht das Wasser nur noch zum

Fortpflanzungsgeschäft auf. Weitere Frösche leben im südlichen und südöstlichen Europa und im anschließenden Asien, wie etwa der spitzköpfige grüne, bis 15 cm lange Tigerfrosch *(R. tigrina)* und der fast ausschließlich wasserbewohnende Sechszehenfrosch *(R. hexadactyla)*. In Afrika begegnet uns außer dem weitverbreiteten Nilfrosch *(R. mascareniënsis)* als größte Art aller Froschlurche der (ohne die Länge seiner Beine gemessen!) bis 30 cm lange und 3/4 kg schwere Goliathfrosch *(R. goliath)*. Ihm steht der etwa 25 cm lange, gefräßige und lautstarke Ochenfrosch *(R. catesbeiana)* in Nordamerika nicht viel nach. Ein ebensolcher Krakeeler ist der gleichfalls dort heimische, viel kleinere Schreifrosch *(R. clamitans)*.

In Europa nicht vertreten, spielen die Pfeiffrösche *(Leptodactylidae)*, die man aus dem Verfasser nicht erfindlichen Gründen meist als «Ladenbläser» bezeichnet, in Südamerika und Australien etwa die gleiche Rolle wie hier unsere Wasserfrösche, besitzen aber meistens keine Schwimmhäute zwischen den Zehen. Unter ihnen verfügt der südamerikanische Ochsenfrosch *(Leptodactylus pentadactylus)* über einen gewaltigen Stimmaufwand.

Wer sein Sumpfterrarium mit besonders liebenswerten, kleinen und leicht zu pflegenden, lange ausdauernden Froschlurchen bevölkern möchte, mag es mit der einheimischen Rotbauch- *(Bombina bombina)* oder Gelbbauch-Unke *(B. variëgata)* versuchen. Die Tiere verlangen kaum mehr als eine nicht zu tiefe Schale mit Wasser und eine schwimmende Zierkorkinsel in schattig bepflanzter Umrahmung. Als naher Verwandter mit gleicher Lebensweise, aber unscheinbar gefärbt, lebt im europäischen Südwesten und Süden der Gemalte Scheibenzüngler *(Discoglossus pictus)*.

Von den vorwiegend landbewohnenden Arten, die das Wasser nur zur Fortpflanzung aufsuchen, erwähnten wir bereits den Springfrosch; sein nordamerikanischer Gattungsverwandter, der Gopherfrosch *(R. areolata)*, bewohnt die unterirdischen Wohnhöhlen der Gopherschildkröten. Verschiedene Arten der Krötenfrösche *(Pelobatidae)* wühlen mit Hilfe scharfkantiger Grabschaufeln an den Hinterbeinen im Boden, so unsere Knoblauchkröte *(Pelobates fuscus)*, die man meist nur beim Umgraben findet, der südeuropäische Messerfuß *(P. cultripes)* und die nordamerikanischen Schaufelfüße *(Scaphiopus)*.

Zu den Bodenbewohnern im Froschterrarium gehören vor allem die ruhigen, zumeist warzigen Kröten *(Bufonidae)*, deren wunderschöne Augen jeden Unvoreingenommenen begeistern. Tagsüber versteckt unter Steinen oder in einem Erdloch, lebt die graue Erdkröte *(Bufo bufo)* und die etwas beweglichere grünliche, landkartenähnlich gefleckte Wechselkröte *(B. viridis)* sowie die an ihrem gelben Längsstreifen auf dem Rücken kenntliche, schnell dahinhuschende Kreuzkröte *(B. calamita)*. Etwa die Größe eines Ochsenfrosches erreicht in Südamerika die Aga-Kröte *(B. marinus)* und die oberseits leuchtend braune Riesenkröte *(B. blombergi)*. Als eine nahe Verwandte der wasserbewohnenden Unken hält sich die vorwiegend im Westen unserer Heimat verbreitete Geburtshelferkröte *(Alytes obstetricans)* außerhalb der Fortpflanzungszeit nur auf dem Lande auf; dort schleppt auch das Männchen die um seine Hinterbeine geschlungenen Eierschnüre umher, bis es sie vor dem Schlüpfen der Larven im Wasser abstreift.

Ihrer absonderlichen Gestalt wegen seien noch zwei Gruppen landbewohnender Froschlurche hier erwähnt. Unter den Pfeiffröschen fallen die bunten, oberseits oft verknöcherten Hornfrösche *(Ceratophrys)* aus Südamerika durch ihre zipfelförmigen Lider und Kopfanhänge auf. Die Tiere sitzen auf dem Lande in flachen Schlammlöchern und gehen nur zur Paarungszeit ins Wasser. Die gleichfalls dort, aber auch weiter verbreiteten, kugelrunden und spitzschnauzigen Engmaulfrösche *(Microhylidae)* ernähren sich von Termiten und kommen daher für das Terrarium nicht in Frage; zu ihnen gehört der Indische Ochsenfrosch *(Caloula pulchra)*, der zermürbende Schreikonzerte veranstaltet.

Unübersehbar ist die Schar der baumbewohnenden Froschlurche. Man erkennt diese Tiere oft an ihrer rindenbraunen oder blattgrünen Färbung und an den Haftscheiben, die an den Spitzen ihrer Finger und Zehen sitzen. Mitunter sind sie dank einer eigenartigen Brutpflege so stark an die Lebensweise oberhalb des Erdbodens angepaßt, daß sie nicht einmal mehr zur Fortpflanzung die Gewässer aufzusuchen brauchen. Unser einheimischer Laubfrosch *(Hyla arborea)* hat es allerdings noch nicht so weit gebracht, denn er paart sich im Wasser nahe seinen Wohnbäumen. Sein bekannter Farbwechsel beruht nicht darauf, daß sich das Tier seiner Umgebung willkürlich anzupassen versucht, sondern hängt vom jeweiligen Grad seiner Erregung ab. Beliebt bei den Terrarienfreunden ist der nordamerikanische Königslaubfrosch *(H. regilla)* mit einer charakteristischen Kronenzeichnung auf dem Kopf; im Gegensatz zu seinem europäischen Verwandten wechselt er allerdings seine Farbe nicht. Wie Amboßschläge tönt das Rufen des südamerikanischen Kolbenfußes *(H. faber)*, den man deshalb auch «Schmied» nennt. Die Larven des Bananenfrosches *(H. nebulosa)* wachsen in Schaumnestern an abgestorbenen Bananenblättern heran. Als Riesen der gleichen Gattung werden der Korallenfinger *(H. caerulea)* und der Goldlaubfrosch *(H. aurea)* ausschließlich der Beine 10 bzw. 8 cm lang, doch leben diese beiden australischen Arten nicht auf Bäumen, sondern ernähren sich am Boden vorwiegend von anderen Fröschen.

Aus weiteren Laubfroschgattungen fallen eine Anzahl südamerikanischer Arten durch ihre Brutpflege auf. Die Makifrösche *(Phyllomedusa)* kleben aus Blättern tütenförmige Nestbehälter, die sich mit Regenwasser füllen und in die sie ihre Eier hineinlegen. Aus ihnen fallen die Larven in die darunter gelegenen Gewässer und entwickeln sich dort weiter. Das Weibchen des Beutelfrosches *(Gastrotheca marsupiata)* trägt sein Gelege in einer Hauttasche auf dem Rücken mit sich herum. In den Blatttrichtern der Bromelien haust der Keilkopffrosch *(Aparasphenodon brunoï)* und verschließt seine Wohnung mit der dreieckigen, verknöcherten Oberseite seines Kopfes.

Nicht vergessen seien die süd- und südostasiatischen Ruderfrösche *(Rhacophorus)*, von denen sich einige Arten, wie der Borneo-Flugfrosch *(R. reinwardtii)*, mit Hilfe ihrer großen Spannhäute zwischen den Fingern und Zehen zu einem kurzen Schwebeflug durch die Luft tragen lassen. Auch hier entwickeln sich die Larven mitunter in Schaumnestern und werden schließlich durch den Regen in Pfützen und Tümpel abgeschwemmt, wo sie ihre weitere Entwicklung durchlaufen. Rechte Sorgenkinder sind nicht nur für den Liebhaber, sondern auch für den Wissenschaftler die unübersehbaren, oft prächtig bunten, aber infolge ihrer Variabilität nur äußerst schwer zu identifizierenden *Hyperolius*-Arten aus Afrika. Mit ihnen beschließen wir die Lurche.

Schildkröten

Schildkröten sind nicht schwer zu halten, wenn man die Gegebenheiten ihres Lebensraumes und ihre Gewohnheiten kennt, sie in geräumigen, sauberen, zugluftfreien Behältern unterbringt, sie ausreichend und regelmäßig beköstigt und ihnen Sonne und Wärme bietet. Die Wohnbehälter müssen stabil eingerichtet sein, damit die Tiere nichts beschädigen. Landschildkröten fressen hauptsächlich Obst und Grünzeug, Wasserschildkröten vorwiegend Fleisch, daneben aber auch einen mehr oder weniger großen Anteil pflanzlicher Stoffe. Das oberste Gebot für das Füttern heißt Abwechslung. Salat allein genügt für die Pflanzenfresser nicht, sondern man gibt ihnen je nach der Jahreszeit außerdem noch Löwenzahn, Bohnenblätter, Erdbeeren, Kirschen, Pflaumen, Äpfel, Birnen, Chicorée, Aprikosen, Bananen, Apfelsinen und zur Not auch einmal ein Kohlblatt, um nur ein paar Beispiele zu nennen. Vor solchen unnatürlichen Mahlzeiten, wie es beispielsweise in Milch eingeweichtes Brot, Nudeln oder Pudding sind, muß gewarnt werden. Für die Fleischfresser kommt in erster

Linie in Stücken geschnittener Süßwasserfisch in Betracht. Regenwürmer sind ihres hohen Kalkgehaltes wegen sehr zu empfehlen, dagegen soll man nur gelegentlich Herz oder Leber von Warmblütern geben. Als Ballaststoff zu dieser sehr konzentrierten Nahrung hat sich Garnelenschrot (Granat) gut bewährt, zumal auch er Kalk enthält.

Da fast alle Schildkröten Licht und Wärme lieben, sollen ihre Behälter zwar in der Sonne stehen, dürfen sich aber nicht überhitzen und müssen ein paar Schattenplätze aufweisen. Segensreich wirkt sich ein Freiland-Aufenthalt während des Sommers im ungefilterten Sonnenlicht aus, denn die derart natürlich gehaltenen Tiere überstehen die vitaminarme Winterzeit viel besser. Die Schildkröten aus den gemäßigten Klimaten überdauern die kalte Jahreszeit bewegungslos und ohne zu fressen in einer Winterruhe. Sie ist für die Wasserbewohner nicht gar so notwendig; unseren einheimischen Sumpfschildkröten genügt es vollauf, wenn man sie für ein oder zwei Monate mitsamt ihrem Behälter in einen frostfreien, kühlen Raum überführt. Die europäischen Landschildkröten, keinesfalls aber die tropischen und subtropischen Arten, setzt man zur Winterruhe in eine mit Torfmoos (nicht etwa mit Torfmull!) gefüllte, gegen Staub und Ratten sicher abgedeckte Holzkiste. Darin bringt man sie in einen dunklen Raum, dessen Temperatur möglichst konstant bei etwa + 5° C liegt, ohne allzu stark anzusteigen oder gar unter den Nullpunkt abzusinken. Im zweiten Fall würden die Tiere unweigerlich erfrieren. Das Moos muß hin und wieder *ganz leicht* angefeuchtet werden, damit die Tiere nicht vertrocknen oder staubige Luft einatmen. Klettert das Thermometer im Frühjahr wieder auf + 12° C, erwachen die Tiere von selbst und gehen nach einem ausgiebigen, handwarmen Bad in flachem, höchstens panzerhohem Wasser, in dem sie sich aller Körperschlacken entledigen, wieder an das Fressen. Solche Reinigungsbäder sind auch im Sommer bei den Landschildkröten angebracht.

Einige Wasserschildkröten gehen nur zur Eiablage an Land und können daher ein Aquarium bewohnen, dessen Landteil höchstens aus einer kleinen Insel besteht. Hierzu gehören die beiden großen nordamerikanischen Arten der Geier- *(Macroclemys temminckii)* und Schnappschildkröte *(Chelydra serpentina)*, zwei ruhige, aber trotzdem bissige (Vorsicht also!) und verfressene Räuber, von denen die erste mit Hilfe eines wurmförmigen Zungenfortsatzes Fische angelt. Im östlichen Asien lebt die Großkopfschildkröte *(Platysternon megacephalum)* als Schneckenfresser in flachen, ziemlich kühlen Gebirgswässern, läßt sich aber leicht an Fischfleisch gewöhnen; da sie hervorragend klettert, muß ihr Behälter gut abgedeckt sein. Auch die vorwie-

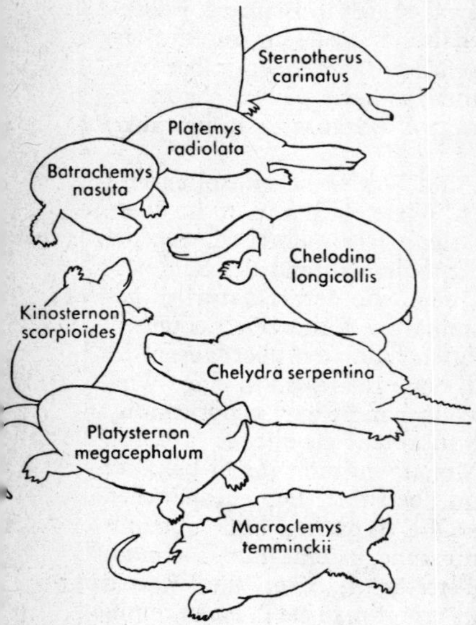

Dach-Moschusschildkröte *(Sternotherus carinatus)*, bis 15 cm. Südliche USA. Fast nur im Wasser (nie tiefer als doppelte Panzerhöhe!). Bissig und unverträglich. – **Strahlen-Plattschildkröte** *(Platemys radiolata)*, etwa 20 cm. Mittleres und östliches Südamerika. – **Froschkopf-Schildkröte** *(Batrachemys nasuta)*, 30 cm. Norden und Osten von Südamerika. Unverträglich, beißt andere Schildkröten. – **Glattrücken-Schlangenhalsschildkröte** *(Chelodina longicollis)*, 35 cm. Östliches Australien. Kopf und Hals ebenso lang wie der Rückenpanzer. Nackenschild im Gegensatz zu den südamerikanischen Schlangenhalsschildkröten am Vorderrand des Rückenpanzers gelegen. – **Skorpions-Klappschildkröte** *(Kinosternon scorpioïdes scorpioïdes)*, bis 18 cm. Nördliches und mittleres Südamerika; 5 weitere Unterarten von Mexiko bis N-Argentinien. Frißt gelegentlich auch pflanzliche Beikost. – **Schnappschildkröte** *(Chelydra serpentina serpentina)*, bis 47 cm. Vom südlichen Kanada bis Süd-Mexiko; je eine weitere Unterart in Florida, in Mittel- und im nordöstlichen Südamerika. Sehr gierig und bissig. Einzelhaltung. Vorsicht beim Füttern, kann schwere Fleischwunden beibringen! – **Großkopf-Schildkröte** *(Platysternon megacephalum megacephalum)*, bis 18 cm. Südliches China; eine zweite Rasse in Hinterindien. Schneckenfresser, nimmt aber auch Fischfleisch und Garnelenschrot. Liebt Kletterfelsen und gelegentliche Spaziergänge im Zimmer. Behälter gegen Entweichen sichern! – **Geierschildkröte** *(Macroclemys temminckii)*, über 65 cm. Südöstliche USA. Beißt nur, wenn gereizt. Angelt mit wurmförmigem Zungenfortsatz Fische, nimmt aber auch Fischstücke von der Pinzette. Frißt unterhalb 21° C schlecht.

Die Größenangaben beziehen sich auf die Länge des Rückenpanzers (Stockmaß!). Alle Arten bei Wassertemperaturen um 23° C.

---

gend nordamerikanischen, meist recht kleinen Moschus- *(Sternotherus)* und Klappschildkröten *(Kinosternon)* leben die meiste Zeit im flachen Wasser. Diese Arten sind Fleisch- oder Aasfresser; manche Klappschildkröten nehmen außerdem auch Grünzeug.

In der Reihe der vorwiegend im Wasser lebenden (aquatilen) Arten können wir die Meerschildkröten *(Chelonioïdea)* getrost übergehen, denn sie kommen für den Liebhaber nicht in Betracht, weil sie nicht nur Größen weit über 1 m erreichen, sondern auch in Seewasser gehalten werden müssen. Dagegen blei-

ben die zwar etwas heiklen, aber durchaus haltbaren, süßwasserbewohnenden Weichschildkröten wesentlich kleiner. Ein böses Zeichen ist es, wenn ihre normalerweise glatte und glänzende Panzerhaut stumpf und runzelig zu werden beginnt, wie sie überhaupt sehr empfindlich gegen Verletzungen durch scharfe und spitze Steine erscheint. Bis auf die überaus seltene Neuguinea-Weichschildkröte *(Carettochelys insculpta)*, deren Kost vorwiegend aus Grünzeug besteht, fressen die eigentlichen Weichschildkröten *(Trionychidae)* nur Fleisch.

Nicht weniger stark an das Wasser gebunden, leben die Schlangenhalsschildkröten *(Chelidae)*. Bei einer südamerikanischen *(Hydromedusa)* und einer australischen Gattung *(Chelodina)* erreichen Kopf und Hals etwa die Länge des Rückenpanzers, aber auch bei der seltsamen, hautlappenbehangenen Fransenschildkröte *(Chelus fimbriatus)* oder Matamatá. Diese südamerikanische Art lauert auf dem Grunde ihres Behälters, bis man ihr einen länglich geschnittenen Bissen beschuppten Plötzenfleisches mit einer langen Pinzette vorhält und sie ihn mit einem plötzlichen Zuschnappen einsaugt. Die anderen, weniger langhalsigen Arten, insbesondere die Froschkopfschildkröten *(Batrachemys)*, stellen zumeist eine einheitlich dunkel gefärbte, lichtscheue Gesellschaft dar, die gern Raufereien untereinander anfängt. Sie gleichen allerdings ihr schlechtes Benehmen durch relativ leichte Haltbarkeit bei wärmeren Zimmertemperaturen aus.

Die übrigen Süßwasserschildkröten suchen wenigstens zum Sonnen regelmäßig das Trockene auf und brauchen deshalb ein größeres Landteil. Das trifft vor allem für die Sumpfschildkröten *(Emydidae)* zu. Ebenso wie unsere einheimische Europäische Sumpfschildkröte *(Emys orbicularis)* sonnen sich auch die in den Mittelmeerländern, im östlichen Asien und in Nordamerika vertretenen Wasserschildkröten *(Clemmys)* und die überaus formenreichen nordamerikanischen Schmuck- *(Pseudemys)*, Zier- *(Chrysemys)* und Höckerschildkröten *(Graptemys)* stundenlang außerhalb des Wassers. Sie alle brauchen Wärme und Sonne, leben aber nicht, wie man oft liest, nur räuberisch, sondern fressen auch Grünzeug. Ferner rechnen hierher die Pelomedusen, darunter die afrikanischen Klappbrust-Pelomedusen *(Pelusios)* und die vorwiegend südamerikanischen Schienenschildkröten *(Podocnemis)*, deren Jungtiere hauptsächlich Pflanzen fressen.

Verschiedene Sumpfschildkröten verlassen das Wasser nur selten und bei warmem Sonnenschein, wie die pflanzenfressenden Dach- *(Kachuga)* und Diademschildkröten *(Hardella thurjii)* aus Südasien. Eine gegenteilige, überwiegend terrestrische Lebensweise herrscht zumindest zeitweilig bei den Erdschildkröten *(Geoëmyda)*, von denen einige im Alter ausgedehnte Ausflüge über das Land unternehmen und dort Pflanzen fressen. Eine ähnliche Vorliebe für den Landaufenthalt zeigen manchmal einige Arten aus sonst durchaus aquatilen Gattungen, z. B. die nordamerikanische Waldbachschildkröte *(Clemmys insculpta)*. Mitunter erkennt man solche Landbewohner schon an ihrem hochgewölbten Rückenpanzer, so die ostasiatischen Scharnierschildkröten *(Cuora)* oder gar die nord- und mittelamerikanischen Dosenschildkröten *(Terrapene)*, die kaum noch das Wasser aufsuchen und größtenteils Pflanzen fressen. Dosenschildkröten gehören in ein Terrarium, in dem eine flache Wasserschale ihrem Feuchtigkeitsbedürfnis vollauf genügt, und bekommen vor allem Salat, Beeren und Obst; nur noch gelegentliche Beikost von Fleisch erinnert uns daran, daß wir es eigentlich mit Angehörigen der sonst im allgemeinen räuberisch lebenden Sumpfschildkröten zu tun haben. Übrigens lassen sich Dosenschildkröten nur dann auf die Dauer halten, wenn man sie während der wärmeren Jahreszeiten im Freiland-Terrarium unterbringt.

Unter den Landschildkröten *(Testudinidae)* halten sich die südafrikanischen Gelenkschildkröten *(Kinixys)* am Ufer der Gewässer auf; sie sollen angeblich schwimmend Fische, Würmer und andere Wassertiere jagen, fressen aber am Lande auch Grünzeug. Man erkennt sie an einem nicht immer deutlich ausgebildeten Quergelenk des Rückenpanzers, mit dem sie dessen Hinterteil wie ein Helmvisier nach unten klappen können. Die Spaltenschildkröte *(Malacochersus tornièri)* aus Ost-Afrika besitzt einen überaus flachen, nur schwach verknöcherten, biegsamen Panzer und versteckt sich bei Gefahr mit großer Geschwindigkeit in Gesteinsspalten. Eine eigenartige Vorliebe für vertrocknetes Gras, Wurzelwerk und ähnliche «ausgefallene» Nahrung zeigt die Areolen-Landschildkröte *(Homopus areolatus)* aus den südafrikanischen Trockengebieten. Das Gros der Normalverbraucher stellen die eigentlichen Landschildkröten *(Testudo)* dar, denen auch die beiden bekanntesten europäischen Arten angehören, die Griechische *(T. hermanni)* und die Maurische Landschildkröte *(T. graeca)*. Die erste besitzt eine hornige Schwanzspitze und ein Paar Randschilder über dem Schwanz, die zweite nur ein einziges, breites Randschild über dem Schwanz und beiderseits neben der Schwanzwurzel eine große Hornwarze. Etwas seltener gelangt die große, schwarze Breitrandschildkröte *(T. marginata)* aus dem südlichen Griechenland zu uns. Mehr Wärme als diese europäischen, winterschlafenden Arten benötigt die afrikanische Pantherschildkröte *(T. pardalis)* oder gar die unter dem Sammelnamen «Strahlenschildkröten» zusammengefaßten südafrikanischen Arten *(T. radiata, T. geometrica, T. tentoria)*, deren dunkler Panzer von gelben Radien durchzogen wird. Ein gleiches

Muster tritt bei der indischen Sternschildkröte *(T. elegans)* auf, doch fehlt ihr im Gegensatz zu den afrikanischen Arten das unpaare Nackenschild über dem Hals. Als Bewohner des feuchtwarmen südamerikanischen Urwaldes begegnen wir der Köhlerschildkröte *(T. carbonaria)*; im Gegensatz zu der verwandten, einfarbig nußbraunen Waldschildkröte *(T. denticulata)* zeigt ihr schwarzer Panzer rötliche Zentren. Leider kommen die beiden Arten der Riesenschildkröten von den Galapagos- und Seychellen-Inseln *(T. elephantopus, T. gigantea)* ihrer Größe und ihres Nahrungsverbrauches wegen für uns nicht in Frage. Im südwestlichen Nord-Amerika wird die Gattung der echten Landschildkröten durch die in unterirdischen Wohnhöhlen hausenden Gopherschildkröten *(Gopherus)* abgelöst, aber auch auf deren Pflege müssen wir verzichten, weil wir ihnen die extremen Temperaturverhältnisse ihrer heimatlichen Wüstengebiete und die gewohnte hohe Lufttrockenheit nicht im Terrarium bieten können.

Krokodile

Man soll sich kein Krokodil im Zimmer halten. Nicht, weil Krokodile zu gefährlich oder zu schwer zu pflegen sind. Im Gegenteil: weit liebenswürdiger als ihr Ruf, finden sie dank ihrer überdurchschnittlichen Intelligenz bald einen persönlichen Kontakt zu ihrem Pfleger und vermögen ihm mitzuteilen, wann er ihr Wasser erneuern, ihre Heizung verstärken, sie füttern oder mit einer Bürste abschrubben soll. Sie vollbringen wahrhaft erstaunliche Dressurleistungen, jedenfalls an ihrem Besitzer. Bescheidenerweise brauchen sie nur einen ausreichend großen Wasserbehälter mit einem gleichfalls elektrisch beheizten Landteil, beide etwa anderhalb mal so lang wie das Tier selbst, und begnügen sich mit Süßwasserfischen, die sie von einer Holzkelle abzunehmen lernen. Diese keineswegs komplizierte Pflege danken sie mit spürbarem Wachstum. Wer seelisch robust genug ist, tauscht dann sein zu groß gewordenes Krokodil wieder gegen ein Jungtier ein; wer dies aber nicht über sich bringt, stellt einen größeren Behälter auf, der nun das Krokodil zu verstärktem Wachstum anregt. Dann steht der Besitzer eines Tages vor dem Zwang, mit seinem über 2 m langen Krokodil eine neue Wohnung zu suchen, weil er in seinen alten Räumen keinen etwa 1000 Liter fassenden Behälter mehr aufstellen kann. Wo findet er aber heute noch ein entsprechend solide gebautes Haus, einen verständnisvollen Hauswirt und einen toleranten Wohnungsnachbarn, der sich durch das explosionsartige Brüllen des Tieres zu den unerwünschtesten Tages- und Nachtzeiten nicht stören läßt? Vor genau diesem Problem stehend, ist der Verfasser dieser Zeilen für jeden guten Rat dankbar. Sprechen wir nicht von den Ausbrüchen, zu denen sich die Krokodile einfach auf Grund ihrer Neugier gelegentlich entschließen, nicht von den Überschwemmungen des Zimmers, wenn der Kitt des Behälters wieder einmal durch die Erschütterungen des Brüllens undicht geworden ist, nicht von den Kosten für den Heizstrom oder für die Versicherung gegen Wasserschaden und Krokodilfraß; allein schon die Raumfrage sollte jeden davon abhalten, sich mit der Pflege von Krokodilen zu befassen. Wer es dennoch tut, ist selbst daran schuld, wird es aber nicht bereuen.

Nicht alle Krokodile sind auch nur annähernd für die Pflege im Heim geeignet, am wenigsten das afrikanische Nil- *(Crocodylus niloticus)* und das von Indien bis Ozeanien verbreitete, im Brack- und Seewasser lebende Leistenkrokodil *(C. porosus).* Beide Arten wachsen nicht nur bis fast 10 m heran, sondern springen schon als Jungtiere bissig ihren Pfleger an. Nicht viel harmloser ist das im mittleren Teil von Amerika heimische Spitzkrokodil *(C. acutus).*

Alle Krokodile, insbesondere aber die langschnauzigen Arten, wie das westafrikanische Panzer- *(C. cataphractus),* das Sunda-Krokodil *(Tomistoma schlegelii)* und der Ganges-Gavial *(Gavialis gangeticus),* neigen in der Gefangenschaft zu rachitischen Verbildungen der Schnauze, die sich dann bogenförmig nach oben aufbiegt; die Zähne stellen sich schief und ragen fast waagerecht aus dem Maul heraus, dessen Längenwachstum bis zur Mopsköpfigkeit zurückbleibt. Dem kann man nur begegnen, indem man die Tiere von frühester Jugend an mit Fisch einschließlich des Kopfes und der Gräten füttert sowie ihnen zusätzlich Kalk- und Vitaminpräparate bietet. Nur gelegentlich dürfen sie als Sonderrationen mageres Säugerfleisch bekommen, insbesondere Herz.

Besonders zahm scheint der Mississippi-Alligator *(Alligator mississippiënsis)* zu werden; einige Exemplare sollen es zu echten Haustieren mit völliger Bewegungsfreiheit in der Wohnung und Stammplatz auf dem Sofa gebracht haben. Diese Art wird bis 6 m lang, der im Jangtsekiang heimische China-Alligator *(A. sinensis)* nur etwa 2,5 m. Als Brillenkaimans bezeichnen wir die südamerikanischen Alligatoren, zwischen deren vorderen Augenwinkeln eine brillensteg-artige Leiste über die Schnauze zieht. Dazu gehört der bis 4 m lange, schwarze Mohrenkaiman *(Melanosuchus niger),* der kurzköpfige Breitschnauzenkaiman *(Caiman latirostris)* und der bis 2,5 m lange, häufig importierte Krokodil-

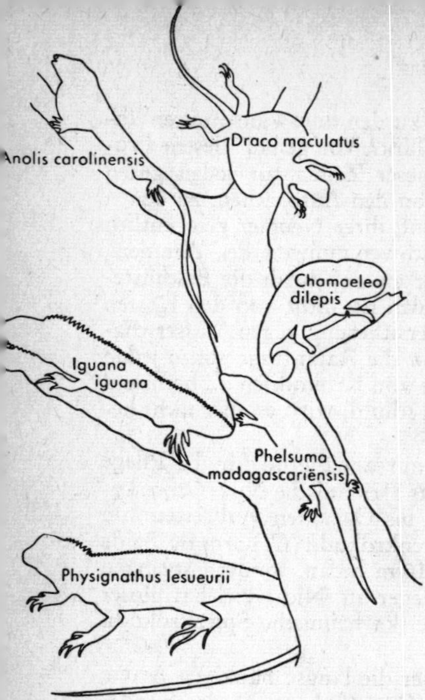

Gefleckter Flugdrache *(Draco maculatus)*, etwas über 20 cm lang. Südostasiatisches Festland. Waldbewohner des Flach- und niederen Berglandes. Spezialisierter Baumameisen-Fresser, daher nicht haltbar. – **Grüner Anolis** *(Anolis carolinensis)*, fast 20 cm lang. Südöstliche USA. Auf Bäumen und Gesträuch mit schattigen Versteckmöglichkeiten, nicht zu trokken. Insektenfresser. – **Lappenchamäleon** *(Chamaeleo dilepis dilepis)*, etwa 25 cm lang. Mittleres und südliches Afrika; etwa 5 andere Unterarten weiter im Osten. Charakteristische Baumechse; frißt Insekten. Sehr unverträglich und heikel, wie alle Chamäleons. – **Grüner Leguan** *(Iguana iguana iguana)*, bis etwa 1,4 m lang. Nördliches Südamerika; weitere Rassen im mittleren Amerika und in Mexiko. Lebt auf Urwaldbäumen in Wassernähe, geht auch ins Wasser. Nahrung: in der Jugend vorwiegend, im Alter ausschließlich Pflanzenstoffe und Obst. Wird zahm. – **Madagassischer Taggecko** *(Phelsuma madagascariensis madagascariensis)*, fast 25 cm lang. Madagaskar; im Nordwesten der Insel eine zweite, kleinere Unterart. Im Gegensatz zu den meisten übrigen Geckos bunt und am Tage aktiv. Frißt auch süßes Obst. Baumbewohner, meidet zu helles Licht und Temperaturen über 30° C. Sehr unverträglich. – **Wasseragame** *(Physignathus lesueurii)*, etwa 50 cm lang. Neuguinea und nordöstliches Australien. Lebt auf Bäumen am Wasser, schwimmt und taucht vorzüglich; geräumiges Terrarium mit großem Wasserteil erforderlich. Nahrung: große Insekten, kleinere Wirbeltiere, auch Fleisch und süßes Obst.

---

kaiman *(C. crocodilus)*. Als Zwergformen erreichen die beiden Glattstirnkaimans *(Paleosuchus)*, denen die Querleiste über der Schnauze fehlt, nur Längen bis höchstens 1,6 m.

Brückenechsen

Nur selten dürfte ein Liebhaber in den Besitz dieses letzten Vertreters einer im übrigen seit 75 Millionen Jahren ausgestorbenen Reptilien-Ordnung kommen, der heute nur noch auf einigen kleinen neuseeländischen Inseln lebt. Dort haust die Brückenechse *(Sphenodon punctatus)* zusammen mit Sturmvögeln in deren unterirdischen Bruthöhlen und frißt in der Dämmerung Mäuse, Würmer und andere Kleintiere. Im Gegensatz zu den sonst so

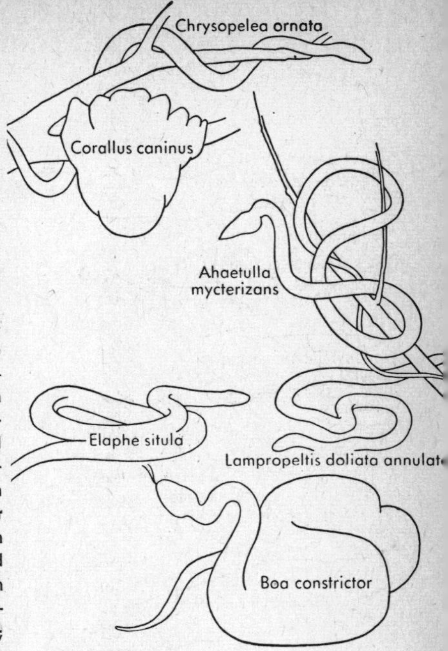

Schmuck-Baumschlange (*Chrysopelea ornata*), etwas über 1 m lange Trugnatter. Süd- und Südost-Asien, Sunda- und Sulu-Archipel sowie Philippinen. Baumbewohner, frißt Frösche, Geckos und Fledermäuse. – **Hundskopf-Boa** (*Corallus caninus*), bis 1,5 m lang. Nördliches und mittleres Südamerika. Vogelfressender, baumbewohnender Angehöriger der Riesenschlangen. – **Baumschnüffler** (*Ahaetulla mycterizans*), bis 1,5 m lang. Süd-Asien und auf Java. Baumbewohnende Trugnatter, frißt kleinere Wirbeltiere. – **Leopardnatter** (*Elaphe situla*), etwa 1 m lang. Vom südlichen Italien über Süd-Europa bis Kleinasien und Halbinsel Krim. Vorwiegend in schattigem Gebüsch. Jagt vor allem Mäuse, aber auch Echsen. – **Mexikanische Königsnatter** (*Lampropeltis doliata annulata*), fast 1 m lang. Äußerster Süden der USA und nordöstliches Mexiko; andere Unterarten im gesamten Gebiet der USA und weiter im Süden. Grabend, nächtlich aktiv; frißt Insekten, Regenwürmer, Echsen, kleine Schlangen und junge Mäuse. – **Abgottschlange** (*Boa constrictor constrictor*), selten über 3,5 m lang. Tropisches und subtropisches Südamerika; im Westen und Norden weitere 5 Unterarten. Baumbewohner in Wassernähe; frißt Säugetiere und Vögel.

---

wärmeliebenden anderen Reptilien fühlt sie sich schon bei + 12° wohl und mag es gar nicht, wenn die Temperatur viel über 20° ansteigt. Professor Dr. Robert Mertens, der einzige Besitzer einer lebenden Brückenechse in Deutschland, hat daher den Behälter seines Tieres mit einer elektrischen Kühlanlage für die heißen Sommertage ausgestattet. Die Brückenechse darf auf keinen Fall zu reichlich gefüttert werden; stets müssen die runzeligen Längsfalten auf ihrem Leib deutlich zutage treten. Während unseres Sommers tut dem Tier eine etwa zweimonatige Ruhezeit im dunklen, kühlen Keller not.

Echsen

Als formenreichste Reptiliengruppe haben die Echsen alle erdenklichen Lebensräume besiedelt und sich ihnen oft besonders angepaßt. Bodenbewohner sind meist flach gebaut, Baumechsen seit-

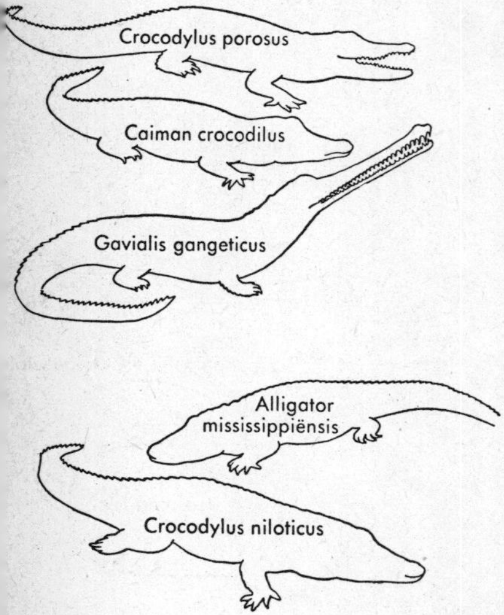

Leistenkrokodil (*Crocodylus porosus*), bis 10 m. Vom östlichen Vorderindien bis Ozeanien, auch auf offener See. Keine Hinterhauptshöcker, ein Paar flacher Knochenleisten auf der Schnauzenoberseite. Schon als Jungtiere bissig und angriffslustig, über 1 m kaum haltbar. – **Krokodilkaiman** (*Caiman crocodilus crocodilus*), bis etwa 2,5 m. Nördliches und nordöstliches Südamerika; außerdem 3 Unterarten von Mittelamerika bis S-Brasilien. Wird im Alter verträglicher. – **Ganges-Gavial** (*Gavialis gangeticus*), bis fast 7 m. Indien. Neigt zu rachitischen Verbildungen der Schnauze. Vorsicht vor Kieferbrüchen! – **Mississippi-Alligator** (*Alligator mississippiënsis*), bis 6 m. Südöstliche USA. Nicht allzu empfindlich gegen geringere Wärmegrade. Wird im Alter mitunter zahm. – **Nil-Krokodil** (*Crocodylus niloticus*), 7–10 m. Afrika und benachbarte Inseln. Temperament wie Leistenkrokodil, daher in fortgeschrittenem Alter kaum haltbar.

Alle Krokodile nur in großen Aqua-Terrarien mit zusätzlichen Heizungen und bei Luft-, Boden- und Wassertemperaturen nicht unter 25° C haltbar.

---

lich abgeplattet, Gesteinsbewohner tragen meist lange Krallen, viele unterirdische Wühler zeichnen sich durch den runden, massiven Schädel und einen gestreckten, gliedmaßenlosen Körper aus, den wir auch bei manchen flink über den Boden huschenden Arten antreffen. Viele Echsen vermehren sich durch Eier, andere bringen fertig entwickelte Junge zur Welt; eine eigentliche Brutpflege fehlt meist. Von ausschließlich räuberisch lebenden Arten findet man alle Übergänge bis zu reinen Vegetariern. Zu groß ist die biologische Plastizität der Echsen, um sie hier nach ihrer Lebensweise abzuhandeln; wir betrachten sie vielmehr nach tiergeographischen Gesichtspunkten und ersehen dabei, welche Tiere wir im Terrarium vergesellschaften können, und wie wir die Landschaft des Behälters zu gestalten haben.

Europa und das gemäßigte Asien beherbergen, ihrem Landschafts-Charakter entsprechend, vorwiegend Echsen als Bewohner des offenen Steppen-, Berg- oder lichten Waldlandes; spezialisierte Baumbewohner oder Wüstenformen fehlen bis auf ein paar Eindringlinge aus benachbarten Faunengebieten. Hier liegt die

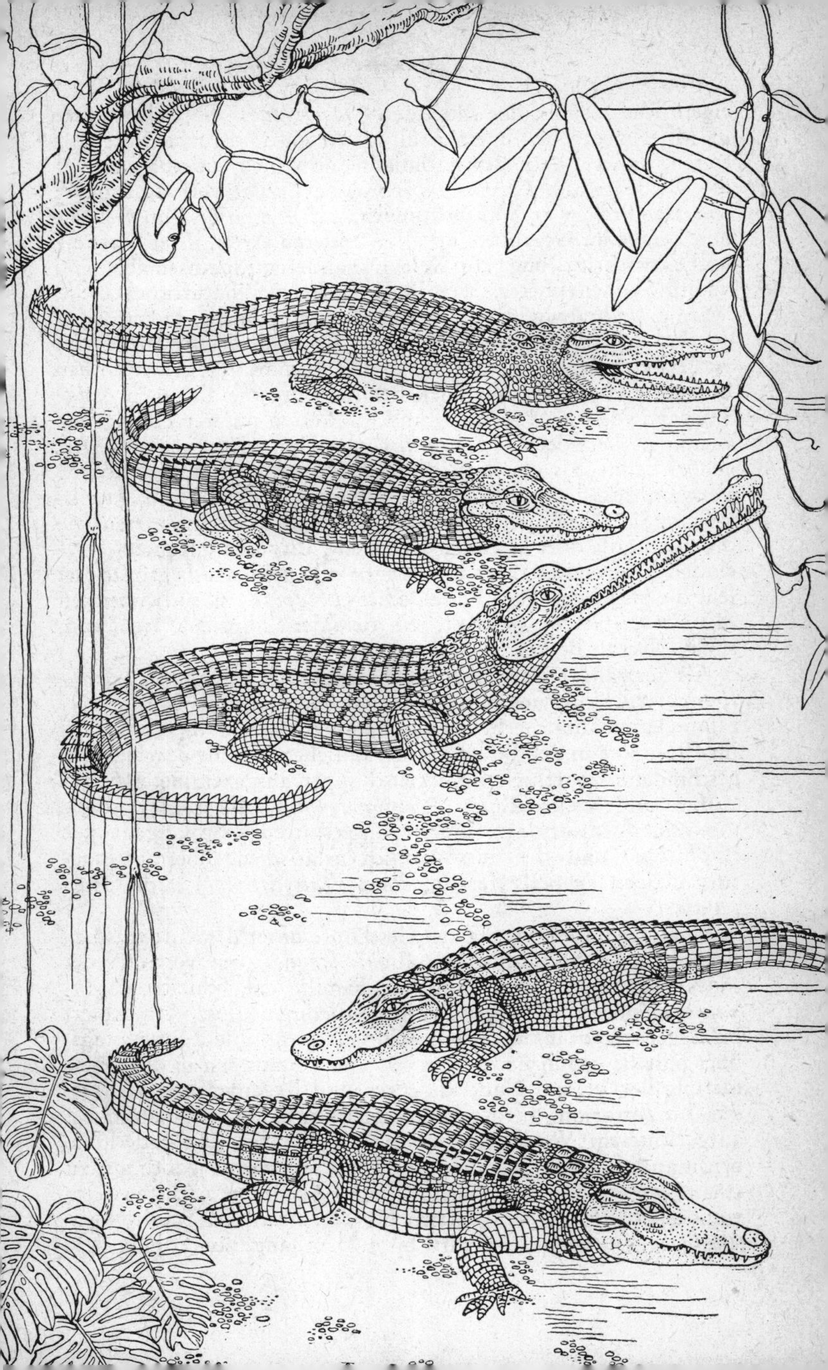

eigentliche Heimat der Eidechsen *(Lacertidae)*, die insbesondere im Mittelmeergebiet in einer solchen Arten- und Rassenfülle auftreten, daß sie auch der Fachmann nicht mehr überblickt. Nur die Waldeidechse *(Lacerta vivipara)* bevorzugt verhältnismäßig schattige Stellen an Waldlichtungen, auf Wiesen und im Gebirge und bringt im Gegensatz zu allen anderen Arten ihrer Gattung voll entwickelte Junge zur Welt. Die anderen Eidechsen aber sind wahre Sonnenanbeter. Wer ihnen nicht viel natürliches Licht, Wärme und abwechslungsreiche Insektennahrung bietet, wird nur Fehlschläge erleben. Außer der Waldeidechse und der weit verbreiteten Zauneidechse *(L. agilis)* kommt im südwestlichen Deutschland und in der Mark Brandenburg die bis 40 cm lange Smaragdeidechse *(L. viridis)* und im Westen unserer Heimat die braune Mauereidechse *(L. muralis)* vor. Die zuletzt genannte Art gehört bereits als nördlichster Ausläufer zu der unübersehbaren Verwandtschaftsgruppe der «Mittelmeer-Eidechsen» und entwikkelt im Süden eine etwa ebenso große Zahl von Unterarten wie die gleichfalls dort lebenden Balearen-, Pityusen-, Ruinen-, Cycladen-, Adria-Eidechsen und wie sie alle heißen. Als größte Art lebt die bis 80 cm lange Perleidechse *(L. lepida)* im südwestlichen Mittelmeer-Gebiet; sie frißt, wie viele der südlichen Arten, auch süßes Obst als Beikost.

Als verwandte Gattungen bewohnen die Fransenfinger *(Acanthodactylus)* sandigen Untergrund im südwestlichen Mittelmeerraum; kammähnliche Stachelsäume längs der Zehen verhindern ihr Einsinken in den Boden. Ihnen schließen sich die durch große, geschindelte, scharfkielige Rückenschuppen ausgezeichneten Sandläufer- und Kieleidechsen *(Psammodromus, Algyroïdes)* sowie die mit durchsichtigen Lidern ausgestatteten Schlangenaugen *(Ophisops)* und die ausschließlich asiatischen, überaus langschwänzigen Schnelläufer-Eidechsen *(Takydromus)* nach Osten zu an.

Eines der liebenswürdigsten Geschöpfe unter den europäischen Echsen ist die Blindschleiche *(Anguis fragilis)*, ein Vertreter der sonst vorwiegend amerikanischen Familie der Schleichen *(Anguidae)*. Unsere schlangenähnliche, gliedmaßenlose Art gebiert im Gegensatz zu ihren Verwandten voll ausgebildete Junge; tagsüber hält sie sich in Erdgängen auf und kommt erst in der Dämmerung hervor, um Nacktschnecken und Regenwürmer zu fressen. Im Terrarium werden Blindschleichen zahm und betteln mit aufgerichtetem Vorderleib um Futter. Wie bei den Eidechsen, bricht auch bei ihnen der Schwanz leicht ab, wächst jedoch nur zu einem kurzen Stummel wieder nach. Als ihren nächsten Verwandten trifft man von Istrien bis Turkestan den Scheltopusik *(Ophisaurus apodus)*. Er wird bis 1,25 m lang, besitzt eine tiefe

Längsfurche an den Flanken und noch winzige Reste der Hinterbeine. Seine Nahrung besteht aus Gehäuseschnecken, Echsen, Vögeln und Mäusen, die er vor dem Verschlingen mit der Schnauze kräftig gegen den Boden schlägt.

Nächtliche, meist kleine und unscheinbare Echsen der Tropen und Subtropen bilden die Familie der Geckos *(Gekkonidae)*. Ihre Lider sind meist zu durchsichtigen Kapseln vor den Augen verwachsen, und die oft verbreiterte Unterseite ihrer Finger und Zehen trägt winzige Häkchen, die das Laufen an glatten, senkrechten Flächen gestatten. Ihren Namen verdanken sie dem Rufen mancher ihrer Arten, das wie «Gek-ko» klingt. Oft findet man sie in menschlichen Wohnungen, wo sie die vom Licht angelockten Insekten fressen und auch ihre meist aus zwei Eiern bestehenden Gelege verstecken. Im ganzen Mittelmeergebiet lebt der Mauergecko *(Tarentola mauritanica)*; im Terrarium braucht er etwas zusätzliche Wärme, versteckreiche Kletterflächen und eine abwechslungsreiche Insektenkost. Beim asiatischen Wundergecko *(Teratoscincus)* ist der Körper nicht mit den sonst üblichen Hornwarzen, sondern mit großen, geschindelten Schuppen bedeckt.

Wie die Geckos, so sind auch die Agamen *(Agamidae)* im südöstlichen Europa nur Einwanderer. An sonnigem Gestein lebt der kletternde Hardun *(Agama stellio)* mit seinem wirtelig bestachelten Schwanz und frißt neben Insekten und Würmern auch Früchte. Durch das Fehlen einer Ohröffnung unterscheiden sich von ihm die kleinen, bodenbewohnenden, vorwiegend asiatischen Krötenkopfagamen *(Phrynocephalus)*. Unter ihnen vermag der Bärtige Krötenkopf *(P. mystacëus)* sein Maul mit Hilfe zusammenfaltbarer Hautlappen in den Mundwinkeln trichterförmig zu erweitern.

Aus den Nachbarkontinenten sind einige Skinke *(Scincidae)* in das südliche Europa vorgedrungen und leben hier versteckt unter Steinen, Gras, Laub oder im Sand. Schon unter den Walzenskinken *(Chalcides)* bemerken wir verschiedene Rückbildungsgrade der Beine bis zu derart kleinen Stummeln, wie sie die Erzschleiche *(Ch. chalcides)*, aber auch die Johannisechse *(Ablepharus kitaibelii)* zeigt; gänzlich verschwunden sind sie beim langgestreckten Schlangenskink *(Ophiomorus punctatissimus)*.

Über die Chamäleons, die im äußersten Südwesten auch europäischen Boden besiedeln, sprechen wir im Zusammenhang mit ihrer eigentlichen Heimat Afrika.

Der nordafrikanisch-westasiatische Wüstengürtel bildet ein eigenes Faunengebiet mit einer charakteristischen Echsenwelt, in der die stets lebendgebärenden Skinke als echte, wühlende Sandbewohner auftreten. Der Apotheker- und der Keilskink *(Scincus*

scincus, Chalcides sepsoïdes) schwimmen geradezu mit Hilfe ihrer schaufelförmig abgeflachten Schnauze durch den lockeren Wüstensand. Meist sind diese Tiere ziemlich unscheinbar gefärbt, doch trägt der bis 45 cm lange Berberskink *(Eumeces algeriënsis)* ein schönes Farbkleid aus orangeroten Querbinden. Alle Skinke leben ungesellig und liefern sich häufig Beißereien.

Unter den Agamen treffen wir hier die Dornschwänze *(Uromastyx)*, die ihren stacheligen Schwanz als Schlagwaffe verwenden. Diese fast ausschließlich vegetarischen Echsen fressen Klee- und Löwenzahnblüten, Salat, Kohl, Heu, gelbe Erbsen und Reiskörner. Wasser trinken sie in Form von Tau, doch kann ein flacher Wasserbehälter in ihrem gut bodenbeheizten Terrarium nichts schaden. Leider lassen sich diese zutraulichen Pfleglinge kaum länger als zwei Jahre in der Gefangenschaft halten, weil wir ihnen trotz künstlicher Ultraviolett-Bestrahlung nicht zu allen Jahreszeiten die erforderliche vitaminreiche Kost verschaffen können. Neben ihnen nehmen sich die Wüsten- und die Atlas-Agame *(Agama mutabilis, A. bibroni)* recht unscheinbar aus.

Mit dem Wüstenwaran *(Varanus grisëus)*, dessen drei Unterarten von Algerien bis nach Pakistan verbreitet sind, beginnt nun das mit Ausnahme von Europa über die ganze Alte Welt ausgedehnte Reich der Warane *(Varanidae)*. Die manchmal über 2 m langen Arten brauchen sehr geräumige Behälter und fressen Mäuse, Vögel, Frösche, Eier und schieres Fleisch. Der nur 1,3 m lange Wüstenwaran lebt in Erdhöhlen.

Das mittelafrikanische Waldgebiet beherbergt zahlreiche baumbewohnende oder doch wenigstens kletternde Echsen. Die Chamäleons *(Chamaeleonidae)* mit ihrem blattförmig abgeflachten Körper, den langsamen Bewegungen, den zu Greifzangen verwachsenen Fingern und Zehen, der weit aus dem Maul vorschnellbaren Zunge, dem meist einrollbaren Greifschwanz und der zwischen Rindenbraun und Blattgrün wechselnden Färbung sind am stärksten dem Leben auf Bäumen angepaßt. Manche Arten brauchen nicht einmal mehr zur Eiablage auf den Erdboden, sondern gebären bereits voll entwickelte Junge. Es ist kein Wunder, daß diese grotesken Echsen mit ihren unabhängig voneinander beweglichen Kulleraugen und den manchmal ausgebildeten Schnauzenhörnern zu den Lieblingen der Terrarienfreunde gehören; insbesondere das Lappenchamäleon *(Chamaeleo dilepis)* trifft man nicht selten in der Gefangenschaft. Leider rechnen sie jedoch auch zu den problematischsten Pfleglingen. Zwar fressen sie nur die übliche Insektennahrung, sind aber sehr wählerisch und verweigern plötzlich ein Futter, das sie bisher mit Vorliebe genommen hatten. So kann ein Pfleger schon stolz darauf sein, wenn er ein Chamäleon länger als ein Jahr am Leben erhalten hat. Um das überhaupt zu erreichen, muß er ihm – abgesehen von dem vielseitigen Futter – tagsüber wohl zusätzliche Wärme, nachts aber auch etwas Abkühlung bieten. Fast noch wichtiger ist ein häufiger, ausgedehnter Freiluftaufenthalt im ungefilterten Sonnenlicht bei einer natürlichen Ernährung mit freilebenden Insekten, die man mit Hilfe eines in der Nähe des Chamäleons ausgelegten Stückchens faulenden Fleisches anködert.

Die anderen mittelafrikanischen Echsen interessieren eigentlich den Wissenschaftler mehr als den Terrarienfreund. Wohl gibt es hier eine Unzahl von Geckos, das artenreiche Heer der zu den Skinken gehörigen Mabuyen *(Mabuya)* und Schlangenskinke *(Lygosoma)*, oder einige Eidechsen, deren Schwanz-Unterseite mit Dornen besetzt ist, um das Abgleiten vom Baumstamm zu verhindern, aber wann kommen sie schon in den Handel? Die Warane entsenden hierher den von Ägypten bis zum Kap verbreiteten Nil-Waran *(Varanus niloticus)*, eine vortrefflich schwimmende Art, und den im Gegensatz zu ihm geradezu wasserscheuen Steppenwaran *(V. exanthematicus)*, der das Waldrevier meidet und bereits zum nächsten Faunengebiet überleitet.

Die südafrikanischen Steppen und Wüsten bilden die Heimat zahlreicher boden- und gesteinsbewohnender Echsen. Selbst unter den Geckos treten Sandbewohner auf, wie der in den Dünen lange Gänge grabende Sandgecko *(Ptenopus garrulus)* und der Flossengecko *(Palmatogecko rangëi)*, dessen breite Spannhäute zwischen den Fingern und Zehen das Einsinken in den Sand verhindern. Die hier wieder zahlreicher vertretenen Eidechsen tragen zum gleichen Zweck Stachelkämme längs den Zehen, wie wir sie bereits beim europäischen Fransenfinger kennenlernten. Die Stachelagame *(Agama hispida)* lebt im Wüstensand, die Schwarze Agame *(A. atra)* zwischen Gestein und die prächtige Blaukehl-Agame *(A. atricollis)* an den Stämmen lichter Wälder.

Fast ausschließlich auf das südliche Afrika beschränken sich die Gürtelechsen *(Cordylidae)* als eine Familie meist stacheliger Wüstenbewohner. Bei vielen Arten ist nicht nur der Schwanz, sondern auch der Rumpf und selbst der Hinterkopf mit Stacheln bewehrt. Ihre poröse Haut kann Wasser aufsaugen und somit helfen, den Flüssigkeitsbedarf der Tiere zu decken. Unter den Terrarienfreunden haben sich die Gürtelechsen viele Gönner erworben, weil sie nicht nur so bizarr aussehen, sondern sich auch bei der üblichen Insektenkost und Zugaben von rohem Fleisch und auch Obst gut halten lassen; allerdings brauchen sie wenigstens tagsüber viel Wärme.

So klein auch *Madagaskar* im Vergleich zu anderen Faunengebieten erscheint, müssen wir doch dieser größtenteils steppigen Insel und ihrer merkwürdigen Tierwelt einen eigenen, wenn auch nur kurzen Abschnitt widmen. Unter den Geckos fallen hier die großen, oft leuchtend grünen Tag-Geckos *(Phelsuma)* aus dem Rahmen ihrer sonst nächtlich lebenden, unauffällig gefärbten, kleineren Verwandten. Nicht minder überraschen die Plattschwanz-Geckos *(Uroplatus fimbriatus)*, denn sie können mit Hilfe eines seitlichen Hautsaumes und großer Spannhäute zwischen Fingern und Zehen ein Stück weit durch die Luft segeln.

Eigenartigerweise fehlen die auf dem afrikanischen Festland zahlreich vertretenen Agamen hier vollständig und werden durch den Madagassischen Stachelschwanz- und Glattschwanzleguan *(Oplurus, Chalarodon)* vertreten, also von Angehörigen einer sonst nur in der Neuen Welt verbreiteten Echsenfamilie. Einige wenige Gürtelechsen und Skinke bieten nicht Besonderes, wohl aber das fast 1 m lange Riesenchamäleon *(Chamaeleo oustaleti)* und einige Angehörige anderer Gattungen, wie das nur 3 cm messende Zwergchamäleon *(Evoluticauda minima)*, das Panzerchamäleon *(Leandria perarmata)* und die kleinen Stummelschwanz-Chamäleons *(Brookesia)*, die ihren Schwanz nicht einrollen können.

Das indomalaiische Gebiet, wie wir die Länder zwischen Pakistan und Neuguinea hier nennen wollen, beherbergt ein paar bemerkenswerte Geckos, unter ihnen den bis 30 cm langen, mit einer besonders lauten Stimme begabten Tockee *(Gekko gecko)* und den Faltengecko *(Ptychozoon kuhli)*, der vermittels eines ähnlichen breiten Hautsaumes, wie ihn der Plattschwanzgecko zeigt, kurze Segelflüge ausführt.

Gerade in diesem Raum entfalten die Agamen ihren größten Formenreichtum. Denken wir doch nur an die Flugdrachen *(Draco)*, die mit Hilfe ihrer seitlichen, durch die verlängerten Rippen gestützten Flughäute bis 20 m weit durch die Luft schweben! Leider können wir diese oft prächtig bunten Tiere nicht in der Gefangenschaft am Leben erhalten, weil sie in der Natur nur Baumameisen fressen und trotz aller Ersatznahrung bei uns regelmäßig nach kurzer Zeit eingehen.

Die Flugdrachen stellen wohl die am stärksten spezialisierten, aber keineswegs die einzigen an das Leben auf Bäumen angepaßten Agamen dieses Gebietes dar. In zahlreichen Arten klettern die grünen, farbwechselnden Schönechsen *(Calotes)* auf Gebüsch und Bäumen, unter ihnen der rotköpfige «Blutsauger» *(C. versicolor)*, ein trotz seines deutschen Namens harmloses, insektenfressendes Tier. Unscheinbarer braun gefärbt sind die Winkelkopf-Agamen *(Gonocephalus)*. Die Männchen der südindischen Sita-Agame *(Sitana)* sind durch einen langen, bunten Kehlsack, die der ceylonesischen Hornagame *(Ceratophora)* durch ein langes, beschupptes Schnauzenhorn gekennzeichnet.

Von Celebes und den Philippinen an bis Neuguinea lebt die Segelechse *(Hydrosaurus amboïnensis)* auf Bäumen in der Nähe des Wassers, eine über 1 m lange, vorzüglich schwimmende Echse mit einem hohen, von den verlängerten Dornfortsätzen der Wirbel gestützten Hautsegel auf Rücken und Schwanz. Dagegen erweist sich die bis 50 cm lange, prächtig rotbäuchige Schmetterlings-Agame *(Leiolepis belliana)* als ein abgeplatteter Bodenbewohner und gräbt lange, unterirdische Gänge.

Wenig Bemerkenswertes bieten die Skinke, von denen hier nur die indischen Katzenskinke *(Ristella)* erwähnt seien, die ihre Krallen in scheidenartige Schuppenbildungen zurückziehen. Die Eidechsen werden nach Osten hin immer seltener und sind dort schließlich nur noch mit einer Art der Schnelläufer *(Takydromus sexlineatus)* vertreten, deren Schwanz die Länge des übrigen Körpers um das Fünffache übertrifft. Dagegen liegt hier und im anschließenden Australien das Verbreitungszentrum der Warane, und so ist es wohl auch kein Zufall, daß sich auf Borneo der Taubwaran *(Lanthanotus borneënsis)* als letzter Vertreter einer Familie erhalten hat, die zwischen den Waranen und den ihnen eng verwandten Schlangen vermittelt. Auf den Kleinen Sunda-Inseln Komodo und Florés lebt der Komodo-Waran *(Varanus komodoënsis)* mit einer Länge bis zu 3 m und einem Gewicht bis 135 kg als größte heutige Echse. Das Vorkommen des Bengalen-Warans *(V. bengalensis)* beschränkt sich auf das südasiatische Festland, das des Bindenwarans *(V. salvator)* reicht bis nach Australien.

Australien und Ozeanien machen ihrem Namen als zoologischem Raritätenkabinett auch hinsichtlich der Echsen alle Ehre. Das gilt weniger für die Geckos, obwohl hier die Fettschwanz- und Nierenschwanzgeckos *(Oedura, Nephrurus)* mit rübenförmig angeschwollenen Schwänzen zu Hause sind, als vielmehr für ihre nächsten Verwandten, die Flossenfüße *(Pygopodidae)*. Diese bis 60 cm langen Tiere wirken mit ihrem langgestreckten Körper und den durchsichtigen, miteinander verwachsenen Lidern wie Schlangen, besitzen aber flossenförmige Reste der Hinterbeine und schlängeln sich blitzschnell über das Gras. Den gewöhnlichen Flossenfuß *(Pygopus lepidopodus)* hat man mit Mehlwürmern ernähren können.

Wie auf Madagaskar, sind auch hier die Leguane mit einer Art, dem grünen, baumbewohnenden und pflanzenfressenden Fidji-Leguan *(Brachylophus fasciatus)*, in ein altweltliches Gebiet vorgestoßen, in dem sie vom tiergeographischen Standpunkt aus «nichts zu suchen haben», denn dieser Raum gehört zum Reich der Agamen, die wieder mit einigen bemerkenswerten Arten aufwarten. Wenn das Männchen der Bartagame *(Amphibolurus bar-*

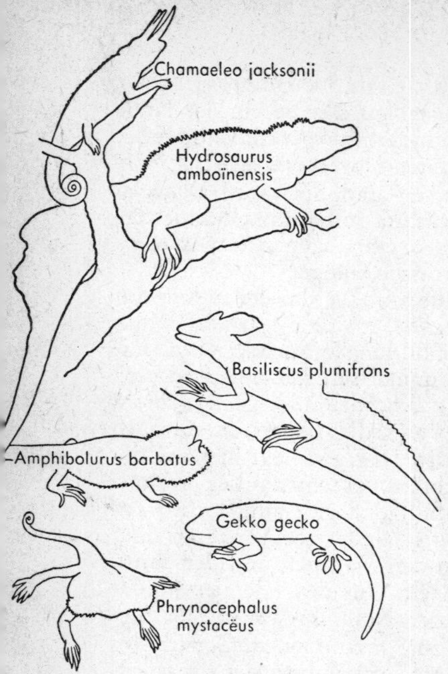

Jackson-Dreihornchamäleon *(Chamaeleo jacksonii)*, über 30 cm. Ostafrikanisches Hochland. Nur die Männchen mit langen Hörnern. – **Segelechse** *(Hydrosaurus amboïnensis)*, über 1 m. Indo-Australischer Archipel, Philippinen, Neuguinea. Hautsegel bei Weibchen flacher. Auf Urwaldbäumen am Wasser; schwimmt gut, daher großer Wasserbehälter erforderlich. Pflanzenfresser. – **Stirnlappenbasilisk** *(Basiliscus plumifrons)*, etwa 70 cm. Costa Rica. Nur Männchen mit hohem Hautkamm. Auf ufernahen Bäumen, geht auch ins Wasser. Eidechsenfresser. – **Bartagame** *(Amphibolurus barbatus)*, bis 50 cm lang. Australien. Bläht in der Erregung die bestachelte Kehle auf. Lebhafter, wärmeliebender Insektenfresser, nimmt auch Obst. – **Tockee** *(Gekko gecko gecko)*, bis 35 cm. Süd-Asien und Indo-Australischer Archipel; eine zweite Unterart in Pakistan. Nächtlicher Insektenfresser, nimmt auch kleine Wirbeltiere; bissig. Temperatur bis 35° C. – **Bärtiger Krötenkopf** *(Phrynocephalus mystacëus mystacëus)*, etwa 25 cm. Südöstliches europäisches Rußland; östlich davon eine zweite Unterart. Geöffnetes Maul wird durch Hautlappen in den Mundwinkeln trichterförmig erweitert. Heikler, wüsten- und steppenbewohnender Insektenfresser; braucht Luft- und Bodenheizung. Kein Wassergefäß (Erkältungsgefahr), sondern Trinkwasser in Form von Tautropfen reichen!

---

batus) seine Kehle aufbläht, starren deren Stacheln nach allen Seiten wie ein Vollbart. Bei einer Kost aus Insekten, kleinen Wirbeltieren und etwas Obst läßt sich die Art ganz gut halten. Mit Hilfe der verlängerten Zungenbeinhörner faltet die Kragenechse *(Chlamydosaurus kingii)* einen beschuppten Hautkragen wie einen Regenschirm auseinander, um einen Angreifer damit zu verblüffen und abzuschrecken. Äußerlich der Brückenechse ungemein ähnlich, lebt die Wasseragame *(Physignathus lesueurii)* auf ufernahen Bäumen und frißt andere Echsen und junge Mäuse. Als vorzüglicher Schwimmer, der selbst unter Wasser schläft, braucht sie ein geräumiges Terrarium mit einem großen Wasserteil. Trotz seines dornenstarrenden Aussehens ist der Dornteufel oder Moloch *(Moloch horridus)* ein harmloser Termitenfresser der südaustralischen Sandgebiete. Er sei nur seiner bizarren Gestalt wegen erwähnt, nicht aber als ein empfehlenswerter Pflegling, denn wir können ihm die Unmengen seiner

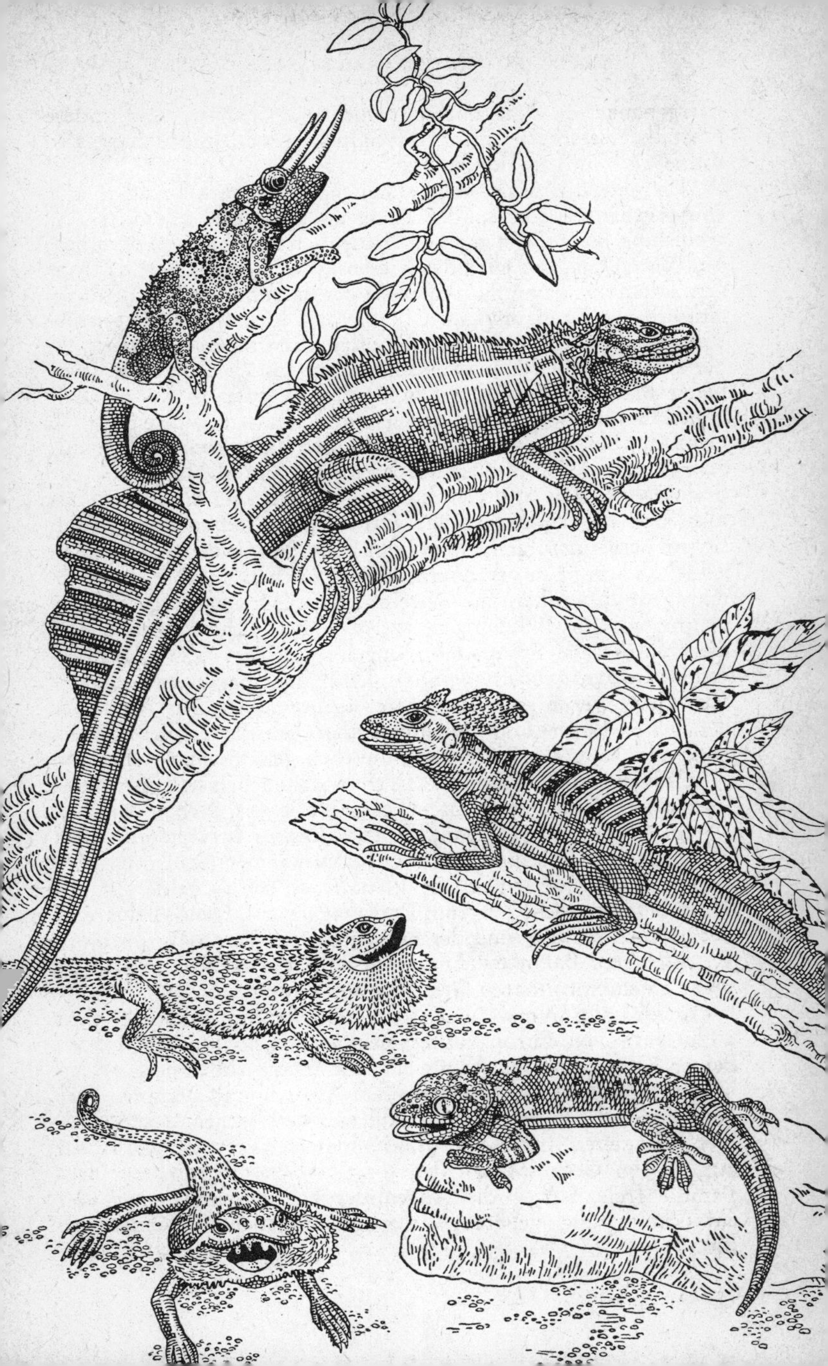

hartgepanzerten Nahrungstiere nicht verschaffen; eine andere Kost aber verträgt er nicht. Ihn halten zu wollen, bedeutete also nichts als sinnlose Tierquälerei.

Während die sonst meist kleinen, bodenbewohnenden und räuberischen Skinke in der übrigen Welt nicht allzuviel Abwechslung bieten, gehen sie in Australien aus ihrer Reserve heraus. Bis 65 cm lang wird der Riesenskink *(Corucia zebrata)* von den Salomonen, ein pflanzenfressender Baumbewohner mit einem einrollbaren Greifschwanz. Überhaupt finden wir hier verschiedene Skinke, die zumindest eine pflanzliche Beikost nehmen. Jeder erfahrene Terrarienfreund kennt die bis 0,5 m langen, behäbigen Blauzungenskinke *(Tiliqua)*. Sie werden in kurzer Zeit handzahm und nehmen neben ihrer üblichen Echsenkost so ziemlich alles, was auf den menschlichen Tisch kommt, von Pilzen, Obst und Fleisch über Bratkartoffeln und Mehlspeise bis zur Schlagsahne. Mit anderen Echsen vertragen sie sich allerdings nicht und müssen deshalb ihr Terrarium, in dessen Bodengrund sie sich gern einwühlen, allein bewohnen. Mit ihren spitzen, stark gekielten Schuppen verankern sich die Stachelskinke *(Egernia)* in ihren Schlupfwinkeln im Gestein; auch sie fressen ungefähr das gleiche wie die Blauzungen, werden aber nicht so zahm. Die merkwürdigsten Schuppenbildungen zeigt der Tannenzapfenskink *(Trachydosaurus rugosus)*, den man seines kurzen, flachen Schwanzes wegen auch als Stutzechse bezeichnet. Als Bewohner der heißen Busch- und Dünenlandschaft braucht er viel Wärme, frißt aber etwa das gleiche wie die eben genannten Arten.

Selbst die sonst so konservativen Warane leben sich im australischen Raum zu einer bunten Formenfülle aus. Neben dem nur 20 cm langen Kurzschwanzwaran *(Varanus brevicauda)*, dem Zwerg innerhalb seiner Familie, treffen wir den Groß- und den Pazifik-Waran *(V. gigantëus, V. indicus)*, die es beide auf gut 1,5 m bringen. Dem Zug zum Extravaganten folgend, haben sich der grüne Smaragd- und der braune Gillen-Waran *(V. prasinus, V. gilleni)* zu Baumbewohnern entwickelt, von denen der erste sogar einen einrollbaren Greifschwanz besitzt.

Obwohl sich *Nord- und Mittelamerika* landschaftlich nicht allzu stark von Europa unterscheiden, zeigen doch die Echsen beider Kontinente nur wenig Gemeinsames. Vollständig fehlen im gesamten Amerika die Eidechsen, Agamen und Warane. Aber auch die in der Alten Welt so zahlreich vertretenen Geckos sind hier recht selten, treten allerdings andererseits mit einigen Arten auf, die im Gegensatz zu den sonstigen Gepflogenheiten ihrer Familie freie, bewegliche Augenlider besitzen und sogar voll entwickelte Junge gebären, wie es die Krallengeckos *(Coleonyx)* tun.

In den südlichen USA beginnt das eigentliche Verbreitungsgebiet der Leguane *(Iguanidae)*, die wir bisher in den altweltlichen Regionen nur als Eindringlinge kennengelernt haben. Im nördlichen Amerika leben sie vorwiegend westlich des Mississippi als abgeplattete Bodenbewohner der Trockengebiete und fressen dort eine aus tierischen und pflanzlichen Bestandteilen gemischte Kost. Bis 50 cm lang wird der dicke Chuckwalla *(Sauromalus obesus)*, der sich bei Gefahr in seinen Schlupfwinkeln zwischen Gestein so aufbläst, daß man ihn nicht herausziehen kann. In den Erdgängen größerer Nager lebt der etwa 40 cm lange Wüstenleguan *(Dipsosaurus dorsalis)* von den Nahrungsresten der ehemaligen Bewohner. Ihren deutschen Namen verdanken die oft metallisch schimmernden, stacheligen und rein räuberischen Zaunleguane *(Sceloporus)* ihrem bevorzugten Aufenthalt an den Zäunen der Eisenbahnstrecken. Im wahrsten Sinne des Wortes « todsichere » Pfleglinge aber stellen die Krötenechsen *(Phrynosoma)* aus den südwestlichen USA und dem anschließenden Mexiko dar. Als flache, bestachelte, ameisen- und termitenfressende Wüstenbewohner ähneln sie in Aussehen und Lebensweise ganz dem autralischen Dornteufel, gehen aber bei einer Ersatzkost auch ebenso gewiß zugrunde, weil sich dann ihr Magen selbst verdaut und nach außen durchbricht, wenn die natürliche, hartschalige Nahrung ausbleibt. Dagegen läßt sich der Grüne Anolis *(Anolis carolinensis)*, der einzige echte Baumleguan im Südosten der USA, bei etwa 25° C am Tage und etwas tieferen Temperaturen in der Nacht bis 3 Jahre lang in der Gefangenschaft halten; weiter im Süden, insbesondere auf den Antillen, entwickeln die Anolis eine ungeheure Artenzahl.

Ein paar Anklänge an unsere hiesige Echsenwelt lassen die Skinke erkennen. Auch unter den Schleichen unterscheiden sich die im Süden der USA heimischen Glasschleichen *(Ophisaurus ventralis)* weder im Aussehen noch in der Lebensweise allzusehr vom Scheltopusik. Die mehr im Westen vorkommenden Krokodilschleichen *(Gerrhonotus)* jedoch haben sich ihre urtümliche, vierfüßige Echsengestalt noch bewahrt.

Als einer rein neuweltlichen Familie begegnen wir nun den Schienenechsen oder Tejus *(Teïidae)*, deren Reich vom Süden der USA bis zum südlichen Südamerika reicht. Im Norden treten sie mit den kleinen, zumeist wenigstens in der Jugend hell-dunkel längsgestreiften Rennechsen *(Cnemidophorus)* auf. Diese Gattung sieht nicht nur äußerlich unseren Eidechsen sehr ähnlich, sondern zeigt auch die gleiche Vorliebe für offene Landschaften.

Auf den äußersten Südwesten der USA und das anschließende Mexiko beschränkt sich die Verbreitung der nur aus 2 Arten bestehenden Familie der Krustenechsen *(Helodermatidae)*. Die Tiere leben im heißen Wüstensand in unterirdischen Gängen und kommen in der Dämmerung hervor, um Eier, junge Nager und Vögel zu fressen. Krustenechsen lassen sich gut in der Gefangenschaft halten, wenn man sie mit einer Mischung aus rohem Ei und durchgedrehtem Rindfleisch füttert und ihnen den natürlichen Temperaturwechsel ihres Wüstenklimas bietet. Völlig im Gegensatz zu den natürlichen Gegebenheiten ihrer Umwelt halten sie sich in der Gefangenschaft mit Vorliebe im Wasser auf, wahrscheinlich, weil sie zumeist zu warm gehalten werden. Leider haben wir es bei diesen Tieren mit den einzigen giftigen Echsen zu tun, auf deren Konto verschiedene menschliche Todesfälle kommen; sie können daher wohl Prunkstücke eines öffentlichen Schau-Aquariums abgeben, gehören aber nicht in die Hand eines Unerfahrenen.

Südamerika gliedert sich in das nördliche und mittlere Urwaldgebiet und das westliche und südliche Hochland. Dementsprechend finden wir die Echsen hier im allgemeinen als Baumbewohner oder Gesteinskletterer, wenn wir von den weniger spezialisierten Geckos und Skinken absehen wollen. Der Vollständigkeit halber wären noch zwei Gattungen der Schleichen zu nennen, von denen die eine wie eine gewöhnliche Eidechse aussieht *(Diploglossus)*, die andere aber ihre Beine bis auf Reste des hinteren Paares eingebüßt hat *(Ophiodes)*.

Wie die Agamen im indomalaiischen Raum, entfalten hier die Leguane ihre größte Mannigfaltigkeit. Im Norden lebt der herrlich türkisfarbene Grüne Leguan *(Iguana iguana)*, die bekannteste und bei den Terrarienfreunden beliebteste Art. In der Natur halten sich die bis 2 m langen Tiere auf Bäumen in der Nähe des Wassers auf, schwimmen vortrefflich und fressen in der Jugend vorwiegend, im Alter aber ausschließlich Pflanzenstoffe. In der Gefangenschaft brauchen sie Licht und Wärme, sehr große Behälter, damit sie sich nicht ständig die Schnauze an den Scheiben wundstoßen, und vitaminreiche Kost; wenn man ihnen dauernd nur Salat gibt, werden sie bald rachitisch und gehen ein. Als Sättigungsfutter dient zu allen Jahreszeiten Banane, als Vitaminspender im Sommer Löwenzahn, Bohnenblätter und andere Freilandgewächse. Bietet man den Leguanen in der warmen Jahreszeit einen häufigen, ausgedehnten Aufenthalt im Freien und im ungefilterten Sonnenlicht, überstehen sie die vitaminarmen Wintermonate viel besser, in denen der Pfleger nur allzu häufig auf das Verfüttern von Salat angewiesen ist; er tut jedenfalls in dieser Zeit gut, die Tiere des öfteren mit künstlichem Ultraviolett-Licht zu bestrahlen.

Wie die Krötenechsen im nördlichen Amerika, ähneln auch einige südamerikanische Leguane ganz auffällig verschiedenen altweltlichen Echsen. So finden die Chamäleons ihr Gegenstück im Falschen Chamäleon *(Chamaeleolis chamaeleontides)* auf Cuba, das die gleiche Gestalt, Kulleraugen und Greiffüße besitzt. Ein ähnliches Hautsegel auf dem Rücken wie die Segelechse zeigt der Stirnlappenbasilisk *(Basiliscus plumifrons)* aus Costa Rica. Etwas Ähnliches beobachten wir an manchen bodenbewohnenden Leguanen. Unwillkürlich denkt man bei den Stachelwirteln der Dornschwanz- und Stachelschwanzleguane *(Urocentron, Hoplocercus)* an die vertrauten Dornschwanzagamen, während sich bei den unauffälligen, abgeplatteten Kielschwanzleguanen *(Tropidurus)* ein Vergleich mit den eigentlichen Agamen geradezu aufdrängt. Die kleinen Erdleguane *(Liolaemus)* im Gebiet der Anden treiben mit ihrer Arten- und Rassenfülle den Systematiker ebenso zur Verzweiflung, wie es unsere Eidechsen tun, und sehen auch fast genau so aus.

Werfen wir noch einen Blick auf die Riesen unter den Leguanen, die aber aus verschiedenen Gründen für die Pflege im Terrarium nicht in Frage kommen: Auf den Galapagos-Inseln leben in Herden die beiden pflanzenfressenden Arten des bis 1,25 m langen Drusenkopfes *(Conolophus subcristatus)* und der noch 50 cm längeren Meerechse *(Amblyrhynchus cristatus)*, die im Meer schwimmt, taucht und Meeresalgen frißt. Haiti ist die Heimat des gleichfalls Pflanzen und Obst, aber auch junge Mäuse und Fleisch fressenden Nashornleguans *(Cyclura cornuta)*, dessen Männchen große Hornhöcker auf der Schnauze tragen.

Im nördlichen Amerika nur mit wenigen Arten vertreten, entwickeln die Schienenechsen oder Tejus im Süden zahlreiche, z. T. recht große, aber kaum besonders an das Leben auf Bäumen angepaßte Arten, wenn wir vielleicht von den Stacheltejus *(Echinosaura)* absehen, die wie ein abgestorbener Ast aussehen können. Einige andere Arten fordern wiederum zum Vergleich mit altweltlichen Echsen heraus, wie etwa der Solompenter *(Tupinambis teguixin)*, der Waran-Teju *(Tejovaranus flavipunctatus)* und andere große Tejus, die in Aussehen und Lebensweise durchaus den Waranen gleichen. Geradezu alligatorenähnlich wirkt der Krokodilteju *(Dracaena guïanensis)* mit seinen großen, gekielten Rückenplatten und dem doppelten Schuppenkamm auf dem Schwanz, zumal die Art im Wasser lebt – wie auch die Wassertejus *(Neusticurus)*. Um die ganze biologische Plastizität der Tejus zu zeigen, sei noch erwähnt, daß die im Unterholz der Wälder lebenden Wurm- und Schlangentejus *(Scolecosaurus, Ophiognomon)* eine langgestreckte, gliedmaßenlose Gestalt angenommen haben wie viele andere bodenbewohnende Echsen.

Schlangen

Das entwicklungsgeschichtliche Bestreben vieler schnell über den Boden huschender oder wühlender Echsen, den Körper in die Länge zu strecken und die Gliedmaßen zurückzubilden, ist bei den Schlangen am stärksten verwirklicht worden. Oft hat man Mühe, fußlose Echsen und Schlangen auseinanderzuhalten, doch erkennt man die Schlangen meistens an ihren durchsichtigen, zu einer starren Kapsel vor den Augen verwachsenen Lidern und den zu «Schienen» über die gesamte Bauchfläche verbreiterten Schuppen auf ihrer Unterseite. Da es aber in beiden Reptiliengruppen Ausnahmen von der Regel gibt, lassen sich keine durchgehend gültigen äußeren Unterschiede aufstellen. Noch weniger vermögen wir giftige und ungiftige Schlangen nach ihrem Aussehen voneinander zu unterscheiden. Nur das Vorhandensein oder Fehlen gefurchter oder zentral von einem Kanal durchbohrter Giftzähne im Oberkiefer kann uns Auskunft geben, ob wir es mit einer harmlosen oder gefährlichen Art zu tun haben.

Trotz ihrer äußerlichen Gleichförmigkeit bieten die Schlangen in ihrer Lebensweise ein recht buntes Bild. Wir finden sie in unterirdischen Gängen, auf dem Boden, auf Bäumen, im Süß-, Brack- und Meerwasser. Sie fressen Frösche, Echsen, Vögel und Säugetiere von der Größe einer jungen Maus bis zu der eines Schweins, doch gibt es daneben auch Feinschmecker, die sich auf eine andere Nahrung spezialisiert haben. Daß die Tiere ihre Oberhaut periodisch abstreifen, darf als bekannt gelten. Die meisten Arten legen Eier, andere sind lebendgebärend.

Über das Schlangenterrarium ist bereits alles Wesentliche in der Einleitung gesagt. Es mag noch darauf hingewiesen sein, daß Steine und Wurzelwerk nie fehlen sollten, um den Tieren das Abstreifen der alten Haut zu erleichtern. Nicht oft genug kann das Gebot der Sauberkeit wiederholt werden, denn der Schlangenkot fällt nicht nur in sehr reichen Mengen an, sondern riecht auch wenig schön. Durch Unsauberkeit leistet man dem Befall der Tiere mit Milben Vorschub, einer leider sehr oft auftretenden Krankheit, die zum Tode der Schlangen führen kann. Als Heilmittel hat sich ein Einpinseln der Schlangen mit einer Alkohol-Glyzerin-Mischung bewährt oder das von Frau Megot Schetty (Schlangenpark, Maggia/Tessin) hergestellte Mittel.

Als *Giftschlangen* bezeichnet man im wesentlichen die Familien der Giftnattern *(Elapidae)*, Seeschlangen *(Hydrophiidae)*, Vipern *(Viperidae)* und Grubenottern *(Crotalidae)*. Nach dem Bau ihrer Giftzähne, die bei ihnen stets vorn im Oberkiefer stehen, unterscheiden wir die beiden ersten Familien als «Furchenzähner» von den beiden anderen, die wir als «Röhrenzähner» bezeichnen; das Gift der ersten wirkt hauptsächlich auf das Nerven-, das der zweiten auf den Blutkreislauf und die Blutkörperchen. Aber auch die allgemein als harmlos angesehenen Schlangen, unter ihnen die Ringelnatter, besitzen ein hochwirksames Gift, können es ihrem Opfer aber nicht beibringen, weil ihnen entweder die Giftzähne vollständig fehlen oder, wie bei den als «Trugnattern» bezeichneten Arten, hinten im Oberkiefer stehen, so daß sie zumindest einen Menschen beim Biß nicht verletzen können. Die eigentliche Aufgabe des Schlangengiftes ist es, die Nahrung besser zu zersetzen. Beraubt man eine Schlange ihrer Giftzähne, leidet sie unter Verdauungsbeschwerden.

In einem amerikanischen Buch besteht der ganze Inhalt des Kapitels, das der Pflege von Giftschlangen gewidmet ist, nur aus den Worten «Laß das sein!», und der Verfasser dieser Zeilen kann dem nur beipflichten. Es ist keineswegs ein Zeichen überlegenen Todesmutes und der Ausdruck einer besonders interessanten Weltanschauung und Lebensart, wenn sich manche naturkundliche Dilettanten in jeder Situation mit möglichst giftigen Schlangen umgeben, um damit ihrer naiven Umwelt zu imponieren, sondern ganz einfach ein sträflicher Leichtsinn. Oder spielen noch andere Motive dabei eine Rolle, über die uns die humanpsychologische Symbolik nähere Auskunft gibt? In jedem Falle muß das Halten von Giftschlangen von der Polizei genehmigt werden, und die tut es glücklicherweise nur, wenn ausreichende Gründe wissenschaftlicher Art dafür vorliegen und die Tiere in ausbruchsicheren, verschließbaren Behältern untergebracht sind. Aus diesem Grunde verzichten wir hier bewußt darauf, die einzelnen Gruppen der Giftschlangen mit ihren wichtigsten Vertretern vorzustellen. Wer Näheres über diese ebenso gefährlichen wie interessanten Tiere erfahren will, lese in «Knaurs Tierreich in Farben: Reptilien» nach.

Als *Nahrungsspezialisten* bezeichnen wir hier ein paar für uns ungefährliche Schlangengruppen, die sich im Gegensatz zu den wirbeltierfressenden «Normalverbrauchern» auf eine abweichende Ernährung festgelegt haben. Dazu gehören die in allen wärmeren Ländern vertretenen Blindschlangen *(Typhlopidae)*, meist sehr kleine, unterirdisch wühlende, allerhöchstens bis 75 cm lange Tiere mit verkümmerten, unter der Haut gelegenen Augen. Sie räubern in der Natur in Termiten- oder Ameisenbauten und lassen sich, wie die Europäische Wurmschlange *(Typhlops vermicularis)*, in der Gefangenschaft mit frischen Ameisenpuppen ernähren. Die vorderindischen, gleichfalls unterirdisch lebenden Schildschwanzschlangen *(Aniliidae)*, kenntlich an einer großen, eigenartig gestalteten Endschuppe am Schwanz, leben von Regenwürmern.

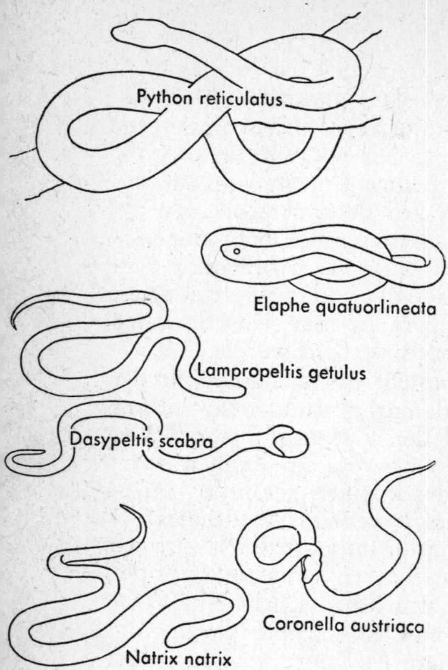

Netzpython *(Python reticulatus)*, bis 9 m oder darüber. Vom südlichen China über Hinterindien bis zu den Philippinen und Kleinen Sunda-Inseln. Guter Schwimmer. Frißt Vögel und Säugetiere bis zur Größe eines Schweins. – **Vierstreifen-Natter** *(Elaphe quatuorlineata quatuorlineata)*, bis 2,20 m. S-Italien ostwärts bis Griechenland; weitere Rassen im Nordosten und auf den Cycladen. Lichte Laubwälder, auch offenes Gelände. Frißt im Alter Vögel und Säuger, in der Jugend auch Eidechsen. – **Florida-Kettennatter** *(Lampropeltis getulus floridana)*, knapp 2 m. Halbinsel Florida; weitere Rassen der gleichen Art in den gesamten südlichen USA. Dunkel und gelblichweiß gebändert. In feuchteren Wäldern. Frißt Schlangen, Vögel und kleine Säuger, umschlingt die Beute zuvor. – **Afrikanische Eierschlange** *(Dasypeltis scabra)*, etwa 75 cm. Afrika südlich der Sahara und SW-Arabien; in letzter Zeit in 5 selbständige Arten, eine davon in 2 geographische Rassen aufgeteilt. Frißt je nach Größe Tauben- bis Hühnereier. – **Ringelnatter** *(Natrix natrix natrix)*, Weibchen bis 1,5 m, Männchen etwas kleiner. Ostrheinisches mittleres und östliches Europa; im Süden und Osten, von Nordwest-Afrika bis West-Asien, zahlreiche weitere Unterarten. Lebt in Wassernähe, schwimmt gut; frißt vorwiegend braune Frösche, auch Fische. – **Schlingnatter** *(Coronella austriaca austriaca)*, bis 75 cm. Fast ganz Europa bis Kaukasus und Kleinasien; im südlichen Italien eine zweite Unterart. An trockenen Orten. Frißt Eidechsen und Blindschleichen, umschlingt die Beute zuvor. Bissig, aber harmlos.

Wenn auch verschiedene Arten der Kletternattern gelegentlich Eier fressen, haben sich doch die Eierschlangen *(Dasypeltinae)* in Afrika und Indien ganz auf diese Nahrung spezialisiert. Das verschluckte Ei zerbricht im Vorderdarm der Tiere an den dort in den Darm hineinragenden Wirbelfortsätzen und läuft in den Magen aus, während die Schalen wieder ausgewürgt werden. Gelegentlich kommen Jungtiere der Afrikanischen Eierschlange *(Dasypeltis scabra)* in den Handel; sie können meist noch keine Hühnereier herunterwürgen, sondern nehmen Taubeneier und angeblich zur Not auch Gehäuseschnecken.

Die südostasiatischen, mittel- und südamerikanischen baumbewohnenden Schneckennattern *(Dipsadinae)* besitzen besonders lange und spitze Zähne sowie fest miteinander verbundene Un-

terkieferäste, die das Festhalten und Zerknacken von Gehäuseschnecken ermöglichen. Diese sicherlich gut haltbaren Tiere werden jedoch ebensowenig importiert wie die Wassertrugnattern *(Homalopsinae)* aus den Brackwassern des Indopazifischen Ozeans. Da die gefurchten Giftzähne dieser Tiere hinten im Oberkiefer stehen, dürften sie für den Menschen kaum gefährlich werden, wohl aber wirkt ihr Gift speziell auf Krabben, die einen großen Anteil ihrer Kost ausmachen. Eine ihrer Arten, die Boa-Trugnatter *(Homalopsis buccata)*, nahm in der Gefangenschaft auch Fische und Frösche an.

Die Familie der *Riesenschlangen* – lateinisch *Boïdae* – enthält zwar die größten Schlangenarten, aber nicht alle ihre Angehörigen stellen Riesenformen dar. Wir unterscheiden die vorwiegend in der Neuen Welt verbreiteten, lebendgebärenden Boaschlangen *(Boïnae)*, die meist nur eine Reihe größerer Schuppen längs der Schwanzunterseite besitzen, von den hauptsächlich altweltlichen und eierlegenden Pythonschlangen *(Pythoninae)*, bei denen zwei Längsreihen von Schildern unter dem Schwanz verlaufen. Als eine sehr ursprüngliche Schlangengruppe haben sich die Riesenschlangen noch äußerlich sichtbare Reste der Hinterbeine bewahrt, die «Aftersporne».

Ein Riesenschlangen-Terrarium muß groß genug sein, daß sich die Tiere nicht ständig auf ihrem Kletterbaum zusammenzuknäueln brauchen, sondern auch den Boden und vor allem den dringend erforderlichen großen Wasserteil aufsuchen können, in dem sich viele Arten stunden- oder gar tagelang aufzuhalten pflegen. Die Tiere benötigen die Feuchtigkeit schon für den reibungslosen Ablauf des Häutungsprozesses. Daß Luft und Wasser zusätzlich beheizt werden müssen, versteht sich aus der vorwiegend tropischen und subtropischen Heimat der Tiere von selbst. Weiterhin müssen die Glaswände ausreichend dick sein, damit sie die Schlangen nicht von innen auseinandersprengen können. Riesenschlangen sondern erstaunlich große Mengen von Kot und Harnstoff ab. Ob es aber vorteilhaft ist, den Boden ihres Behälters deshalb durch einen hölzernen Lattenrost zu ersetzen, muß bezweifelt werden, denn das Holz saugt sich mit flüssigem Kot voll und gibt außerdem eine Brutstätte für Ungeziefer ab. Als Futtertiere kommen, je nach der Größe der Schlangen, Mäuse, Ratten und Meerschweinchen, aber auch Vögel von Spatzen- bis Hühnergröße in Frage; sie werden schnell verdaut und nur die Zähne, Haare und Federn wieder ausgeschieden. Gelegentliches Fasten schadet den Schlangen nichts. Verweigern sie aber längere Zeit die Nahrung, setzt sich der Pfleger besser mit dem Tierarzt eines Zoologischen Gartens oder mit dem erfahrenen Schlangenpfleger eines Schauaquariums in Verbindung, ehe er auf eigene

Faust an den Tieren herumkuriert und «zur Zwangsfütterung schreitet», wie es so schön im Stile der Liebhaberzeitschriften heißt.

Der Netzpython *(Python reticulatus)*, mit einer Länge bis zu 10 m die größte Art der Pythonschlangen, hat als ausgezeichneter Schwimmer den ganzen indomalaiischen Raum besiedelt. Seine mindestens 2 m kürzeren Gattungsverwandten sind vom südlichen Asien an bis Südafrika zu Hause. Der Grüne Baumpython *(Chondropython viridis)* auf Neuguinea sieht der südamerikanischen Hundskopfboa zum Verwechseln ähnlich. In Westafrika gräbt der nur 1 m lange, mäusefressende Erdpython *(Calabaria reinhardtii)* im Bodengrund der Wälder.

Unter den Boaschlangen ist der wissenschaftliche Name *Boa constrictor* für die mittel- und südamerikanische Abgottschlange geradezu ein Begriff für gigantische Riesenschlangen geworden («... sie mißt vom Kopf bis zum Schwanz 20, vom Schwanz bis zum Kopf 30, zusammen etwa 60 m, und innen ist sie noch viel länger».) *Boa constrictor* selbst allerdings wird nur etwa 4 m lang. Dagegen soll die Anakonda *(Eunectes murinus)*, eine gleichfalls südamerikanische, aber hauptsächlich im Wasser lebende Art, sogar 11 m erreichen. Auf die verblüffende Ähnlichkeit der südamerikanischen Hundskopfboa *(Corallus caninus)*, einer vogelfressenden Baumbewohnerin, mit einer Python-Art von Neuguinea wurde bereits verwiesen; auch die Gartenboa *(C. enydris)* klettert mit Hilfe ihres Greifschwanzes auf Bäumen. Im südlichen Asien und nördlichen Afrika graben die nur etwa 1 m langen Sandboas *(Eryx)* im Boden; von ihnen stoßen zwei Arten bis nach Süosteuropa vor.

Die *Nattern (Colubridae)* stellen die Hauptmasse aller bekannten 2500 Schlangenarten dar, doch bieten sie recht wenig Abwechslung in ihrem Aussehen und ihrer Lebensweise. Ständig wiederholen sich in den einzelnen Verwandtschaftsgruppen die Merkmale der Zeichnung und des Schuppenkleides, so daß es oft kaum möglich erscheint, die Artzugehörigkeit eines fraglichen Tieres nach äußeren Kennzeichen festzustellen, wenn man seine geographische Herkunft nicht kennt. Ohne auf diese nur für den Spezialisten interessante, für jeden anderen Menschen jedoch höchst trockene Angelegenheit weiter einzugehen, betrachten wir die Nattern im folgenden nach ihrer Lebensweise im oder am Wasser, auf dem Boden oder als Baumbewohner, wenn wir auch nur einige wenige Beispiele aus der ungeheuren Artenfülle herausgreifen können.

Geradezu als Muster für die wasserliebenden Nattern darf unsere einheimische Ringelnatter *(Natrix natrix)* gelten, die jedermann leicht an ihren gelben Flecken am Hinterkopf erkennt. Sie läßt sich jahrelang im Terrarium halten und auch züchten, nur darf man nicht den Fehler begehen, ihr Terrarium zu feucht zu halten. Dann würden sich ihre Schuppen mit kleinen Pusteln bedecken, die Häutung stocken und schließlich der Tod des Tieres eintreten. Ringelnattern brauchen zwar ein großes Wasserbecken, aber auch ein trockener, gut drainierter Landteil mit einer Wärmelampe und einem Baumstumpf, unter dem sie sich verstecken und während der Häutung hindurchzwängen können. Als Futter dienen hauptsächlich braune Frösche, denn die grünen werden aus unerfindlichen Gründen abgelehnt. Manche Ringelnattern lassen sich sogar an toten Fisch gewöhnen.

Die Gattung der Schwimmnattern *(Natrix)* ist über die ganze Welt verbreitet. In Europa gehört ihr nicht nur die bis nach Nordafrika und weit nach Asien hinein verbreitete Ringelnatter, sondern auch die schon im westlichen Deutschland heimische, noch stärker an das Leben im Wasser gebundene Würfelnatter *(N. tessellata)* und die im südwestlichen Mittelmeerraum heimische, ähnlich einer Kreuzotter gezeichnete Vipernatter *(N. maura)* an. Vom westlichen Asien an über China bis Java begegnet uns die Fischnatter *(N. piscator)*; eine Art *(N. mairii)* dringt sogar als eine der ganz wenigen ungiftigen Nattern bis nach Nordaustralien vor. Im Gegensatz zu den altweltlichen Arten sind die nordamerikanischen lebendgebärend, wie z. B. die Siegelringnattern *(N. sipedon)*. Von den eng verwandten, ebenfalls dort heimischen Strumpfbandnattern *(Thamnophis)* leben einige Arten mehr auf dem Lande und fressen Mäuse oder *(T. elegans)* Regenwürmer.

Wie die Wassernattern nicht ständig im Feuchten leben wollen, wünschen die Bodennattern keine einheitlich freie Fläche im Terrarium, sondern brauchen Abwechslung in Form von Stein- oder Zierkorkaufbauten zum Klettern oder als Verstecke, die man am besten in den Hintergrund des Behälters verlegt. Ein Wasserbecken darf auch hier nicht fehlen.

Im trockenen, sonnigen Flach- und Hügelland unserer Heimat lebt die bis 75 cm lange Schlingnatter *(Coronella austriaca)* hauptsächlich von Echsen und Blindschleichen, die sie vor dem Fressen blitzschnell mit ihrem Leib umschlingt. Häufig wird sie ihres dunklen, zickzackförmigen Rückenstreifens wegen mit der Kreuzotter verwechselt, doch erkennt man sie leicht an dem schwarzen Längsstreifen der Kopfseiten, den auch die ihr eng verwandte Gironde-Natter *(C. girondica)* besitzt. Als Steignattern *(Elaphe)* bezeichnen wir eine Gattung größerer, bodenbewohnender, aber gern an Gestein oder Baumstämmen kletternder Nattern, deren Bauchschienen beiderseitig kantig abgeknickt sind. Hierzu gehört die bei Schlangenbad und an einigen anderen

Orten des westlichen Deutschland verbreitete, bis 2 m lange, ziemlich bissige Äskulapnatter *(E. longissima)*, die in der Jugend Echsen, im Alter aber Mäuse und Vögel frißt. Zu den schönsten Schlangen der Welt rechnet die bis 1 m lange, von Süditalien bis zur Krim verbreitete Leopardnatter *(E. situla)*. Die bissige Vierstreifennatter *(E. quatuorlineata)* erreicht als größte europäische Schlange Ausmaße bis zu 2,5 m. Weitere Steignattern leben in Asien und Nordamerika. Noch bissiger zeigen sich die Zornnattern *(Coluber)*, von denen eine ganze Anzahl von Arten im südlichen Europa und im angrenzenden Asien zu Hause ist.

Von den zahlreichen über die ganze Welt verbreiteten Gattungen anderer bodenbewohnender Nattern können wir hier nur die Sand- und Hausnattern *(Psammophis, Boaedon)* in Afrika, die Ratten- und Wolfszahnnattern *(Pytas, Lycodon)* in Asien, die Bullen- und Königsnattern *(Pituophis, Lampropeltis)* in Nord- sowie die schlangenfressende Mussurana *(Clelia clelia)* und die artenreiche Gattung *Leimadophis* in Südamerika stichwortartig anführen. Ein paar Arten leben unterirdisch in selbstgegrabenen Erdgängen, fressen Regenwürmer und kommen nur selten an die Erdoberfläche. Dazu gehören die nordamerikanischen Hakennattern *(Heterodon)*, deren Schnauze zu einer Art Schaufel nach oben aufgebogen und durch das Verschmelzen einiger Kopfschilder verfestigt ist. Ähnliche Umbildungen bahnen sich bei den süd- und südostasiatischen Zwergnattern *(Calamaria)* an.

Während die Bodennattern, insbesondere die wühlenden Formen, häufig kurz und gedrungen gebaut sind, erscheint der gesamte Körper typischer Baumnattern einschließlich des Kopfes stark in die Länge gestreckt. Auch finden wir hier mitunter die gleichen seitlich abgeknickten Längskanten an den Bauchschienen, die uns schon bei den kletternden Bodennattern begegneten. Ihrem Lebensraum entsprechend fressen die Baumnattern die gleichfalls im Gezweig hausenden Echsen, Frösche und Vögel.

Bisher haben wir die sogenannten Trugnattern als harmlos hingestellt, weil ihre im hinteren Oberkiefer stehenden Giftzähne dem Menschen im allgemeinen nichts anhaben können. Nun aber muß auf zwei afrikanische Baumnattern dieser Gruppe hingewiesen werden, die doch einige Todesfälle bei Menschen verursacht haben. Es sind dies die grüne Boomslang *(Dispholidus typus)* und die Graue Baumnatter *(Thelotornis kirtlandii)*. Die übrigen Baumnattern aber, selbst wenn sie zum Bauplan der «Trugnattern» gehören, dürfen nach unseren bisherigen Erfahrungen als harmlos gelten.

Wie stark sich die Baumnattern im Zusammenhang mit ihrer besonderen Lebensweise äußerlich ähneln können, zeigen die stets grünen oder braunen Arten der asiatischen Peitschennattern *(Ahaetulla)*, der afrikanischen Grünnattern *(Chlorophis)*, der südamerikanischen Spitznattern *(Oxybelis)* und der auf Haiti heimischen Gattung *Uromacer*, die alle die gleiche langgestreckte und spitzköpfige Gestalt zeigen. Sie tritt bei der prächtig gefärbten indomalaiischen Goldnatter *(Chrysopelea)* nicht ganz so ausgeprägt hervor, doch lassen deren Arten eine andere Eigenheit erkennen: Berichten zufolge sollen sie sich von einem höher gelegenen Ast herabschnellen können und dabei die Wucht des Falles durch einen kurzen Gleitflug mildern, indem sie ihre Rippen weit auseinanderspreizen und dadurch ihre Bauchfläche vergrößern. Ob diese Beobachtung allerdings den Tatsachen entspricht, ist noch nicht erwiesen, doch «wenn es nicht wahr ist, so ist es doch schön erfunden».

Nachwort

Unser Streifzug durch die Welt der Aquarien und Terrarien ist beendet. Nun gilt es, die neu erworbenen Kenntnisse in die Praxis umzusetzen. Dürfen wir uns aber jetzt schon als perfekte Aquarianer oder Terrarianer bezeichnen? Dazu reicht die Lektüre dieses Buches freilich nicht ganz aus, denn es kann und will auch nichts anderes bieten als eine Einführung in die Aquarien- und Terrarientechnik und Verständnis für einige Grundregeln der Tierpflege wecken.

An oberster Stelle steht das Gebot der uneingeschränkten Liebe zum Tier. Dazu gehört, daß der Pfleger jederzeit bereit sein muß, die Belange der ihm anvertrauten Geschöpfe über seine eigene Bequemlichkeit zu stellen. Echte Tierliebe heißt nicht, die Tiere nach menschlichen Maßstäben messen und sie verwöhnen; was dabei herauskommt, würde an den schon sprichwörtlich gewordenen verfetteten, asthmatischen und lebensuntüchtigen Mops erinnern. Die Grundlagen wahrer Tierliebe bilden Kenntnis und Verständnis der natürlichen Bedürfnisse unserer Pfleglinge.

Mit theoretischen Kenntnissen allein ist es dabei noch nicht getan. Sie nützen uns nicht viel, wenn wir nicht wissen, wie wir sie in die Praxis umsetzen können. Dafür gibt es eine Unmenge technischer Kniffe, von denen wir einige schon kennengelernt haben. Um noch mehr davon zu erfahren, muß man sich mit den «alten Hasen» unterhalten, die ihr ganzes Leben lang Vivarientiere gehalten haben. Sie kennen alle die Fehler und Tücken, die dem Anfänger immer wieder unterlaufen, und wissen, wie man sie vermeidet. Ist es da nicht selbstverständlich, daß man diese erfahrenen Fachleute um Rat fragt, damit man seinen Tieren und sich selbst unnötigen Kummer und Mißerfolg erspart? Gerade solche durchaus vermeidbaren Enttäuschungen haben schon manchen Anfänger dazu gebracht, sich entmutigt von unserer schönen Liebhaberei abzuwenden. Dabei ist es doch so leicht, erfahrene Ratgeber kennenzulernen und mit ihnen in ein vertrauliches Gespräch zu kommen. Überall in Deutschland gibt es zahlreiche Liebhaber-Vereine, die alle in der Dach-Organisation «Verband Deutscher Vereine für Aquarien- und Terrarien-Kunde (VDA), e. V.» zusammengeschlossen sind. Wer sich darüber informieren will, welcher Verein seinen Sitz am Heimatort hat, mag sich an den Geschäftsführer des VDA, Herrn Ewald Somann, Berlin-Haselhorst, Burscheider Weg 11c, wenden oder einen Blick in «Die Aquarien- und Terrarien-Zeitschrift (DATZ)» werfen, das offizielle Blatt des Verbandes. Die «DATZ» ist auch Organ des «Verbandes der Österreichischen Aquarien- und Terrarienvereine», Wien XV, Mariahilfer Straße 167. Die Vereine der Schweiz veröffentlichen ihre Mitteilungen in der Zeitschrift «Aquaria». Auf den regelmäßigen Zusammenkünften der Vereine findet gerade der Lernende einen regen Gedankenaustausch mit gleichgesinnten Freunden und erfährt, an wen er sich mit ganz speziellen Fragen wenden kann. Darüber hinaus geben selbstverständlich auch die Verfasser dieses Buches jederzeit gern Auskunft über wissenschaftliche und praktische Fragen.

Selbstverständlich wird auch der langjährige Praktiker manchmal vor Problemen stehen, die er selbst nicht zu lösen vermag. Dann wendet er sich an die gründlichsten und erschöpfendsten Ratgeber, die uns zu jeder Zeit ihre Dienste anbieten, nämlich an die Fachliteratur. Hier haben Kenner eigenes und fremdes Wissen von Theorie und Praxis niedergelegt, und daher sollte eine kleine Handbibliothek, zusammengestellt aus den wichtigsten Werken, ebenso zum Rüstzeug des Aquarien- und Terrarien-Freundes gehören, wie der Tierbehälter, die Heizung und das Fanggerät für die Futtertiere. Ein Überblick über die wichtigste Aquarien- und Terrarienliteratur mag deshalb den Abschluß des Buches bilden.

Freude am lebenden Tier sowie an seiner Formen- und Farbenpracht, viel Erfolg bei seiner Pflege, und einen Einblick in die Wunderwelt der lebenden Natur wünschen dem Leser die Verfasser

Dieter Vogt
Schriftleiter der DATZ
Stuttgart W, Forststr. 127

Dr. Heinz Wermuth
Kustos am Zoologischen Museum Berlin
Berlin-Charlottenburg, Fritschestr. 31

«Aquaria». Schweizerische Zeitschrift für Vivaristik. – Ab 1954: Verlag Jos. Zehndars Erben, St. Gallen 6 (Schweiz)

«Aquarien und Terrarien». Monatsschrift für alle Gebiete der Aquarien- und Terrarien-Kunde. – Ab 1953: Urania-Verlag, Leipzig

Arnold, J. P., & E. Ahl (1936): Fremdländische Süßwasserfische. – Verlag: Gustav Wenzel & Sohn, Braunschweig

«Blätter für Aquarien- und Terrarien-Kunde». Illustrierte Monatsschrift für die Interessen der Vivarienkunde. – 1890–1907: Creutz'sche Verlags-Buchhandlung, Magdeburg; 1908–1910: Verlag F. Lehmann, Stuttgart; 1911–1936: Verlag J. Wegner, Stuttgart

«Die Aquarien- und Terrarien-Zeitschrift (DATZ)». – Ab 1947: Alfred-Kernen-Verlag, Stuttgart

Frey, H. (1957): Aquarienkunde von A bis Z. – Neumann-Verlag, Radebeul

Geyer, H. (1957): Praktische Futterkunde. – Alfred-Kernen-Verlag, Stuttgart

Grobe, J. (1956): So oder so. Leitfaden für geschmackvolle Aquarien-Einrichtung. – Alfred-Kernen-Verlag, Stuttgart

Holly, M., H. Meinken & A. Rachow (1932 ff.): Aquarienfische in Wort und Bild. – Alfred-Kernen-Verlag, Stuttgart

Jahn, J. (1956): Das Terrarium. Eine Anleitung zur Einrichtung, Instandhaltung, sachgemäßen Besetzung und Pflege. 3. Aufl. – Lehrmeister-Bücherei, Nr. 66, Verlag Albrecht Philler, Minden/Westf.

– (1954): Aquarienpflanzen. – Lehrmeister-Bücherei, Nr. 67, Verlag Albrecht Philler, Minden/Westf.

– (1955): Lebendfutter für ausgewachsene Aquarien- und Terrarien-Tiere. Eine Anleitung zur Beschaffung, Pflege und Zucht der wichtigsten Futtertiere für ausgewachsene Fische, Amphibien und Reptilien. – Lehrmeister-Bücherei, Nr. 17, Verlag Albrecht Philler, Minden/Westf.

– (1952): Schildkröten. – Lehrmeister-Bücherei, Verlag Albrecht Philler, Minden/Westf.

Klingelhöffer, W. (1956): Terrarienkunde. 2. Aufl., bearbeitet von Ch. Scherpner. 1. Allgemeines und Technik. 2. Lurche. 3. Echsen. 4. Schildkröten, Panzerechsen, Schlangen, Reptilienzucht und ausführliches Sachregister. – Alfred-Kernen-Verlag, Stuttgart

KNAURS TIERREICH IN FARBEN:

Cochran, D. M. (1961): Amphibien

Herald, E. S. (1961): Fische

SCHMIDT, K. P., & R. F. INGER (1957): Reptilien. – Droemersche Verlagsanstalt Th. Knaur Nachf., München

KREFFT, G. (1949): Die Schildkröten. – Verlag: Gustav Wenzel & Sohn, Braunschweig

LADIGES, W. (1953): Der Fisch in der Landschaft. 2. Aufl. – Verlag: Gustav Wenzel & Sohn, Braunschweig

– (1956): Tropische Meeresfische. Arten, Lebensweise u. Haltung. – Alfred-Kernen-Verlag, Stuttgart

MERTENS, R. (1952): Kriechtiere und Lurche. Kosmos-Naturführer: Welches Tier ist das? – Franckh'sche Verlagshandlung, Stuttgart

– (1959): La vie des amphibiens et reptiles. – Horizons de France, Paris

– & H. WERMUTH (1960): Die Amphibien und Reptilien Europas. Dritte Liste, nach dem Stand vom 1. Januar 1960. – Verlag: Dr. Waldemar Kramer, Frankfurt am Main

MÜLLEGGER, S. (1955): Das Seeaquarium. – Alfred-Kernen-Verlag, Stuttgart

NACHSTEDT, J., & H. W. TUSCHE (1952): Züchterkniffe. I, II und III. – Alfred-Kernen-Verlag, Stuttgart

SCHNEIDER, F. (1956): Die Pflanzen des Terrariums. – Lehrmeister-Bücherei, Nr. 960. – Verlag Albrecht Philler, Minden/Westf.

STERBA, G. (1956 u. 1960): Aquarienkunde. 2 Bde. – Verlag Zimmer & Herzog, Berchtesgaden

– (1959): Süßwasserfische aus aller Welt. – Verlag Zimmer & Herzog, Berchtesgaden

TUSCHE, H. W. (1957): 1 × 1 für Anfänger und Fortgeschrittene. – Alfred-Kernen-Verlag, Stuttgart

VOGT, D. (1955, 1957): Taschenbuch der tropischen Zierfische. I und II. – Urania-Verlag, Leipzig (1955), und Kosmos-Verlag, Stuttgart (1957)

– (1957): Kleine Aquarienkunde. – Urania-Verlag, Jena, und Verlag Gustav Wenzel & Sohn, Braunschweig

WAGNER, O. (1956): Aquarienchemie. – Franckh'sche Verlagshandlung, Stuttgart

WERMUTH, H. (1957): Taschenbuch der heimischen Amphibien und Reptilien. – Urania-Verlag, Leipzig

– & R. MERTENS (1961): Schildkröten, Krokodile, Brückenechsen. – Verlag: Gustav Fischer, Jena

«Wochenschrift für Aquarien- und Terrarien-Kunde». – Verlag: Gustav Wenzel & Sohn, Braunschweig (1904–1950)

Namen- und Sachverzeichnis

Die kursiv gesetzten Zahlen (z. B. *240*) verweisen auf Abbildungen

Knaur-Taschenbücher
Vollständige
Textausgaben

83 · ·	Rudolf Hagelstange	Die Puppen in der Puppe *Eine Rußlandreise*
85 · ·	Gottfried Benn	Leben ist Brückenschlagen *Gedichte, Prosa, Autobiographisches*
86 ·	Mary McCarthy	Die Oase. *Erzählung*
87 · ·	Richard Katz	Übern Gartenhag *Heitere Erfahrungen mit Pflanzen und Tieren. Mit 65 Zeichnungen*
88 · ·	Peter Bamm	Anarchie mit Liebe
90 ·	Curt Goetz	Bühnenwerke Band III Dr. med. Hiob Prätorius Menagerie. Vier Einakter
92 · · ·	Jürgen Thorwald	Es begann an der Weichsel
93 · · ·	Jürgen Thorwald	Das Ende an der Elbe
96 · ·	F. L. Boschke	Die Schöpfung ist noch nicht zu Ende *Naturwissenschaftler auf den Spuren der Genesis. Mit 74 Abbildungen*
103/4 · · ·	Veit Valentin	Deutsche Geschichte Band I/II
105 · ·	Peter Bamm	Die kleine Weltlaterne
106 · ·	Vance Packard	Die Pyramidenkletterer
108 ·	Curt Goetz	Bühnenwerke Band IV Ingeborg. Der Lampenschirm und vier frühe Einakter
112 · ·	Hermann Kesten	Lauter Literaten
114 ·	Roger Martin du Gard	Enge Verhältnisse *Zwei Erzählungen*
117 · ·	Morris L. West	Tochter des Schweigens. *Roman*
118 :·:	Johannes M. Simmel	Bis zur bitteren Neige. *Roman*
119 : :	Gerd Hatje (Hrsg.)	Lexikon der modernen Architektur *Mit 440 Abbildungen*
125 : :	Victor W. v. Hagen	Sonnenkönigreiche. *Azteken, Inka, Maya. Mit 290 Abbildungen*
127 : :	Pearl S. Buck	Lebendiger Bambus
128 · · ·	Vance Packard	Die wehrlose Gesellschaft
130 · ·	Gilbert K. Chesterton	Das Geheimnis des Pater Brown
131 · ·	Erich Maria Remarque	Die Nacht von Lissabon. *Roman*
132 : :	Rudolf Pörtner	Die Erben Roms. *Städte und Stätten des dtsch. Früh-Mittelalters m. 44 Abb.*
135 ·		Knaurs Lexikon a–z. DM 9,80
136 ·	Dag Hammarskjöld	Zeichen am Weg

·	Einfachband	DM 2,80
· ·	Zweifachband	DM 3,80
· · ·	Dreifachband	DM 4,80
: :	Vierfachband	DM 5,80
:·:	Fünffachband	DM 6,80

Knaur-Taschenbücher
Vollständige
Textausgaben

137 ·	Richard E. Kim	Die Märtyrer. *Roman*
138 · · ·	Jürgen Thorwald	Macht und Geheimnis der frühen Ärzte. *Ägypten, Babylonien, Indien, China, Mexiko, Peru* *Mit 300 Abbildungen*
140 · · ·	Willi Heinrich	Maiglöckchen oder ähnlich. *Roman*
141 · · ·	Hans Bernd Gisevius	Adolf Hitler. *Eine Biographie – Versuch einer Deutung*
143 · · ·	Harold Robbins	Wohin die Liebe führt. *Roman*
144 : :	Rudolf Pörtner	Mit dem Fahrstuhl in die Römerzeit *Städte und Stätten deutscher Frühgeschichte. Mit 118 Abbildungen*
145 : :	Johannes M. Simmel	Liebe ist nur ein Wort. *Roman*
147 · · ·	James A. Michener	Karawanen der Nacht. *Roman*
151 · · ·	Tatsuo Ishimoto	Japanische Blumenkunst *Mit 146 Abbildungen*
155 · ·	Gilbert K. Chesterton	Das fliegende Wirtshaus. *Roman*
156 · ·	Mary McCarthy	Sie und die Anderen. *Roman*
157 · ·	Jürgen Thorwald	Das Jahrhundert der Detektive Band I: Das Zeichen des Kain *Mit 37 Abbildungen*
158/9 · · ·	Arthur M. Schlesinger	Die tausend Tage Kennedys. *2 Bd.*
160 · · ·	Jürgen Thorwald	Das Jahrhundert der Detektive Band II: Report der Toten *Mit 20 Abbildungen*
161	Redaktion Life	Die großen Religionen der Welt *Mit 100 farb. Abb.* DM 7,80
163 · · ·	Honoré de Balzac	Tolldreiste Geschichten. *Mit 100 Zeichnungen von Fritz Fischer*
164 · · ·	Jürgen Thorwald	Das Jahrhundert der Detektive Band III: Handbuch für Giftmörder *Mit 17 Abbildungen*
165 · · ·	Stefan Andres	Die Biblische Geschichte
166 · ·	Peter Bamm	Ex ovo. *Essays über die Medizin*
171 · ·	André Maurois	Von Proust bis Camus
176 · ·	James Morris	Spanien. Porträt eines stolzen Landes *Mit 16 Fotos von Evelyn Hofer*
177 · · ·	Winston S. Churchill	Aufzeichnungen zur europäischen Geschichte. *Mit 12 Übersichtskarten*
178	Franz Werfel	Die vierzig Tage des Musa Dagh *Roman.* DM 7,80

·	Einfachband	DM 2,80
· ·	Zweifachband	DM 3,80
· · ·	Dreifachband	DM 4,80
: :	Vierfachband	DM 5,80
:·:	Fünffachband	DM 6,80

Knaur-Taschenbücher
Vollständige
Textausgaben

---

212 · · ·	Sir Francis Chichester	Held der Sieben Meere *Mit 28 Abbildungen*
214 :·:	E. M. Nathanson	Das dreckige Dutzend. *Roman*
216 · · ·	Westerman/Schumann	Knaurs Opernführer *Mit 290 Opernbeschreibungen und 300 Notenbeispielen*
218 · · ·	Mary McCarthy	Die Clique. *Roman*
219 : :	J. K. Galbraith	Die moderne Industriegesellschaft
221 · · ·	Robert Crichton	Das Geheimnis von Santa Vittoria *Roman*
223 · ·	Peter Bamm	Alexander oder Die Verwandlung der Welt
224 · ·	Desmond Morris	Der nackte Affe
225 · · ·	Mary McCarthy	Der Zauberkreis. *Roman*
226	Irving Stone	Das Leben gehört den Liebenden *Roman.* DM 7,80
227 : :	Rudolf Pörtner	Das Römerreich der Deutschen *Mit 72 Abbildungen*
230 ·	Tere Ríos	Der fünfzehnte Pelikan *Mit 13 Illustrationen*
232 · ·	Paul Frischauer	Moral und Unmoral der deutschen Frau. *Mit 78 Abbildungen*
233 :·:	Andreas Feininger	Die neue Foto-Lehre *Mit 26 Abbildungen, davon 8 farbig*
234 · ·	Johannes M. Simmel	Gott schützt die Liebenden. *Roman*
235	James Clavell	Tai-Pan. Der Roman Hongkongs DM 7,80
237 : :	Peter F. Drucker	Die Praxis des Management
238 · · ·	Jacqueline Susann	Das Tal der Puppen. *Roman*
239 :·:	John O'Hara	Die Lockwoods. Roman einer Familie
240 · · ·	Westerman/Schumann	Knaurs Konzertführer *Mit 370 Notenbeispielen*
241 : :	Ernst Samhaber	Knaurs Geschichte der Entdeckungsreisen. Die großen Fahrten ins Unbekannte. *Mit 172 Abbildungen*
243 : :	Edwin O'Connor	Es hatte ein Mann drei Söhne. *Roman*
244 · · ·	Jürgen Thorwald	Die Traum-Oase
245 ·	John K. Galbraith	Die McLandress-Dimension *Mit 32 Illustrationen*
246 · · ·	Morris L. West	Der Turm von Babel. *Roman*
247 · · ·	Jan de Hartog	Kapitän Harinx. *Roman*

·	Einfachband	DM 2,80
· ·	Zweifachband	DM 3,80
· · ·	Dreifachband	DM 4,80
: :	Vierfachband	DM 5,80
:·:	Fünffachband	DM 6,80